旅館客房作業管理

郭春敏◎著

序言

《旅館客房作業管理》一書出版了！在整理這本書的過程中，我自己收穫頗多，希望您在閱讀此書時，也能有所收穫或感動。

本書首先介紹客房部門的專業能力及客房服務的基本概念，接著介紹房務部門之客房型態、客房清潔作業與清潔後之檢查標準，進而介紹客務部門之訂房作業、櫃檯作業及服務中心作業之認識，最後介紹顧客抱怨處理、電腦管理系統及危機應變管理等，此外，本書亦於附錄中分享有關房務之英、日文專業術語，俾供對此有興趣之讀者參考。

「房間」是旅館最基本的產品，為旅館主要收入來源之一，讓所有旅客滿意、舒適的休息是房務部門的重要任務。因此，房務部門基本上須提供來自世界各國遠離家園、身處異地的旅客一個整齊、清爽、美觀的房間，亦負責所有旅客住店期間之各項服務，以期能讓旅客住宿在外之不便、不安全感，甚至是工作壓力獲得紓解，進而感到賓至如歸。房務工作可說是極為繁瑣與辛苦，房務員不但要身強體壯、吃苦耐勞，尚具專業知識，才能解決旅客住店期間可能發生的各種疑難雜症。

至於客務部門，在飯店也是不可或缺並扮演極為重要的角色。當每位旅客在抵達或退房離開旅館時，都必會直接與前檯人員接觸，因此客務部門成為旅客第一印象與最後印象之主軸部門，而客務部門及其員工對建立旅客的形象和聲譽就順理成章的有了關鍵、重要的使命。客務人員除了要具備基本的外語能力、隨時合宜的儀態外，亦須對旅館本身的各項服務設備及附近的設施等充分瞭解，以便用流利的語言推銷其服務項目給客人，尤其是遇到須靈活處理顧客抱怨等問題時更相形重要。

此外，本書爲增加內容之豐富與趣味性，每一章皆加入「風格旅館」之單元，俟機介紹一些國內外較有特色之旅館，以提昇讀者對旅館之興趣。本書的另一特色是費心製作、蒐集很多客房部門作業相關之實景照片及客房服務人員心情故事之分享，俾讓初學者對客房部門進一步領悟與瞭解，並且本書於每章末，尙列有以國內旅館眞實案例改寫之「個案分析與檢討」，供讀者實際體驗、借鏡或思考妥善因應之道，深信應可增進讀者面對眞實情況之解決問題的判斷與分析能力。

本書得以付梓出版，眞要感謝揚智文化的請託，亦要感謝我的學生在授課中所給我許多的點子與衝擊，才能讓本書資源如此豐富，更感謝老爺、圓山、華國、華泰王子、微風、薇閣等各大飯店給予的協助。當然，我那三位可愛又美麗的學生——Vickie、Irene、Dabby及美麗賢淑FIFI的支持與幫忙，對本書增色不少，眞的謝謝她們。最後，我還想再次感謝協助本書出版的每一個人，以及閱讀本書的讀著們。謝謝大家！

郭春敏 謹識

目錄

第一章　旅館客房專業能力

- 研究背景／動機與目的
- 文獻回顧
- 結論與討論
- 服務態度之探討
- 個案分析

本章主要分享筆者於九一年度國科會的研究案，主題爲「我國技專校院旅館科系專業能力指標之建構——以客房部爲例」。希望透過本研究結果的分享，能有助於學生對客房部門的專業能力有進一步瞭解。本研究透過文獻回顧、深度訪談、焦點團體會議等方法，將旅館專業能力指標分爲三層：第一層爲目標層，即旅館專業能力之最終目標；第二層爲標的層，分成五個評估構面，包括專業知識、專業技巧、溝通能力、管理能力及工作態度等；第三個層爲屬性層，共有二十一項屬性。利用層級分析法（AHP）求取指標權重，結果如後：旅館系整體學生專業能力標的層相對權重當中最高爲工作態度（服務態度），最低爲專業知識；整體屬性層相對權重當中最高爲自我時間的管理，最低爲報表分析能力。以下將針對本研究之研究背景、動機與目的、文獻回顧、結論與討論等作進一步之說明：

第一節　研究背景／動機與目的

一、研究背景

「二十一世紀是服務業的世紀」觀光服務業挾其可觀的「乘數效果」成爲此一趨勢的主流，國際間均競相積極拓展此一無煙囪工業。觀光事業爲一具有多目標與複合功能之綜合性產業，需要其他相關事業配合，諸如觀光資源、交通運輸、旅館事業、餐飲娛樂及相關行業等，以構成整體發展。而旅館業又是觀光事業之母，它提供二十四小時的全天候服務，除了具有提供遊客住宿餐飲的功能外，隨著觀光事業之蓬勃發展，使其規模日趨龐大，服務項目日趨繁多，舉凡社交、會議、展覽、健身、娛樂、商情資訊等服務莫不包羅。而旅館係屬服務業，提供之服務包括靠物的服務及靠人的服務。所謂靠物的服務是使顧客感到舒適而裝設的設備，而靠人的服務則是藉由人的行爲來滿足顧客之需求。因此，國際觀光旅館主要以客人能感受賓至如歸、親切服務爲最終目的。

現階段的台灣，隨著國民所得的增加、生活素質的提升，以及交通運輸工具的發達等有利因素的助長，國人對休閒的需求也日益增加，使得觀光事業更加蓬勃發展，相對於各種觀光人才的需求也更加迫切。有鑑於此，現今已有許多的技職院校如雨後春筍般相繼設立餐旅相關科系，以因應現階段社會的需要，例如景文技術學院旅館科、高雄餐旅學院旅館科、明新科技大學旅館相關科系、環球技術學院亦有旅館相關課程等。由於我國已加入WTO（World Trade Organization）等國際組織，基於互惠平等的原則下，我國學子將很容易至他國就學，國外的學校亦可至本國設分校，致使我國各級學校將受到很大衝擊。因此，各大專院校應致力於積極突顯各校之特色，以提升其國際競爭力，更可培育具備國際觀的學子適應這民主化、自由化、國際化、資訊化、科技化的多元社會環境，符合企業界的人力需求、殊値的加以探討。

唐學斌（1991）「觀光事業大專人才培訓之研究」報告中曾提及，大專觀光專業教師及觀光企業界皆普遍認爲課程設計安排不當、學生實務實習之機會與時間等不足，是造成大專觀光科系學生畢業後無法馬上投入工作崗位的主要原因。然而在校所學與職場所需不能配合的問題，不僅是人力資源，也是教育資源的一大浪費。因此，學校所提供之課程應與實務結合，亦即學界要瞭解業界對於人力眞正之需求，進而加強學生之能力，使學生能學以致用。

技職教育是以教導各行各業的知識、技能爲主，強調職業能力之養成，有別於偏重智育發展與注重學術基礎之普通教育。因此技職教育的課程設計，需要培養學生入學後，順利完成就業所需之技能與知識。本研究希望能建構一「旅館系專業能力指標」，讓學校課程安排與教師上課能更具體且落實技職教育目標，使學生亦能建立自我的學習目標，在畢業後有充足能力於職場實踐所學。

近十年來，國內外雖有旅館專業能力之相關研究，然而各方所探討的角度亦有不同。如黃凱筳（1998）探討台灣國際觀光旅館之人力需求情形；劉麗雲（2000）的研究中探討畢業生、教師、實習機構對三明治教學之專業能力差異評估；王麗菱（2000）在國際觀光旅館餐飲外場工作人員應具備專業能力之研究；Sandwith（1993）於研究中調查各層級管理訓練時，旅館管理業所需專業能力；Chung（2000）於旅館管理從業者應具備的能力與課程改革等研究中皆提及專業能力，但其結果因各研究動機、目的或國家文化之不同，而其訴求重點、闡述與討論亦有差異。而本研究嘗試探討「我國技專校院旅館科系學生專業能力指標之建構」，希望透過文獻回顧及對旅館業界之客務、房務、訓練部經理，以及餐旅系任教於客務與房務之教師爲對象，進行深度訪談及焦點團體會議，希望得知旅館科系學生應具備的專業能力指標，進而利用層級分析法（Analysis Hierarchical Process，AHP）得知其權重。由於教師可能因個人學歷背景、工作歷練的不同，造成教學成效之落差，如有一套健全的專業能力指標，以供擬定教學相關科目之參考，有助於彌補以上之不足；旅館系學生可藉此指標瞭解從事旅館行業應具備的專業能力；業界得知專業能力指標與權重，亦有助於瞭解員工在職訓練之參考。

二、研究目的

基於本研究之動機，就我國技專院校旅館系學生專業能力指標」之建構，期望達到下面之目的：

1.瞭解旅館科系學生應有的專業能力。

2.擬定旅館業專業能力指標。

3.獲得旅館科系學生專業能力權重。

4.依旅館專業能力之分類與權重，提供技專院校旅館科系專業課程規畫之參考與建議。

風格旅館——圖書館旅館

您是個圖書館員？作家？或者您是個愛書人？甚至是個標準的藏書迷呢！不管你是爲了什麼原因，只要您熱愛書，那您一定得去一趟紐約的圖書館旅館（Library Hotel），現在就趕快爲您介紹這充滿書香氣息的圖書館旅館囉。

圖書館旅館是二〇〇〇年八月才開張的，位在紐約的文化精華區——麥迪遜大道（Madison Avenue）和四十一街之間，附近有著名的「紐約公共圖書館」（New York Public Library）和「皮爾龐特・摩根博物館」（Pierpont Museum）。這家旅館的老闆卡蘭（Herry Kallan）是以獨立經營精緻旅館而有名，他另外擁有兩家也是走精緻路線的旅館。

圖書館旅館擁有六十間各式舒適房間，對愛書人而言，它其實更像一個私人俱樂部。一走進旅館，你會發現大廳被桃花心木的典雅書架所圍繞，書架上自然有琳琅滿目的書籍。住房登記櫃檯後面的牆上，從地板到天花板，都仿照圖書館卡片目錄櫃櫥的樣式裝飾、布置，讓圖書館員會以爲回到工作的「家」似的，而愛書人自然也有親切的感覺。

樓層及房間的命名，也與眾不同。它是以一般圖書館最常使用的「杜威十進分類法」（Dewey Decimal System）的類目名稱來取名的，像三樓就命名爲「社會科學」（Social Sciences）、四樓爲「語言」（Language）、五樓爲「數學及自然科學」（Math and Science）、六樓爲「科技」（Technology）、七樓「藝術」（The Arts）、八樓「文學」

(Literature)、九樓「歷史」(History)、十樓「一般知識」(General Knowledge—圖書館界通稱爲「總類」)、十一樓「哲學類」(Philosophy)、十二樓「宗教」(Religion)。每個樓層的六間房間，再以各小類命名，如七樓「藝術」樓的○○一號房間是「建築」房（700.001 Architecture)、○○二號房是「繪畫」房（700.002 Painting)、○○三號房是「表演藝術」房、○○四號房是「攝影」房、○○五號是「音樂」房、○○六號房是「服裝設計」房…等等；同樣的九樓「歷史」樓層的○○四號房是「亞洲史」(Asian History)，○○一號房是「二十世紀史」房…等等。每間房間也都會擺置書櫃，提供與這個房間名稱相關的書籍，如「亞洲史」房，一定會放置有關亞洲歷史方面的書；每個房間約有二十五本到一百本之間的圖書，若加上其他開放空間所布置的圖書，全旅館的藏書已超過六千餘冊。旅客投宿時，可選擇自己喜歡學科的房間，在旅途的休憩中，還可盡心地閱讀書籍。有些作家來這裡，有時也會捐贈自己的著作給旅館，像著名的華裔女作家譚恩美（Amy Tan）便將她的近作《接骨師的女兒》(The Bonesetter's Daughter）送一本給旅館。旅館的書，丟失的情況並不嚴重，即使有，他們也把它當作一般旅館盥洗用品的補充一樣，隨時訂購新的圖書。其實，除了作家的贈書，旅館的書，旅客如果喜歡，也可向旅館購買的，一本一律五十美元。

房間皆以清淡的奶油色調爲主，配上紅心門飾和櫥櫃，室內各種通訊設備一應齊全，高速的網際網路配線使出差的館員也可隨時查檢資料，作家們也可接上自己的電腦打字、寫作。夜床服務（Turndown Services）所附送的巧克力盒包裝上還會印上有關圖書館或書的名言，如「我總是把圖書館當作天堂的形象。～波赫士」，或「假如你有一座花園和圖書館，你便擁有所需要的一切了。～西塞羅」等，讓你在咀嚼巧克力時，也能閱讀到這些激勵你愛書的著名句子。

旅館的十四樓，闢有一間溫室花房似的「詩園」(Poetry Garden)，布置有各式竹籐桌椅和植栽，旅客也可在這裡閱讀；「詩園」室外的露天陽台，剛好可以俯視到不遠處的紐約公共圖書館。十四樓的另一邊，也有一間「作家雅築」(Writer's Den)，有舒適的沙發和壁爐，天氣寒冷時，旅客也可在此閱讀、輕聊。二樓有一間擺有不少書籍的閱覽室(Reading Room)，是旅客享用茶點或歐式早餐的地方。義大利式的餐廳，則是在一樓，也營造了幽雅的氣氛，在寬闊的置酒區裡，也擺置了上百本有關酒的書籍。

這樣的旅館，會不會吸引你也去投入書的世界？但住宿費用也不算便宜，每晚從美金二六五到三九五元之間。只是由於有這個「圖書館旅館」，再加上附近有紐約公共圖書館，紐約市政府已計畫將附近沿著公園大道（Park　Avenue）到紐約公共圖書館的路邊，豎立一百塊印有著名詩人、小說家名句的裝飾看板，同時將這條路命名爲「圖書館之路」（Library Way）；相信在九一一事件之後，紐約人可以在這裡重拾前任市長朱利安尼所呼籲的「希望一切盡速回復正常」所需要的撫慰心靈依據—書籍。

資料來源：

1.http://www.libraryhotel.com/

2.http://www.libertytimes.com/2002/new/feb/2/life/article-2.htm

第二節　文獻回顧

本節主要介紹有關專業能力指標的意義、專業能力指標之技術方法、旅館業所需之專業能力等，希望旅館相關科系學生能對專業能力有更進一步的瞭解，說明如後。

一、專業能力指標的意義

指標是一種統計的測量（Johnstone，1981；黃政傑、李隆盛，1996），是不同於統計量、指數與標準。統計量是一種最原始而未經整理的測度量，例如某段期間內因感冒而致死的人數就是一種統計量（李明、趙文璋，1985）。將各種統計量進行組合、修正和改良才能成爲指標。指數則是由兩個或兩個以上指標之加權組合，至於標準則是兼重質與量，是一體兩面的，然而指標卻是量化與實然面的（孫志麟，1990），換言之，指標是用來描述或反映所欲瞭解的眞實狀況。標準的主要關注點則在針對實際表現是否符合既定的水準所進行的必要裁斷。

眾多學者認爲指標是一種量化數據，但Schumacber &

Brookshire（1990）卻認爲指標的範疇應包括質的文字描述與量的統計數據，張佳琳（2000）亦指出指標應至少包含兩層意義，其一是作爲評估監測對象結果的具體項目，可能是表現成果或具體量化的數字，屬於量的指標；其二爲對變項的描述界定，是概念架構的，屬於質的指標，所以指標有量化與質化兩種界說，依此所謂專業能力指標，是指將學生所應具備的專業能力項目，轉化爲可以觀察評量的具體數據或文字敘述，據以量化的數字或質化的文字來描述或反映勝任某一工作所需具備的專業能力。本研究之學生專業能力指標是爲了瞭解學生之專業能力內涵，符合認知、技能、情意之教學目標，故以質化架構呈現。例如：九年一貫能力指標以及美國近年來對教師專業能力所需能力指標之研究幾乎均以質化描述。

二、專業能力指標之技術方法

建立專業能力指標時，我們必須透過一些技術方法，來選取與形成專業能力指標項目。另外，爲了避免發生高估或低估專業能力項目之情形，是必須考慮到不同的重要性，並按其重要性或數量比率給予不同權數，其中在決定那些指標細目的技術方法，常採用者包括：文獻探討法、專家判斷法、腦力激盪法、深度訪談、提名小組決策、焦點團體會議、德懷術、問卷調查法、層級分析法、因素分析法、迴歸分析法、主成份分析法等。在權重估計的部分，常見者有層級分析法、平均得分法、常態轉換等方法（林俊彥，2002）。在此，本研究採用文獻回顧、深度訪談、焦點團體會議以獲得專業能力指標，進而利用層級分析法計算其權重。

三、旅館業所需之專業能力

旅館業職員所需之專業能力涵蓋廣泛，從語言能力、人際關係、專業技術等皆包含在內，而且不同之職位也需要不同之專業能力，可是專業能力該如何做出分類？那些職位需何種專業能力？目前不同學者對旅館業所需專業能力之觀點皆有持異意的情況，以下即為各方學者所提出之觀點。

Tas（1983）研究專業能力對旅館管理階級之儲備幹部的重要性時，所提出之旅館專業能力為：1.瞭解客人的問題及對可能的問題敏感；2.保持專業的水準；3.讓人覺得專業的外表；4.溝通能力；5.與顧客保持良好的關係；6.良好的員工關係等六部分。

Sandwith（1993）於研究中調查各層級管理訓練之要求時，提出的旅館管理業所需專業能力為：1.領導能力；2.與他人的互動；3.經營管理能力；4.技術性能力。

Jaworski and Kohli（1993）將旅館業第一線服務人員的服務能力分為具備提供優異服務所需的專業知識、服務技巧，以及服務觀念等三構面。

Bach and Milman（1996）之研究訪問學者、業者、學生等三類族群，並將其所認知之旅館專業能力歸類為四大項：1.相關商業技能；2.相關旅館技能；3.人格技巧；4.分析技術等。

McColl-Kennedy and White（1997）提出顧客認為旅館服務人員應具備之條件包括員工提供個人化的服務、員工的禮儀、有效率正確的服務等因素。

Siu（1998）在調查香港旅館業中級管理人員所需專業能力時，提出其所需專業能力為：1.溝通；2.關心顧客；3.領導能力；4.規劃能力；5.組織團隊的能力；6.人際關係；7.結果預測的能力；8.有效率；9.人力運用的能力；10.作決策的能力；11.留意商業環境的變遷等十一項。

Chung（2000）之研究，將旅館業管理者所需專業能力分類爲：1.管理的分析技巧；2.適應環境變遷及獲得所需知識的能力；3.工作管理與員工管理的能力；4.發掘問題及溝通的能力；5.操作技巧和知識的能力；6.創新的能力。。

Kriegl（2000）於其研究中，探討國際觀光旅館管理者所需之專業能力，主因國際觀光旅館牽涉層面較廣，故其所需之專業能力也較爲複雜，包括：1.對文化的敏感性；2.好的人際關係；3.有彈性的管理能力；4.領導能力；5.積極旅館業職員所需之專業能力等涵蓋範圍極爲廣泛，可說從語言能力、人際關係、專業技術等皆包含在內，且不同之職位也需要不同之專業能力，然而專業能力該如何做出分類？那些職位需何種專業能力？因此學者們對旅館業所需之專業能力的觀點皆有不同看法，而學者們所提出之觀點，茲如以下列之說明：

(1)蕭富峰（1996）定義服務能力爲前場人員具備提供優異服務所需的知識、技術以及觀念之程度。
(2)黃凱筳（1998）探討台灣國際觀光旅館之人力需求情形，研究中將旅館從業人員所需能力區分爲：專業知識及技巧、溝通能力、管理能力、研究能力等。
(3)李福登（2000）於教育部「技職體系一貫課程推動」研究之期中報告進行旅館課程研究調查時，將旅館專業課程區分成外語能力、專業技能、專業知能、服務倫理等四部分。
(4)劉麗雲（2000）之研究中探討畢業生、教師、實習機構對三明治教學之專業能力差異評估時，將專業能力區分爲：專業知識、專業技術、管理能力、溝通能力、語言能力、工作態度。

(5)王麗菱（2000）在國際觀光旅館餐飲外場工作人員應具備專業能力之研究中，其因子層級則分為兩個層級，第二層級分為認知、技術與態度等三項。

綜合以上之研究，旅館專業能力之構面會因研究對象的不同而有異，本研究將彙整為五個主要構面，分別為專業知識、專業技巧、管理能力、溝通能力、工作態度等（**表1-1**）。

表1-1　專業能力構面之彙整

構面／研究者年代	專業知識	專業技巧	溝通能力	管理能力	工作態度
Siu（1998）	✓	✓	✓	✓	✓
Tas（1983）	✓	✓	✓		✓
Sandwith（1993）	✓	✓	✓	✓	
Chung（2000）	✓	✓	✓	✓	
Kriegl（2000）		✓	✓	✓	✓
Bach and Milman（1996）	✓	✓		✓	✓
McColl-Kennedy and White（1997）		✓			✓
Jaworski and Kohli（1993）	✓	✓			✓
李福登（2000）	✓	✓	✓		✓
蕭富峰（1996）	✓	✓			✓
黃凱筳（1998）	✓	✓	✓		
劉麗雲（2000）	✓	✓	✓	✓	✓
王麗菱（2000）	✓	✓	✓	✓	✓

※資料來源：本研究整理

專欄1-1　旅館猜猜猜

1.台灣哪一家旅館引進世界知名的Fidelio旅館資料系統？

2.哪一家旅館是台灣地區首家榮膺「世界頂尖旅館組織」與「世界精選旅館組織」？

3.世界第一座具有現代化設備的旅館是哪一家？

4.世界第一家最大的旅館是哪一家？

5.目前世界上最大而且的最成功的會議型旅館是哪一家？

6.目前爲止，台灣房間數最多的旅館是哪一家？

7.哪一家旅館有「歐洲旅館之父」或有「歐洲旅館龍頭」之稱？

8.台灣哪一家旅館是首家旅館引進LEXUS車隊，提供客人接送與租車的服務？

9.哪一家旅館是威斯汀連鎖旅館中，全世界第一家全部採用「天堂之床」的旅館？

10.台灣哪一家旅館的總統套房價格最貴？

11.全國第一家超越五星級的主題式精品旅館是哪一家旅館？

12.哪一家旅館首先創立了連鎖性的旅館？

13.哪一家旅館被指定爲「紐約市之地標」？

14.目前爲止，哪一家旅館是全世界最貴的酒店？

15.台灣哪一家旅館首推One Stop Service？

16.香港哪一家旅館最早擁有私人直昇機專用停機坪設備？

答案

1.遠東國際大飯店

2.台北西華飯店

3.Grand Hotel（Paris），起源於19世紀中期，自此成爲高級旅館的代名詞

4.史提芬旅館（Steven Hotel），即現在的芝加哥希爾頓旅館（3000rm）

5.Las Vegas MGM Hotel

6.君悅飯店（原凱悅飯店）

7.麗池飯店（Cesar Ritz Hotel）

8.台北來來喜來登飯店

9.六福皇宮

10.圓山大飯店

11.台北薇閣精品旅館（Wego Taipei）

12.史大特拉旅館（Statlers）
13.華爾道夫・亞士都利亞旅館（Waldorf-Astoria Hotel）
14.阿拉伯塔酒店（Burj Al-Arab）
15.台北亞都麗緻飯店（Landistpe Hotel）
16.香港半島酒店（The Peninsula Hotel）

第三節　結論與討論

本節將介紹有關本研究中專業能力各構面指標之出處與專業能力指標評估架構圖，進而說明其研究結果與討論，說明如下。

一、專業能力各構面指標之出處

本研究依據研究架構來設計問卷，首先透過文獻回顧、業者的深入訪談以及焦點團體會議等，構成本研究問卷之構面與指標（表1-2）。

表1-2　專業能力各構面指標之出處

指標出處／構面	指標	文獻回顧	業者的深入訪談	焦點團體會議
專業知識	旅館相關法規	✓	✓	✓
	瞭解旅館業作業程序	✓	✓	✓
	旅館安全之認知與處理		✓	✓
專業技巧	電腦操作能力	✓	✓	✓
	房務部實務技巧	✓	✓	✓
	客務部實務操作	✓	✓	✓
溝通能力	語言能力	✓	✓	✓
	與顧客有良好的互動關係	✓	✓	✓
	處理顧客抱怨的能力	✓	✓	✓

（續）表1-2　專業能力各構面指標之出處

構面＼指標出處	指標	文獻回顧	業者的深入訪談	焦點團體會議
溝通能力	協調能力	✓	✓	✓
	團隊合作精神	✓	✓	✓
管理能力	領導能力	✓	✓	✓
	緊急事件處理的應變能力	✓	✓	✓
	報表分析能力	✓		✓
	預算編制能力			✓
	行銷管理能力	✓	✓	✓
工作態度	確實完成工作	✓	✓	✓
	樂觀學習的行爲	✓	✓	✓
	良好的服務理念		✓	✓
	自我時間管理	✓	✓	✓
	對工作的熱忱		✓	✓

※資料來源：本研究整理

二、專業能力指標評估架構圖

本研究將旅館專業能力指標評估架構分爲三層如圖1-1，第一層爲目標層（Goal Level），爲旅館專業指標之最終目標；第二層爲標的層（Objective Level），分成五個評估構面，包括專業知識、專業技巧、溝通能力、管理能力、工作態度等；第三個層面爲屬性層（Attribute Level），共有評估屬性二十一項。

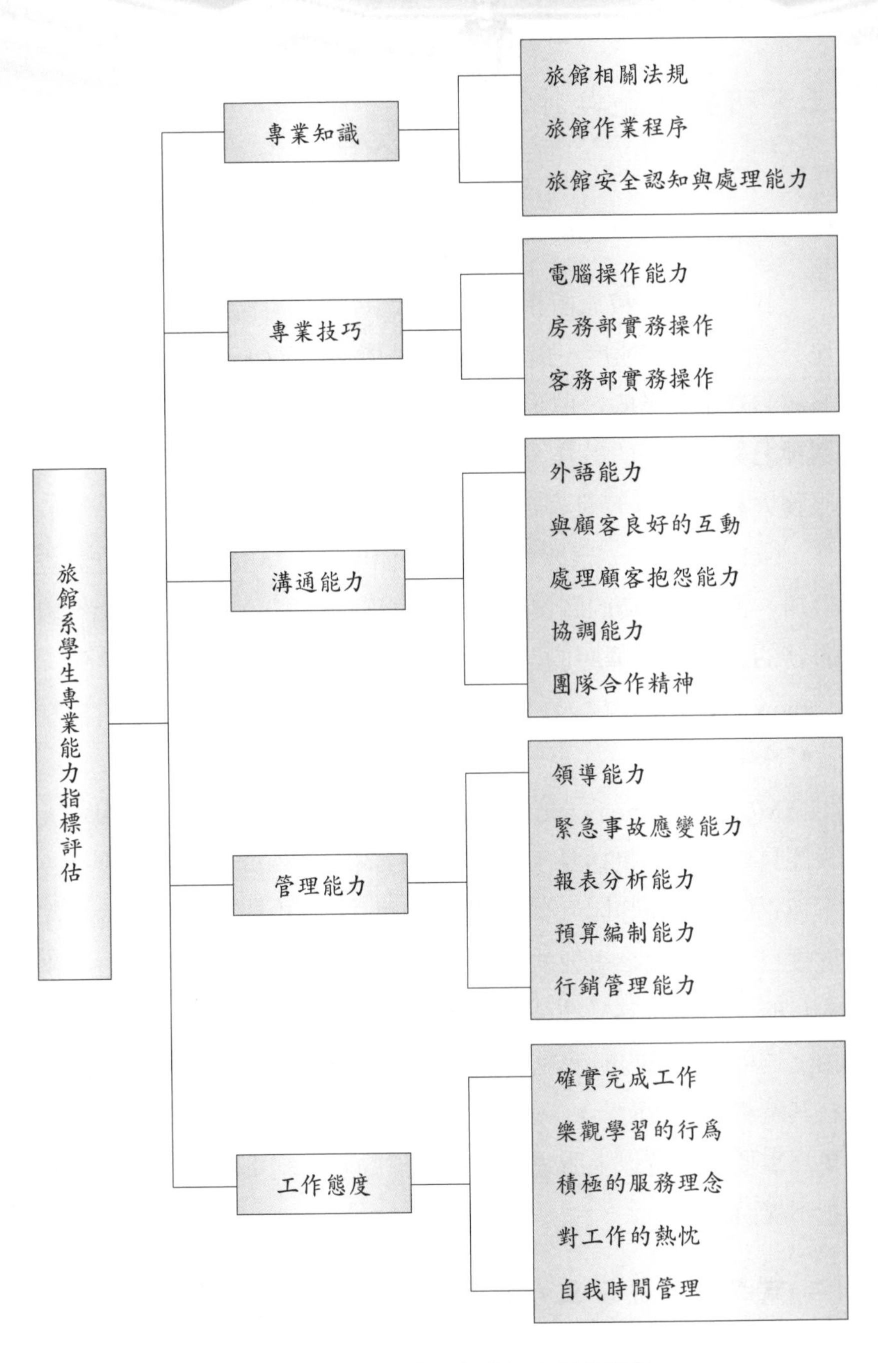

圖1-1　旅館系學生專業能力指標評估

三、研究發現與討論

(一)與國內外研究結果比較

我國技專院校旅館相關科系整體專業能力標的層之相對權重比，最高爲工作態度，最低爲專業技能。根據Chase（1987）指出旅館業是服務業的一環，因此，服務不僅是服務人員爲顧客提供精神上與體力上的勞務，還包括顧客所獲得的一種感覺。因此，服務人員如何具有良好的服務工作態度，爲旅館經營的必要條件。Geller（1985）根據美國27個旅館中針爲74位管理者問卷調查得知，該旅館成功的關鍵因素，依序爲：1.員工的態度；2.顧客對服務的滿意；3.華麗的設施；4.良好的地點…等九項。另外，Tornow and Wiley（1991）亦指出服務人員的服務態度與顧客滿意確實非常有相關。

McColl-Kennedy and White（1997）指出顧客認爲旅館服務人員應具備之條件包括員工提供個人化的服務、員工的禮儀、具效率與正確的服務等因素。陳麗文（1997）指出餐廳主管認爲工作態度爲工作表現最重要的部分。蔡蕙如（1994）的研究指出服務人員的服務品質感受往往有一部分取決於服務人員的工作態度。由上述可知員工的態度對旅館專業能力之重要性。嚴長壽（2002）在其所著《御風而上》一書指出專業的「態度」其實要比「技術」更爲重要。綜合以上所述，本研究標的層之結果國內外之看法大抵不謀而合。

(二)業界與學界權重之差異

技專院校旅館系專業能力指標在標的層之相對權重比，業界

與學界權重之差異，業界認爲工作態度最高，其次爲溝通能力，而最低爲專業技巧；學界亦認爲工作態度與溝通能力較高，最低爲管理能力。由上述得知，學界跟業界看法大致相同，認爲態度與溝通能力爲專業能力之最高權重。

王麗菱（2000）於國際觀光旅館餐飲外場工作人員應具備專業能力之分析中，指出餐廳主管與副主管應具備十五個條件之前三項爲餐飲專業知識與技術、餐飲經營管理的理念、領導能力；餐廳領班應具備十五個條件之前三項爲敬業精神、溝通表達能力、餐飲專業知識與技術；餐廳服務生應具備十五個條件之前三項爲吃苦耐勞、敬業精神、興趣與嗜好。因此，高層級主管之專業知識與管理能力是相當重要；中階與基層人員則較重視敬業精神與吃苦耐勞，亦即敬業的工作態度。劉麗雲（2000）於專科餐旅教育三明治教學之效能評估研究探討教師對學生工作能力（包括專業知識、專業技術、管理能力、溝通能力與工作態度）的評估，結果多數教師傾向認同三明治教學教育方式學生的工作能力較優，且就業也較容易。就旅館業界的主管普遍亦認同三明治教學制度，及接受三明治教學的學生時更容易就業；但在工作能力方面，大多數主管並不認同接受三明治教學的學生，在工作能力上相較其他員工來得佳。由此得知，旅館業者與學界都肯定三明治教學制度，但對學生工作能力學界與業界看法並不同，然而其效能評估研究中卻未說明其不同點，本研究顯示業界認爲旅館系學生的專業技巧權重最低，學界認爲管理能力權重最低。黃凱筳（1998）亦認爲國際觀光旅館對於觀光教育培育人力之相關能力需求程度研究，顯示大專生以服務理念需求程度最高，其次爲處理顧客抱怨之能力，需求程度最低爲管理能力中的投資分析能力。綜合上述可得知，餐旅業對員工的工作態度、積極的服務態度與熱情的爲顧客解決問題是很重要的。

此外，本研究中業者表示旅館客房部門的工作技巧，因每家旅館作業之間會有一些差異，故員工進入職場須接受旅館內部之訓練與教導，特別是技專院校剛畢業的學生，須持有虛心受教的心態，切勿眼高手低，方能更快駕輕就熟，並能符合該旅館的工作職場文化，因此，業界給予客房部門的工作技巧之相對權重最低。學界方面，教師們建議學生畢業應從基層工作開始（Entry Level），從做中學 （Learning by Doing）以累積經驗，進而增強管理能力。由於剛畢業的學生擔任主管的情況較少，故學界認爲管理能力在專業能力中的相對權重最低。針對上述之結果，教師們應於課堂上培養學生正確的價値觀與服務態度。

(三)最高爲自我時間的管理，最低爲報表分析能力

學生面臨資訊多元化、網路蓬勃發展，而且社會快速變遷，生活上充滿各種誘惑之下，如何妥善規劃時間參與學習，已成爲一項重要的生活與適應技能，也是影響學業與工作的重要因素（陳儀如1998；Britton & Tesser, 1991）。現今的草莓族，缺乏自我時間管理與自我約束的認知。例如經常性的上課遲到、翹課，且信奉「只要我喜歡，有什麼不可以」扭曲的價値觀。因此，教師如何協助學生在面對外界影響時減輕干擾，並更有效運用時間管理以增進生活適應，爲今日重要課題。所謂的時間管理即善用時間，把每人身邊有限的時間，作最充分和有效的運用，以完成目標。時間管理亦是一種「目標管理」，把時間運用在與目標相關的活動上，個人需要學習，運用時間智商（Time Quotient）使自己更快達成目標（朱文雄，1999）。管理大師Peter Drucker曾說「時間是最短缺的資源，除非它被管理，否則什麼也不能管理」（陳儀如，1998），由此可知，自我時間管理的重要性。

此外，報表分析能力在屬性層之權重呈現最低，經本研究進

一步瞭解，教師們表示由於目前技專院校學生入學來源多元化，學生所學背景不同，對於旅館財務分析課程接受度有較大差異。因此，授課教師需花很多時間複習基本觀念，如基礎的會計借貸，因此難達到對旅館內客房部門之報表內涵分析與功能之瞭解。業界亦表示，學生對於單位報表分析之能力養成需經一段時間之訓練，並非自學校畢業就能分析報表，因此評比認爲該屬性在整體的專業能力之相對權重最低。Chung（2000）於旅館管理從業者應具備的能力與課程改革研究40項能力中，亦顯示最低爲報表分析能力。

(四)旅館業從業者與旅館系教師在屬性層權重之差異

技專院校旅館系專業能力指標，旅館業從業者與旅館系教師在屬性層權重之差異，業者認爲對工作的熱忱最高，次爲樂觀學習的行爲、報表分析能力。學界認爲與顧客良好的互動權重最高，次爲積極的服務理念，最低爲旅館相關法規。

本研究經深度訪談及焦點團體會議，結果顯示大多數客務與房務經理認爲旅館服務人員更需具備服務熱忱，才能使顧客有賓至如歸的感覺。由於旅館業是24小時提供服務，故常因工作時間長、薪資偏低且又需配合輪班，若員工缺乏高度的工作熱忱，容易離職或轉業。故業界認爲，旅館人樂在工作的服務熱忱是最重要的。Driegl（2000）指出國際觀光旅館管理者需要對工作有興趣，因爲對工作有興趣才能產生工作熱忱。此外，顧客對於服務接觸的感受，爲影響顧客忠誠度之重要因素（Fisk, Brown & Binter, 1995），因此與顧客間保持良好的互動，是維繫顧客再次光臨旅館的重要因素。

Siu（1998）於調查香港旅館業提及管理人員所需十一項專業能力中，溝通能力排行第一。Tas（1983）提出旅館管理階級之儲備幹部具有重要六大部分，亦強調需具備與顧客保持良好的關係。Chung（2000）更指出與顧客間的溝通爲韓國旅館業專業能力的首要能力。無論旅館在服務上下了多少工夫，總還會接到顧客的抱怨。

由於旅館顧客來自四面八方，且不同國籍之顧客有不同的生活習慣與方式，因此如何與顧客在短暫的時間內瞭解顧客且建立良好的互動關係，亦是學界教師們認爲最重要的。因客房部門員工站在面對顧客的最前線，是顧客最先也是最後面對的對象，因此如何在這一連串的服務中，讓顧客感到印象深刻且滿意進而維繫此良好的關係，以建立旅館及個人良好的口碑，是所有旅館人應該努力的。

本研究經由文獻回顧、業者的深入訪談及焦點團體會議，歸納整理得知有五大層面以及二十二項屬性爲旅館系學生專業能力指標，經由AHP層級分析法，得知旅館系整體學生專業能力標的層相對權重當中最高爲工作態度（服務態度），其次爲溝通能力，最低爲專業知識，整體屬性層相對權重當中最高爲自我時間的管理，最低爲報表分析能力。因此，作者建議旅館系教師於授課中應加強教導有關服務態度及溝通能力等，而學生亦應在此方面多用心。

專欄1-2　強迫的熱忱

我們每天要做的事情中，有很多事的確不容易覺得興奮，但是，只要投入心力，就有可能做到。卡內基曾說過，熱忱是你整個人的動力。無論你有多大的能力，如果缺乏熱忱，這些能力會一直隱藏著。

現今大家都同意，每個人都有用不完的潛力，你可能很有知識，理解與判斷力很強，但沒有人會知道，連你自己也不知道。唯有當你全心全意地採取行動時，這些能力才會顯現出來。

熱忱帶來喜悅，我們做事的時候，如果很有熱忱，就會常常感受到刺激、喜悅和內心的滿足。我們每天要做的事情中，有很多事的確不容易覺得興奮，但是，只要投入心力，就有可能做到。其實，很多事都是取決於我們的想法。

當一個人充滿熱忱的時候，他的眼神閃亮，表情生動，整個人都是活活潑潑的，走路的樣子也看得出來。熱忱影響到我們對他人，對工作，和對周遭環境的態度。甚至人活得快不快樂都與熱忱有密切關連。

怎麼樣才能更有熱忱呢？卡內基建議我們用二種方法：第一，強迫自己「做得」很有熱忱，過一段時間後你就會「變得」眞的很有熱忱。其次，盡可能全心投入你所做的事情上，多加探討，多加學習，親身履行。這樣的話，我們通常會較以往更具熱忱。

因爲付出，改變自己。有一位朋友，他剛進一家公司工作時一心一意想作業務，可是公司卻派他去做採購，成天在訂單、交貨日期、催貨電話中打滾。幾個月後，他想辭職，因爲他覺得採購的工作既乏味，又單調，每天上班都是無精打采的。但是他覺得，如果試都沒試就辭職會很不甘心，他開始對採購部的功能增加瞭解，多付出時間與採購同仁交談，並且設法明瞭公司採購產品的用途，開會的時候也抱著聆聽、感興趣的態度。幾星期後，他對工作的感受不一樣了，他現在變得喜歡上班。經理也注意到了他的熱忱，並且認爲他很有發展潛力。更重要的是，他現在每天生活得很快樂，喜歡自己的工作，從工作中能得到滿足感、成就感，通常都很開心。我們不也是一樣嗎？

如果你想成為有影響力的人，你必得熱忱。人們喜歡熱忱的人，你將跳脫單調刻板的生活，到哪裡都受歡迎。人的生活沒有熱忱是不行的，全心投入工作，你不但會更開心，而且別人也會更相信你，就像相信發電機會發電一樣。

～強納生·阿默（Jonathan Ogden Armour）

資料來源：http://web1.makerweb.com.tw/prog/forum/responses.php？site=1547&forum_id=3938

第四節　服務態度

針對筆者九十一年度國科會研究有關旅館系客房部專業能力分析結果顯示：工作態度（服務態度）是五個構面中最重要的，

因此本節將針對服務態度作進一步之探討與說明。

回顧先進國家經濟發展，大多由農業經濟開始，再走向工業經濟，然後步入工商經濟，最後，並帶動服務業的發展。管理大師彼得 ·杜拉克（Peter F. Drucker）說：「新經濟」就是服務經濟，服務就是競爭優勢。台灣的服務業產值占國內生產毛額已經高達百分之六十八，服務業的就業人口也占總就業人口的百分之五十七以上（林楊助，2003），由此可見服務業的重要性，服務業是由「人」來服務「人」的行業，旅館業亦爲服務業的重要一環，因此，旅館服務人員的服務態度更是成爲旅館業成功經營的重要關鍵。

一、服務態度的重要性

隨著經濟的成長與市場競爭環境的變化，顧客關係管理已成爲企業經營管理時重要的競爭策略之一，對經營方式主要以成本及服務爲導向來保持既有顧客的旅館而言，經由顧客關係管理找出適合旅館的策略定位，以改善顧客服務並提高顧客忠誠度而獲致競爭優勢，是旅館業重要的策略之一。

就一般消費者而言，追求高品質的服務，已是重要的消費需求趨勢；對於旅館業而言，可能因爲員工與顧客在服務品質的期望與實際服務表現上，由於在重視度與滿意度上認知的不一致，而產生了服務品質的缺口，造成顧客對服務品質的滿意以致流失了顧客。

在現今經濟結構巨幅變化，競爭日趨激烈，產品差距日漸縮小之際，未來企業成功的關鍵，勢必除了技術的高低外，更以服務的優劣爲導向，但是即使有再好的服務或高品質的服務，在傳遞的過程中，也難保執行的人員不會犯錯，在面臨服務失敗時，顧客的抱怨行爲將接踵而至，而有效掌握服務失敗的成因及妥善進行服務失誤補救處理，將不滿意的顧客變爲一輩子的顧客就顯得格外重要。

專業經理人普遍認爲國際觀光旅館之市場結構較偏向服務價值之市場，也就是服務價值已超越商品品質，顧客對服務滿意度比對商品滿意度還要重視，因此，旅館經營之成敗關鍵，在於商品本身或銷售能力已不再是主流，取而代之的是在於是否能滿足顧客的需求，甚至提供的服務能否超越顧客的期望。

而旅館業的服務人員代表旅館與顧客接觸，不僅是給予顧客應有的服務，更應扮演顧客與旅館間的溝通橋樑，無論是主動提供顧客最新的旅館資訊或具備良好的服務態度，如積極的服務理念、對工作的熱忱、良好的應對技巧，服務的熱忱、親切的態度以及整齊的儀表，以俾建立良好的口碑，提升旅館的知名度，且能使顧客願意再度光臨，進而提高旅館的營收。相對地，如果服務人員的服務態度不佳，如態度冷漠，或洩漏顧客資料，無法判斷事情的輕重緩急、無法掌握時效，將導致顧客權益受損。因此，顧客對本旅館整體的服務品質將產生不信任及負面印象，影響旅館的形象且導致顧客不願再來消費，進而使旅館收益減少。

服務人員的服務態度會直接影響顧客對服務品質的滿意度，因此，愼選與顧客接觸的服務人員是相當重要的。旅館在僱用員工時應將服務品質列爲優先條件，因此對於服務人員的甄選就要考慮其溝通技巧、態度與個性，以及員工在聘用後，必須給予專業的訓練如在職講習訓練，加強員工的服務態度。

二、何謂服務態度

(一)服務之意涵

何謂服務？隨著經濟的演進發展，學者持有不同的見解。陳永牲（1998）引述菲力普・霍特勒（Philip Hotler）的見解認爲：「服務是由一方向另一方提供活動或好處，他是不可觸之的，不形成任何所有權問題；其產生可能與物質產品有關，也可能無關。」辭海對服務的註解爲：「亦稱勞務，不以實務形成而以提供勞務的形成滿足他人某種特殊需要。」

(二)態度的定義

Katz和Stotland（1959）認爲態度是由認知（Cognitive）、感覺（Feeling）與行動（Action）傾向三個層面構成。認知是指個人對於某事物之瞭解、認識程度及看法。感覺是指個人對於某事物的情感與好惡。行動傾向則是指個人對某事物之可觀察或知覺的行爲傾向。而此三個層面有一連續的關係，即個人的態度形成，先是由認知層面經過感覺層面最後才達到行動傾向層面。Breckler（1984）認爲態度可以透過認知、情感與行爲三個要素所組成，因爲態度常被視爲情感上的感覺、認知上的想法及意圖行爲三個要素的結合。Robbins（2001）指出態度是指對人、事、物所把持的正面或反面評價，它反映了個體對人事物的感受。Schiffman & Kanuk（1994）則認爲所謂態度「是一種經由學習而產生的心理傾向，這種傾向是針對某主體（人、事、物）的一種持久性評估，進而影響個人的言行舉止」。

因此，組織必須瞭解員工爲何有如此態度的產生，而這種態度在員工日常的工作行爲中是否有關聯，並瞭解應該如何來改善員工的服務態度。

(三)服務態度的定義與特質

Olshavsky（1989）與Parasurman, Zeithamal & Berrv（1985）所作探索性研究指出，服務態度是消費者對於事物所作之整體評估，雖然在服務接觸的過程中，服務人員態度的重要性已一再被提及，但針對服務態度的研究卻不多。從態度的定義我們可以瞭解服務態度可因服務提供者個人的差異，因而影響服務在認知、感覺與行動上的傾向。據Lele與Sheth（1993）認爲態度涵蓋了服務者的態度與服務行動，其中包含：1.服務者在處理顧客的查詢與問題的解決、給予資訊、提供服務的禮貌；2.瞭解銷售知識；3.滿足被服務者的需求，企圖塑造者的態度，行爲應透過教育訓練及獎懲規範。

針對服務態度的定義，旅館業之經營者應加強服務人員對顧客問題的解決、公司產品銷售及滿足其需求之態度做進一步之訓練，以達到員工服務態度具體化，而非僅知道其重要性。

專欄1-3　旅館Logo認識

每個Logo都會有它的涵義所在，像比較特別的是君悅飯店，旅館標誌上那道象徵由日出到日落24小時服務的弧線。

這是Holiday Mansion Hotel假日大飯店，但看到這個標誌則屬於設在風景區的度假旅館等級。

這是一家北美的豪華酒店集團，名爲四季（Four Seasons）旅館集團，因大部分酒店皆分布美國，已

成爲美國豪華旅館的代表。不過，眞正的四季酒店，卻是一家源自加拿大，總部在多倫多的酒店集團。第一家四季酒店是在1961年誕生在多倫多的Jarvis街，創辦人伊沙多爾·夏普（Isadore Sharp），最先只想經營汽車旅館，夏普當時甚至想爲他的第一家汽車旅館命名爲「雷鳥」（Thunderbird），後來爲什麼改爲「四季」汽車旅館，已經不可考，也許是四季的旅館名稱取得很好，所以旅客一年四季皆有吧！

這是香格里拉大酒店Shangri-La Hotel，它的標誌是以金色的＜＞代表，中間橫線以上是象徵西藏所在地的喜瑪拉雅山脈，橫線下是高山湖泊湖山倒影，皆以《失去的地平線》一書中，故事發源地香格里拉爲設計重點。

這是文華東方集團，香港旅館集團的龍頭，以象徵東方風情的「扇子」爲標誌，或許是因爲它擁有西方酒店的舒適硬體，但裝潢與服務卻極爲東方式，也可以說是很文華式的風格，才以此命名的。

第五節　個案分析

角色扮演

一、情境

情境一

Mr. Richard午餐後怒氣沖沖的來到櫃檯抱怨他在外出前已掛"Please Make Up the Room"，但Room-maid卻沒整理，外出回來後Night Service也沒做，因已疲倦，故要求立即就寢，Mr. Richard

稱他是付全額房租，但他不想付全額。

情境二

客人致電接線生。那是早上七時，客人有些文件需要打字服務，但商務中心在早上八時才會開放，而他的文件必須在早上九時準備好，於是他問：「請問有人可替我打好這份文件嗎？」

情境三

Mr. Patrick來櫃檯抱怨外國母公司於91年11月21日夜間11：16來一傳眞（FAX），結果他於11月22日早上7：00起床後才在房門下發現這傳眞，客人很不滿的說他曾於昨晚11：00及11：35兩度查詢櫃檯服務人員Have Any Messages or Faxs for Room1206？回答都說："No any Message , Sir"，由於此原因，使他延誤談生意時機，進而要求旅館賠償他生意上的損失。

情境四

你是電話總機。Mr. Smith是我們的常客，這次在我們的酒店逗留一個星期。他在今天上午十一時正辦理離房手續，他的航班是下午十二時三十分，當他離開酒店後，卻在上午十一時三十分從機場致電給你，說他把機票遺留在房間。

個案檢討

請問如果您是客務人員，面對上述的狀況，你會如何回答和怎樣做？

二、檔案

檔案A

客人檔案

客人姓名：Andy Loo

狀況：再次光顧的客人

職業：商人

逗留時間：三晚

個人喜好：(1)通常要傳真大量文件

(2)時常將手提電腦攜帶在身邊

(3)清晨時在房內進食早餐

檔案B

客人檔案

客人姓名：Benny Smith先生夫人和兩名子女

狀況：再次光顧的客人／度假旅客

逗留時間：一星期

個人喜好：(1)喜愛遊覽名勝古蹟

(2)時常在酒店慶祝結婚周年紀念

(3)時常訂下相連客房

檔案C

客人檔案

客人姓名：Cindy Nathan

狀況：單身女遊客／首次到訪的客人

職業：商人

逗留時間：三星期

個人喜好：不詳

個案檢討

1.請問如果您是客務人員，您會做些什麼令客人感到受到歡迎和特別？

2.請問如果您是客務人員，您會說些什麼？

第二章　客房服務的基本觀念

- 房務工作職掌與組織架構
- 客務工作職掌與組織架構
- 房務部的功能
- 客務部的功能
- 個案分析

現代旅館主要分爲兩部分，一是客房部，另一是餐飲部。本書主要介紹客房部（Room Division），因旅館最主要商品是客房，爲提供專業、貼心、安全與舒適之住房服務，又將其分爲兩大部門，一是客務部（Front Office），另一爲房務部（Housekeeping）。客務部（Front Office）又稱前檯，在旅館中扮演著極爲重要的角色，因每位旅客在抵達或退房離開旅館時，都會直接與前檯人員接觸，因此爲旅客第一印象與最後印象之主軸部門，故客務部門及其員工對建立旅館的形象和聲譽有著重要的使命，而房務部主要爲提供住客一個清潔、舒適、安全的住宿環境，以確保房間處於常新及舒適的狀態，使住客留下一個美好的印象。此外，它更是提供一切有關房客需求的貼心、人性化服務事宜之單位，例如洗衣服務、失物招領、擦鞋服務及加床服務等等本章將介紹房務部的工作職掌與組織架構、客務部的工作職掌與組織架構、房務部的功能、客務部的功能及提出個案探討。

第一節　房務工作職掌與組織架構

客房是旅館最直接的產品，屬硬體設施，唯有加上服務人員的各式服務（即所謂軟體的功能），方能產生它的商品價值。因此對所有房務工作人員來說，只有熟悉和掌握客房服務的具體工作內容，並瞭解旅館組織的性質與管理及企業文化等，更重要的是組織的靈活運作，俾能發揮整個旅館的團隊精神。

旅館組織（Organizgtion）須依其大小作編制，雖然旅館內各部門人員須各分其工、各盡其職，但最終仍必須與各部門彼此協調合作以達成組織之目標，明確的組織架構能使每位員工瞭解本身之工作職責以及與旅館內各單位的關連性、重要性，而朝共同的目標邁進，以下將針對房務部之工作職掌與組織做進一步的說明。

一、房務部組織

一個完善的組織系統圖，不但可以讓人充分瞭解組織的架構與層級，同時亦可作爲部門改善分析的參考。由於旅館規模大小不同，故其房務部組織亦異，就國內一般房務部門常用的組織架構圖（如**圖2-1**）可觀其組織架構。

二、房務部職員工作職掌

房務部爲旅館內專門負責房務之部門，乃是旅館中最繁忙也是最重要的部門，如何使住客覺得舒適、清潔，則須仰賴各層級職員通力合作來達成此任務。房務部的層級可區分爲：

1.**經理**（Executive Housekeeper）

爲房務部中最高的管理者，上對總經理或客務部經理負責，下直接管理房務部副理。

2.**副理**（Assistant Executive Housekeeper）

爲房務部中地位僅次於經理的管理者，對房務部經理負責，亦是經理不在時的職務代理人。

3.**公清主管**（Housekeeper Public Area Manager）

負責全館內外之清潔及旅館設備之採購等職務。

4.**主任**（Head Supervisor）

協助副理並接受主管交辦事項，於副理不在時的職務代理人。

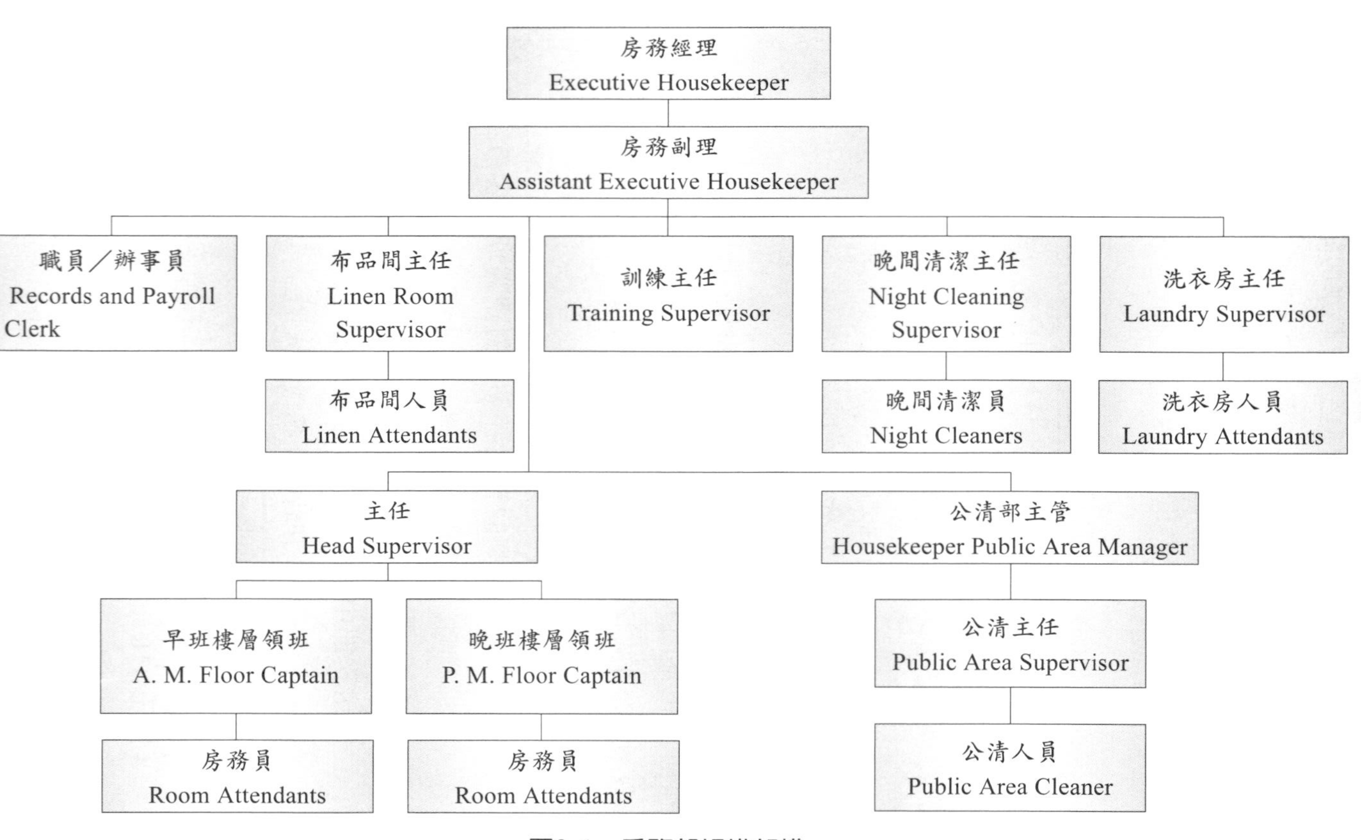
房務經理
Executive Housekeeper
房務副理
Assistant Executive Housekeeper
職員／辦事員
Records and Payroll Clerk
布品間主任
Linen Room Supervisor
布品間人員
Linen Attendants
訓練主任
Training Supervisor
晚間清潔主任
Night Cleaning Supervisor
晚間清潔員
Night Cleaners
洗衣房主任
Laundry Supervisor
洗衣房人員
Laundry Attendants
主任
Head Supervisor
早班樓層領班
A. M. Floor Captain
房務員
Room Attendants
晚班樓層領班
P. M. Floor Captain
房務員
Room Attendants
公清部主管
Housekeeper Public Area Manager
公清主任
Public Area Supervisor
公清人員
Public Area Cleaner

圖2-1　房務部組織架構

5.**領班**（Floor Captain）

負責監督檢查與協助房務員之清潔工作，其與房務人員的接觸最爲密切與直接，常爲新進房務員工作學習的對象，且房間的清潔與否，領班爲重要關鍵人物之一。

6.**房務辦事員**（Records and Payroll Clerk／Office Clerk）

其爲房務部之心臟場所，負責接聽客人直接的來電以及櫃檯等各部門一切電話服務之要求，並適時與各樓服務人員聯繫。

7.**房務員**（Room Maid／Chamber Maid／Room Attendant）

在房務部中與客人直接接觸最頻繁，進出客房次數最多的也非她莫屬。負責整個客房的清潔以及保養工作，在整個旅館中沒有其他人會比房務人員更瞭解客人的一些習慣以及作息等等。雖然房務員屬於最基層人員，但卻是不可或缺的角色之一。

8.**公清人員**（Public Area Cleaner／Public Space Attendants）

在整個旅館中保持公共區域的清潔工作，須仰賴公清人員來打掃維護，與房務員屬同等階層。

以下就房務部各層級人員職稱以及工作職掌做介紹，見**表2-1**。

表2-1　房務部門各階層人員之工作執掌

職稱	工作職掌
經理	1.與總經理及各部門主管開會。 2.回答其他部門有關房務部之需求及近期狀況。 3.應明白告知部門員工正確的工作方向。 4.管理辦公室、洗衣房、員工制服並向採購部詢問未送達的物品。 5.負責建立所屬各單位元之工作程序、作業規定、工作處理方法

（續）表2-1　房務部門各階層人員之工作執掌

職稱	工作職掌
經理	等等，並且確實督導施行。 6.負責部門人員之管理、指揮、督導及品德之管理。 7.建立標準之清潔檢查項目，交給各級幹部實行，並隨時以銳利、挑剔的眼光檢查。 8.找出最有效益之清潔用品或物品，使成本降至最低。 9.依據年度工作計劃，訂定工作進度，負責確實施行。 10.建立房間之養護計劃，作定期與不定期之保養制度，編列預算，並協調工程部、採購部及前檯，按期實施。 11.會同安全室處理客房樓層發生之特殊客房事件，或其他突發事件。 12.依據服務之需要訂定合理而精簡的組織，充分有效地運用人力，負責編訂人事費用預算。 13.依公司人事規定負責部門員工之僱用及解僱，控制部門員工名額與工作量，以保持平衡。 14.負責考核各級人員之工作績效，薪資調整，以提高服務品質。 15.解決任何有關房務部的一切問題。
副理	1.負責客房的運作（例如，備品或毛巾的總盤等）。 2.客人的抱怨處理（例如，遺失物的賠償與找尋等）。 3.客房的翻修與安排（例如，地毯、家具等）。 4.巡邏各樓層及員工工作情況。 5.負責工程完工後之檢查。 6.負責面試新進員工。
公清主管	1.樓層及公共區域的消毒（包括整個旅館內、外的範圍，但不包含餐廳廚房）。 2.維護大樓外牆的清潔。 3.監督公共區域的清潔與設備維護。 4.設備的購買、平時維修及教導員工正確使用方式（例如，吸塵器）。 5.家具的管理與維護。 6.大夜班（外包廠商）的清潔控制與檢查。 7.公共區域新進員工的面試與訓練。

（續）表2-1　房務部門各階層人員之工作執掌

職稱	工作職掌
主任	1.負責班表的排休、控制房務員之休假與掌握人員動態。 2.分配房間給領班。 3.控制維護飲料與備品的數量及盤點。 4.水果的控制。 5.環保資源回收（例如，報紙、鋁罐）。 6.客房走道及公共區域的人員安排。 7.分配人員整理晚退房的客房清潔。 8.統算加班。 9.鑰匙的總管理。
領班	早班（Morning Shift） 1.檢查客房。 2.分配房間給房務員。 3.隨時注意早起貴賓及提早遷出之房間，以便清點飲料。 4.毛巾、備品用品的申請及控制數量與損耗報告。 5.客人洗衣及抱怨處理。 6.備品室備品月底數量盤點。 7.毛巾、杯盤等的季節性總盤點。 8.樓層工作運轉與報表控制。例如：Mini Bar、Lost & Found（L&F）等。 9.一位領班大約管理七十～八十間的房間，所以必須經常注意自己管理樓層住客之行動與安全。 10.其他臨時交代辦理之事物。 11.負責監督區域內之服務及清潔工作。 12.分配工作給房務員及訓練新進員工現場作業。 13.呈報客房故障情況，並排除因由。 14.填寫請修單並負責追蹤修繕情形。 15.隨時糾正房務員缺失和不當行為。 晚班（Night Shift） 1.詳閱值班記事簿，確實瞭解早班和晚班的交代事項。 2.製作開夜床的報表。 3.完成早班留下來未完成的工作（例如，DND房及晚遷出之房間等）。

（續）表2-1　房務部門各階層人員之工作執掌

職稱	工作職掌
領班	4.隨時巡視客房走道，確定客房房門是否有關好。 5.負責樓層鑰匙的分配。 6.代理房務員晚餐時間客人所要求的服務與問題處理。 7.對夜歸或酒醉旅客提供必要的照顧與扶持。 8.隨時糾正房務員工作缺失和不當行爲。 9.下班前與早班交班，夜間動態及貴賓反應必須清楚記錄。
房務辦事員	1.接聽和記錄所有電話指示，並負責通知相關單位執行，亦得追蹤執行狀況。 2.記錄、核對冰箱飲料入帳情況及銷售日報表，分派飲料。 3.整理並登錄房客遺留物。 4.預備和記錄旅館免費贈予貴賓房及一般預進房之物品，如鮮花、礦泉水、水果及貴賓專用禮物等，並通知相關主管幹部和樓層。 5.記錄及追蹤客房借出物。 6.登記部門所有請修單據，追蹤及銷號，如遇足以影響正常運作之特殊檢修狀況，應告知值班主管。 7.整理各項洗衣單備用，登記房客寄存衣物。 8.核對各樓層鑰匙和插電用具之回收情況。 9.冰箱飲料盤點及領貨，每月底塡寫所有飲料，食品銷售數量。 10.日用備品之補充，削鉛筆及塡寫辦公室所需物品之申購單。 11.月底班表之打字作業。 12.辦公室之清潔工作與貴賓房所用鮮花之整理和噴水。 13.一般文書作業（例如，月初統計與核對送洗布巾數量）。
房務員	1.清理客房、浴室和補充房間內各項備品，務必擺設及備品都正確無誤。 2.清潔保養客房（例如，門框、走廊、牆面、出入口的地方以及空調出風口等等）。 3.在指定時間內收送房客所有洗燙的衣物，並塡寫於客衣收送記錄簿。 4.檢查及補充客房冰箱飲料或食品。 5.晚間夜床服務之作業。 6.和廠商確實對點外洗布巾數量。

（續）表2-1　房務部門各階層人員之工作執掌

職稱	工作職掌
房務員	7.拾獲住客遺留物，必須報交辦公室。 8.房客如有要求服務，如擦鞋、更換布巾等，應該優先處理。 9.房間簡易故障之排除，如更換電燈泡等，不能處理時應隨即報知辦公室。 10.每個月定期布巾、財產之盤點。 11.請勿打擾房須報知辦公室處理。 12.填寫每日工作日報表、布巾對點表，以備不時之需。 13.發現可疑人物應即時報備相關單位，若有任何不尋常事件，客人申訴客人及旅館財物不見或損壞，立即向領班報告。 14.若發生意外事故，協助客人迅速離開現場。 15.參與部門定期會議及在職訓練。 16.完成特別交待之任務。 17.下班時，親自繳交樓層鑰匙至辦公室。 18.填寫房間狀況報表時，確實在報表上註明其狀況。 19.保持客房內之鮮花及水果之新鮮度。 20.客房須做水龍頭放水及排水孔沖水之動作，若前晚有夜床服務（Turn Down Service），則需還原爲OK房（即爲可賣之客房）。 21.將昨日未到旅館的客人（No Show）尚未使用的客房恢復成空房。 22.保持庫房之清潔及整齊。 23.熟悉館內基本各種的服務項目，以利答覆房客之詢問。
公清人員	1.確保大廳、洗手間、客用電梯、煙灰缸及走廊等工作區域的清潔，且須符合旅館標準。 2.清除所有公共區域之垃圾。 3.清理樓梯、地毯及扶手欄杆。 4.清除地毯、地面之污漬。 5.清潔所有清潔設備，並儲放妥當。 6.保持公共區域的整潔。 7.客房地毯的清潔與維護。

風格旅館——船旅館

您是否住膩了在陸地上的一般旅館？是否想換換口味，試試不一樣的旅館房間呢？那您一定要去住倫敦的船旅館？住在船旅館，悠閒地享受一下英國的浪漫風情呢？相信您一定沒體驗過吧！現在就由文字的帶領，進入這充滿浪漫的水上旅館囉！

從倫敦的貝斯華特區往北方走二十多分鐘路，可到小威尼斯區(Little Venice)，顧名思義，這裡一定有水道，才會取名小水都。是的，小威尼斯有個運河區，從這裡搭船，水路會沿著倫敦西北前進，最後抵達肯明頓鎮的肯明頓碼頭。

倫敦有不少條迄今仍在使用的運河，原來英國本有一條大運河系統是從北方赫福郡沿著里河道開渠而成，到了大倫敦地區就分成許多小運河道，而後接上泰晤士河。這些大小運河，曾是倫敦和北方城市之間重要的運輸工具，但今日已無交通價值了，有些運河道早就廢棄不用了，但仍有些運河道保留下來成爲休閒娛樂之用。

所以在倫敦有一種「船旅館」，沒聽過吧！小型船只有一個房間加一個客廳兼小廚房，中型船就有兩房三房的，因此可供一兩人至五、六人使用，行駛的路線有好幾條，像往北方走大運河，往南方是泰晤士河以及各種河段的支流。

在這船旅館，您可以雇用船夫，亦可自己行船，若是您對自己行船的技術有信心，就不必請船夫。通常是白天開船，行行停停，很悠閒地，反正沒多少路好趕，到了固定的碼頭就泊船停下吃三餐、午茶等等，或下船四處走走看看。當然雇用船夫比較好，而且有船夫也比較安全，以免半夜有人打劫（其實可能性很低），但因爲雇了人，再加上租船，費用並不便宜，不過住這種船旅館兩三天，是非常浪漫的旅行方式，很值得一試。

因運河水面平靜得很，所以船行的速度很穩，早晨起來，就可以坐在小小的甲板上曬太陽、看書、聽自己帶的短波收音機或CD的音樂；在早餐後，亦可跟船夫聊聊天，他們也會很熱情的講解這些水道的歷史來龍去脈。

而你也可以站在船後方看著倒退的河影，突然想到這艘船一直是靠右行駛的，和英國開車靠左行駛不同，不知道爲什麼原因？是不是英國人開車時用左腦，而開船用右腦？

在這樣的運河水上之旅，從一夜到三夜都有，如果想玩更盡興的水上航行，就必須走泰晤士河的水路。有一艘泰晤士遊船，提供七夜的航程，從倫敦查令碼頭，一路沿著里其蒙、漢普敦宮、溫莎、牛津，這艘遊船是豪華級，可供七、八人租船，船上還有圖書室、酒吧、音樂室、餐廳等等。

我們或許都曾住過無數陸上的旅館，但這個水上旅館，有著很不同的風情，或許也可以讓您體驗到從未有的感覺。

資料來源：http://www.libertytimes.com/2003/new/jan/9/life/article-1.htm

第二節　客務工作職掌與組織架構

一、客務部之組織

組織並非爲達成目的（End），而是達成目的手段（Mean），簡而言之，是要使客務人員能與事適當配合，以利推展房務工作，增加客人滿意且讓旅館增加收入爲最終目的。

一般國際觀光旅館中客務部組織可分爲訂房組、櫃檯接待、櫃檯出納、商務中心、總機、服務中心等，（如圖2-2）。

二、客務部之工作職掌

客務部是旅館的神經中樞，掌控旅館日常的營運，其包括客人抵達旅館前與訂房組之預約房間接觸，直到客人下榻旅館之服務中心門衛與行李員之服務，再由櫃檯接待人員之住宿登記與房間安排。當客人住宿時有關電話的使用，須與總機詢問，若爲商務旅客亦須商務中心的服務；最後當客人退房更應至櫃檯出納辦退房手續等，以上爲客務部人員的工作職掌，茲說明如下。

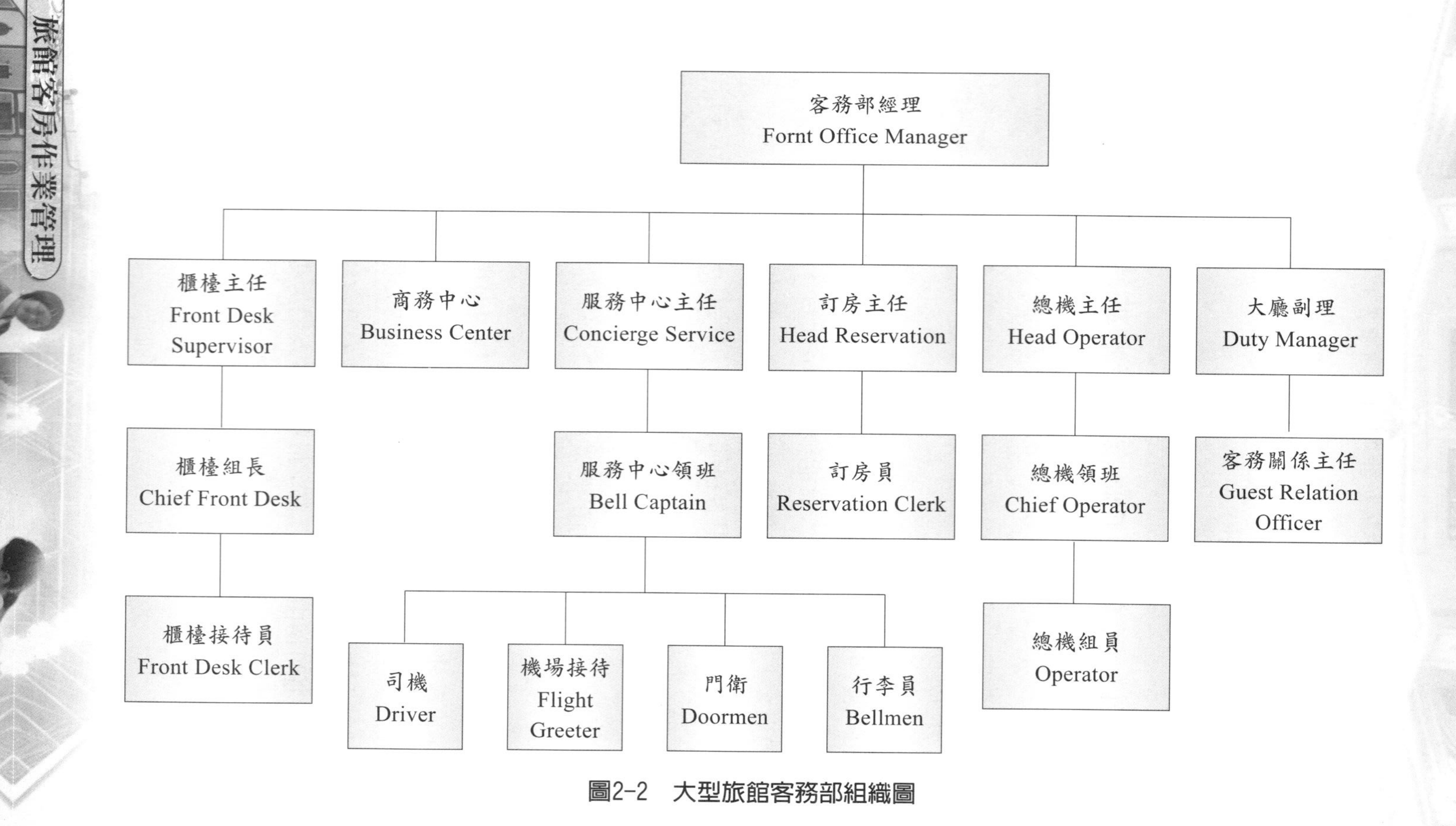

圖2-2　大型旅館客務部組織圖

1.訂房組的工作職掌簡介

(1)預訂客房之服務。

(2)接受客人對於旅館房間型態、價格、基本設備及設施等之詢問。

(3)安排公司行號、旅行社等相關團體之訂房。

(4)確認訂房：在客人未抵達旅館前數天（依旅館之規定)與客人確認訂房。

(5)針對已預定房間之客人須先預收訂房保證金。

(6)各項訂房記錄之填寫。

(7)各式訂房表格之製作。

(8)建立及保存住客歷史資料。

(9)列印房間銷售狀況之各項相關表格。

(10)處理各項與訂房相關之電話、信件、傳真或E-mail之訂房相關工作。

(11)對於業務部門或其他部門收受之訂房，做後續之追蹤處理。

(12)對於旅館客房型態、房號位置所在及房間內部格局與陳設皆需熟悉。

(13)對於業務或企劃單位所推出之不同的套裝行程內容、價格等皆需熟悉。

(14)旅館未來房間預定狀況、可銷售的房間狀況或未銷售完仍需加強銷售之房間數，應隨時掌控及更新。

(15)瞭解旅館房價政策及訂房員被授權程度，熟悉客房銷售技巧，以便在銷售客房時予以妥善運用。

(16)服從上級指示，完成臨時交辦事項。

2.櫃檯接待與出納的工作職掌簡介

(1)隨時掌握最新住房情形，並保持電腦住房狀況的正確性。

(2)徹底瞭解昨日住房率，當日住入、遷出之房間數，V.I.P.姓名、身分，及當日各餐廳的宴會資料與旅館所舉辦之活動。

(3)確實瞭解旅館裡之各項設施、服務項目、房間型態及各餐廳營業時間，以及旅館近日裡所將辦之理各項活動等。

(4)辦理個人與團體旅客住宿登記、房間引導及說明，並將資料輸入電腦。

(5)依房客要求，處理換房、換房價手續，並通知有關單位配合。

(6)協助房客解決處理問題及顧客抱怨之處理，並向上級反映旅客意見。

(7)客房鑰匙之收發、控制及遷出房間鑰匙的收回管理。

(8)於訂房組下班後及休假時，負責處理訂房作業。

(9)保持工作場所的清潔、整齊。

(10)交代事項記錄於交班簿裡。

(11)兌換外幣與退款作業。

(12)辦理旅客之結帳工作。

(13)提供有關單位房客資料之報表、配合旅館之業務促銷活動。

(14)房客離店後及住宿期間，協助處理個人歷史資料的登記及輸入電腦。

(15)服從上級指示，完成臨時交辦事項。

3.商務中心的工作職掌簡介

(1)影印服務、名片製作服務。

(2)翻譯與秘書服務。

(3)傳送與接收傳眞。

(4)收發快遞郵件與收發E-mail。

(5)代客打字與查詢資訊。

(6)協助客人上網。

(7)飛機票等交通工具之代訂或代爲確認。

(8)電腦設施、影印設備等器材租借。

(9)廠商訪問的預約與安排以及會議室之租借和安排。

(10)協助櫃檯留言。

(11)雜誌之訂閱和清點。

(12)入帳並結算每日報表，製作每月之月報表。

(13)服從上級指示，完成臨時交辦事項。

4.總機的工作職掌簡介

(1)轉接電話。

(2)留言服務。

(3)回答來電詢問有關館內活動之相關資訊。

(4)喚醒服務。

(5)代客撥打國內、國際長途電話。

(6)旅館內外緊急和意外事件之通知，且必須熟記各項緊急事件之聯絡電話及處理步驟。

(7)熟練操作機房內之全館播音系統、付費電影片及客用網路系統之檢查。

(8)全館緊急廣播及廣播系統之測試。

(9)隨時注意監視系統之查看。

(10)負責館內音樂之控制。

(11)電話帳單之核對。

(12)機場On the Way回報，並將其回報寫於機場接待通知單上，送至櫃檯（F/D，Front Desk）及服務中心（CNG，Concierge）。

(13)對於公司內部之營運情況等商業機密，必須嚴格保密。

(14)查詢每日氣象簡報，可向國語國際台查詢。

(15)負責電話聯繫傳達相關部門，有關住宿旅客所有提出之服務要求。

(16)服從上級指示，完成臨時交辦事項。

5.**服務中心的工作職掌簡介**

(1)協助旅客行李的運送與保管。

(2)請客人至櫃檯辦理住宿登記及引領客人進入客房，介紹房內設施與使用方式。

(3)遞送每日的早晚報。

(4)前往機場、車站接送旅客。

(5)旅客要離開時，協助搬運行李，並引導客人至櫃檯，辦理退房手續。

(6)為離開旅館之旅客搬運行李，並招呼計程車以供旅客搭車。

(7)為館內住客提供留言、信件的服務，並送交給客人。

(8)為館內住客提供寄信服務。

(9)代訂、安排各種交通工具。

(10)提供館內外資訊詢問的服務。

(11)完成旅客交代的事項，如代訂鮮花、門票等。

(12)維護大廳四周的安全及整潔。

(13)服從上級指示，完成臨時交辦事項。

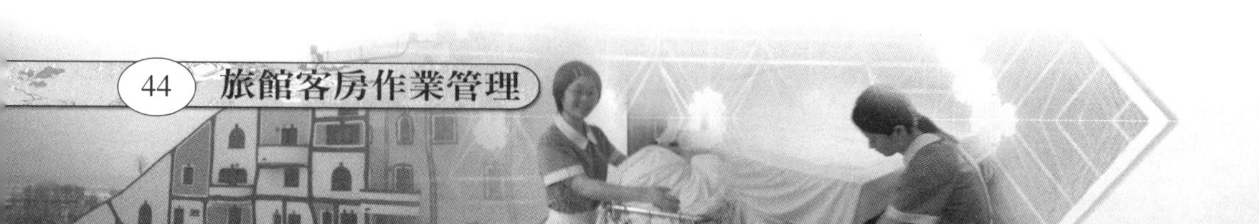

第三節　房務部的功能

一、房務部的功能

旅館最主要的產品是客房，爲確保客房的清潔、舒適及安全，使顧客有家外之家（Home Away From Home）的獨特溫馨感覺。因此房務部必須隨時保持專業與高水準的服務，體貼顧客的需求、使顧客滿意進而向其親戚朋友、工商業界人事介紹，因此，而保持良好的口碑，無形中成爲最直接及最有效率的免費宣傳，進而處贏得更多顧客光臨，此乃房務部最大目標。房務部的功能，其功能主要可分爲六大項，茲說明如下：

(一)清潔（Clean）

確保旅館內每一個角落都保持最高的清潔水準，包括客房、浴室、公共區域及旅館外觀等。

(二)舒適（Comfortable）

旅館內的每一個角落須保持恬靜和幽雅，使顧客能在溫馨的環境下渡過寧靜美好的時光，尤以樓層上的客房更爲重要。

(三)吸引力（Attract）

客房內設備之擺設及裝飾，除強調一致性之外，設計上應介紹藝術與實用，以吸引顧客再度光臨。

(四)安全（Safe）

盡量減低任何會導致住客發生意外受傷之可能性。在客房樓層內，由於房務員最接近顧客，往往能提供最直接與有效之安全資料給相關部門而產生保全功能。

(五)友善（Friendly）

親切而具活動力的微笑與專業是所有旅館從業人員待人時應具備的基本態度，房務員無論在任何情況下，皆要以友善的態度去接受以及爲客人解答疑難，使他們有賓至如歸的感受，樹立應有的友善工作態度。

(六)優良的服務（Service）

迅速地提供有效的服務，合宜地滿足客人的每一要求，因此，旅館從業人員更須具有一定的敏感度，才能適時地瞭解顧客所需。

二、房務部與其他部門之關係

在觀光旅館的整體組織範圍內，因房務部需二十四小時且有分三班制的執勤，隨時提供顧客即時服務，故應有不同單位部門之支援，它與其部門之接觸很頻繁，可謂牽一髮而動全身。因此，房務管理人員與館內各部門保持良好的工作關係，是非常重要的。

(一)櫃檯

房務人員應能不斷地互相提供最新之房間入住情況，在最短時間內，將客人遷離之房間整理妥善，以備櫃檯使用。並且以提供一切有關住客之特殊行爲資料，防止或勸諭客人勿任意損毀旅館內的設備。此外，協助行李員開門收取行李或寄放之包裹送入客房內等，以達到高效率的工作效能。

(二)工程部

提供資料給值班工程師，處理任何保養維修的事宜，安排及封閉房間以便維修與保養。如冷暖氣器機故障，工程部的電器技術人員若能即時接到通知，便可即時修復，免得房務人員傷腦筋；其他如油漆匠等均須和房務員保持密切聯繫，通力合作，隨時粉刷房內油漆剝落的地方，而使客房保持完美如新的景觀。

(三)餐飲部

餐飲部需要桌巾及制服等均與房務部布巾組或洗衣房取得聯繫，尤其在舉行大型的宴會時，應事先安排妥當，協助客房餐飲服務（Room Service）。

(四)會計部門

由會計單位核定帳單及支付薪津，並核定成本或提醒有管理不良的現象。

(五)採購單位

房務部所需的清潔用品及顧客之備品均由採購單位辦理，但採購品牌、庫存、品質及規格應由房務部決定，雙方應研討採購品之特性及成本等。

(六)業務部

業務人員爲加強潛在客戶對旅館產品的認識與信心，經常以帶客參觀客房（Show Room）方式讓客人有現場的接觸經驗。因此房務部應隨時保持客房在良好狀況，以便讓客人留下第一次的良好印象。

(七)行銷／企劃組

爲加強客人留下第一次的良好印象，行銷部門須提供客房實景照片方式，房務部則須配合其促銷部分擺上適當物品，但不宜過分虛華，例如房間房價中不含花與水果，則照片內不應有此布置，以免誤導客人。

(八)洗衣房

旅館內設有洗衣房，隸屬房務部門。專爲負責整館房間床單、布巾與旅客衣物之清洗，洗衣員須具備相當的洗衣專業知識，如化學藥物的使用，因爲旅客常有些衣物上的汙點是很難處理，必須要有專業知識與經驗才能將其汙點完整的移除，且又不傷到衣服的質材與退色等問題。

(九)洗衣店

現今有很多旅館因成本等考量，故將洗衣工作由外包廠商來負責處理，房務部爲確保洗衣物能夠迅速處理，故與承包商雙方經常取得密切的聯繫，洗衣物應由房務部以標誌辨別。

(十)管衣室

管衣室負責幫忙修改破損的床裙、沙發、燙板布面之更新及縫補等工作。

(十一)花店

客房中的浴室需要放置花朵，或有貴賓住進時必須要有迎賓花束等情況時，房務部就必須與花店連繫。

專欄2-1　英國貝氏旅館集團品牌

貝氏旅館集團（Bass Hotels & Resorts）前身為假日旅館集團（Holiday Inn Worldwide, Holiday Inn, Inc.或Holiday Hospitality Corporation），創辦人金莫斯威爾森（Kemmons Wilson）他把旅館定位在選擇Hotel之下較平民化的Inn來發展並鎖定在一般大眾的客源，使得Holiday Inn像滾雪球般，隨著美國內陸高速公路系統的闢建到處設立。目前貝氏旅館集團旗下旅館共有八種品牌，如下：

1.Holiday Inn Express

收費最平價的旅館，房間數約在一百間以下，型態有點像汽車旅館，主要分布在美國、墨西哥及加拿大等地。設備提供如大廳、客房、一至兩間小型會議室、免費自助早餐、游泳池及健身房等。

2.Holiday Inn garden court

房間數在一百間以下，分布於歐洲及南非等地，設置的地點一般是在小鎮或靠近大城市，主要提供給休閒旅遊或商務旅客。提供設備如具地方特色口味之餐廳、一至五間會議室及休閒設施。

3.Holiday Inn

這是假日旅館最主要的旅館，房間數一百間以上，分布在全球各地，以超值價格提供親切的服務及完善的設施。提供設備如各式餐廳、大中小型會議室、客房餐飲服務、游泳池及貴賓樓層。

4.Holiday Inn Sunspree Resort

設於全世界各地的風景度假勝地，提供超值並多樣化的休閒娛樂設施。提供設備如家庭式休閒餐廳、完善的運動設備、游泳池、網球、高爾夫設施、會議室、美食小店、專屬活動指導人員。

5.Holiday Inn Select

分布於北美區的都會區內，比皇冠級次一級的商務型旅館，提供商務客所需的各種設施。

6.Staybridge Suites By Holiday Inn

這是Holiday Inn於1997年最新推展的新品牌連鎖旅館，特別爲需要長期住宿在旅館的旅客所設計的，客房內提供顧客在工作及休閒上舒適的空間，並擁有可自由活動之家具及提供便捷的對外聯絡工具，讓客人隨時能與外界作快速之交流。

7.Crowne Plaza Hotels & Resort

具有皇冠等級的旅館及休閒度假旅館，位於世界各大主要都市、國際機場及主要度假區。這些高層次旅館提供超值的服務及休閒設備給現代商務客及觀光客。提供設備如商務中心、三溫暖、貴賓樓層、全功能會議設備及大型豪華宴會廳。台北力霸皇冠大飯店即屬於此等級。

8.Inter Continental Hotels & Resorts

洲際旅館分布於世界各地主要城市及度假勝地，是爲了商務客所提供之頂級豪華旅館。提供設備如豪華大廳、精心設計游泳池、超音波按摩池、全功能會議設施及宴會場地等。

第四節　客務部的功能

一、客務部的功能

客務部（Front Office）又稱前檯，最主要的功能是協助處理客人的事務與服務，在旅館中扮演著非常重要的角色，而前檯部門的運作決定於旅館的型態與規模的大小，而在不同的階段有不同的事務與活動。一般而言前檯的運作可分爲四個循環步驟（Guest Cycle），即顧客抵達前、顧客抵達、住宿期間與顧客離去（圖2-3）。

由圖2-3可清楚瞭解，這四個階段構成了顧客循環，在這個循環中的每一個階段都有一定的處理標準方法，當這些事發生於客人和旅館之間時，從圖2-3看到，不同型態的顧客交易狀況和服務

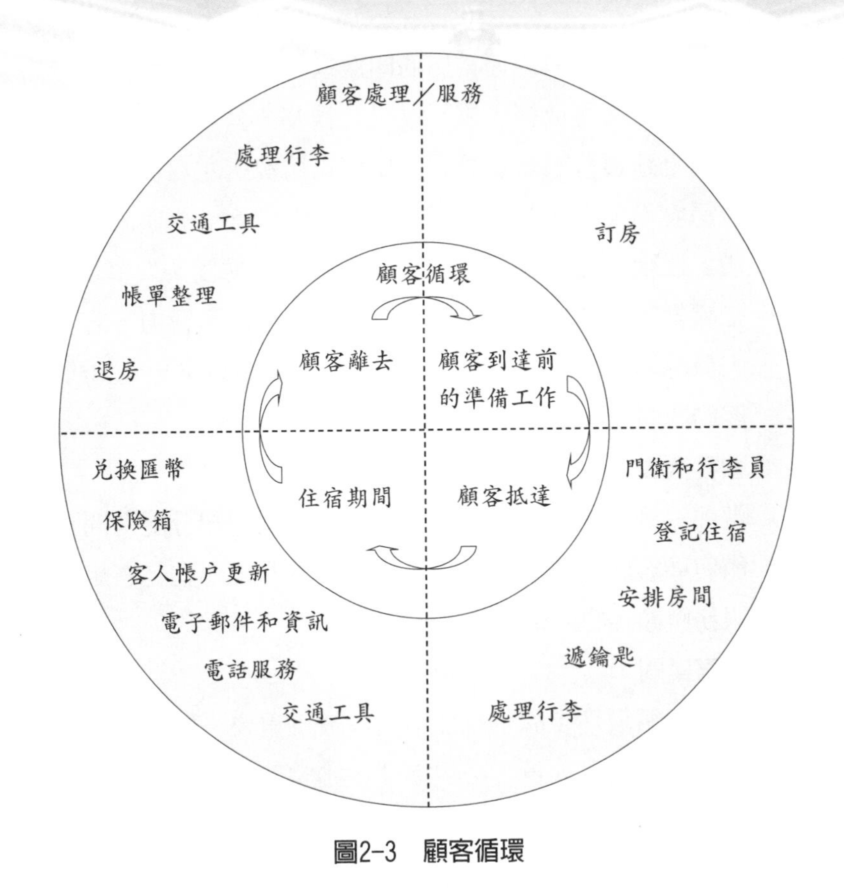

圖2-3　顧客循環

在於不同階段的循環周期。例如：預約、辦理登記住房、郵件和資訊、標準服務及行李處理、電話及訊息、處理顧客帳單以及退宿及帳單整理。

(一)客務部門與顧客之間的關係

旅館與旅客住宿交易的發生，有四個循環性的步驟，亦即顧客抵達前、顧客抵達、住宿期間與顧客離去等，茲說明如下：

1.顧客抵達前

客人抵達前選擇一家旅館住宿可能基於以前曾有居住旅館

的經驗、對旅館或連鎖店的印象或先入爲主的評價、旅館的地點、商譽或經由旅行業者、親友、公司的介紹推薦。不過上述這些因素易受到一些實際情況所左右，例如旅館訂房容易與否、訂房員解說後的接受程度（旅館設施、房價、環境等）。所以客務部門的人員服務態度、效率和專業知識對旅客決定住宿與否往往有關鍵性的影響力。客務部人員應具有積極性的銷售取向（Sales-Oriented），以爭取顧客的認同。

2.**顧客抵達**

當顧客到達旅館時，接受旅館的住宿登記和分配房間，旅館與顧客的交易於是產生。旅館人員的工作就是將旅館的服務與顧客的期望連結起來。

3.**住宿期間**

在四個循環性步驟中以住宿階段最爲重要。做爲客務部主體的櫃檯作業人員，必須處理、協調對客人的一切服務，而部門的所有人員也要盡力去迎合顧客的需求以使客人感到滿意。客務人員更須把循環步驟中的每一環節做好，以期建立良好的顧客關係，以留住客人的心。如果客人有所抱怨，應非常熱誠地協助解決，尤其櫃檯作業人員常是顧客抱怨的對象，故要小心並以同理心的角度處理客人的抱怨，而處理的方式須朝向雙贏的策略，兼顧客人與旅館之利益。

4.**顧客離去**

服務客人的最後步驟爲辦理客人的退房手續，顧客帳單的清算必須正確而迅速，此時客人交回房間鑰匙而離開旅館；顧客的個人資料也應歸檔並建立客人的歷史資料（Guest Histories），櫃檯需在電腦中改變房間狀態爲待整理之狀況，聯繫房務部人員清掃整理，以等待下一波住宿之客人。旅館經常利用客人住宿登記資料及住宿狀況記錄建立客人的歷史資料檔案（Guest History File），因爲這些資料透過分析，能使旅館更瞭解顧客的偏好和需求，以便多方面迎合客人，使住客滿意而成爲旅館常客，這是旅館市場行銷策略的方法之一。

櫃檯同時也須製作營業日報表（Daily Report），內容包括帳目情況如現金帳、應收帳等，同時也顯示各種住宿結構分析報告，例如住宿率（Occupancy Rate）、房間種類銷售狀況、本地人與外國人的比例、散客（FIT）或團體（GIT）結構、營業額分析、平均房租等，將有助於經理人員對旅館業走向和市場評估。爲了能瞭解整個旅館與顧客往來之循環性步驟，茲以**圖2-3**說明這些循環階段及雙方互動關係情形。

二、客務部各部門之關係

客務部是當旅客踏進旅館時首先接觸的部門，而如何讓旅客於辦理遷入時更能迅速使各個部門獲知消息以及讓旅客瞭解館內爲其提供之服務，皆需旅館內各部門的互相配合，這也顯示各部門聯繫的重要性。以下將詳細說明接待部門與旅館內其他單位、部門間的互動關係。

(一)訂房部

當接到預訂時，訂房部將由客人的歷史資料中蒐集該顧客之相關資料。同樣地，訂房部也會與會計部門提供之經過檢驗合格的信用卡公司合作。同時也提供客房使用情況表、訂房明細表等各種訂房報告給其他部門使用，如預定到達旅客名單、需要特別關照之旅客、特殊要求名單、貴賓名單之名單和客房預測報告等。

(二)接待部門

當旅客遷入時，接待部門由預定到達旅客名單、預定離開旅客名單中得知訊息，以便做郵件之處理、房間鑰匙之控管、對特殊要求及重要貴賓之安排等。訂房部也一樣需要來自房務部的最新訊息瞭解目前客房的狀態。接待部門在修改住宿旅客資料上扮演一個重要的角色。它提供旅客狀態表如住宿名單、旅客歷史資料表單等給其他單位與部門。

前檯單位大部分都是資料使用者，如**表2-2**所示：

表2-2　前檯單位所需使用之旅客資料

前檯單位之要求	資料之型態	使用該資料之目的
客服中心／行李員	預定到達旅客名單 預定離開旅客名單 團體／旅遊客人名單 重要貴賓名單 住客名單 臨時抵達旅客名單	處理行李 團體旅遊 重要貴賓 提供訊息
前檯出納	預定到達旅客名單 重要貴賓名單 團體／旅遊客人名單 信用卡授權公司的旅客 歷史資料清單	帳單明細 付款明細 檢查公司帳户
總機	住客名單 預定到達旅客名單 已遷出旅客名單	正確轉接電話 正確收取通話費用

(三)房務部

房務部需要旅客預定離開名單及旅客住宿名單的原因是一這些資訊有助於客房清潔時間表的排定，同時，房務部也需要列出有特殊需求的房客名單並建檔，如此才能提供有特殊要求房客或重要VIP房客享有尊貴且受重視的服務。

客務部須提供客房變化狀態（例如：客房的狀態由空房未整理到空房已整理，此時客房表示為可賣房），並提供客房旅客人數、目前客房狀態等，如旅館已經電腦化時，房務部可以將資料輸入，經由電腦連線，可以將客房狀態提供給前檯。萬一前檯與房務部在住宿旅客記錄上有差異顯示時，房務部人員與前檯人員應盡快處理。

(四)業務部門

業務部門需要的資料是可銷售客房數（由訂房部提供），以便接受團體、旅遊、公司行號之訂房，且通常也需要有關常客和公司行號的歷史資料，才能藉此開發客源。

(五)會計部門

訂房部收到押金及前檯出納收到付款，均需記錄後轉交給會計部門。會計部門需要負責監督旅客帳戶、信用額度、快速地清算總帳並負責蒐集檢驗合格的信用卡公司給訂房部及前檯。

(六)管理部門

旅館高階管理部門需要住房率和收益統計的資料，大多數的電腦系統都可利用程式計算出管理內部所須之日報表及月報表。當管理部門有這些精確且隨時更新的資料時，會有利於決策的訂定。若沒有使用電腦系統時，所有資料及數據則需透過人工方式計算提供。

專欄2-2　凱悅飯店連鎖集團品牌

1.Hyatt Regency

這是凱悅最主要的旅館型態，房間數的彈性甚大，從二百五十間到八百間皆有，一般設在主要城市或第二大城，每一棟皆具有環境舒適但不奢華的氣氛。

2.Grand Hyatt

這是屬於凱悅最豪華等級的旅館，台北凱悅（現改名爲君悅）即屬於此種類型，一般是分布在美國以外的各國大都會或著名度假點最多，像台北、香港、曼谷、墨爾本巴里島與漢城各有一棟，房間數普遍在五百間以上，Grand Hyatt的出現，主要是1989年香港開放第二家新凱悅，爲與第一家Regency區別，才有的分類。

3.Park Hyatt

這是都會型的小型精緻旅館，房間數一般在二百間以下，因此，分布在歐洲最多，每棟旅館也以歐式設計居多，不過，它的房間數雖少，但多數以有客廳的套房爲主，因此並不意味著等級皆在Grand Hyatt之下。

4.Hyatt Resort

專爲度假區設計，因此普遍分布在知名觀光區中，像澳洲黃金海岸、夏威夷、關島、峇里島、塞班與斐濟等等，每一棟皆具有度假區的悠閒，並有旅館式的高級享受。

第五節　個案分析

人老鬼大房務員

清晨的天色愈形明亮，在前往房務辦公室的走廊上看去，已

見Music（房務辦事員）端坐在工作崗位上了，不過一旁仍置放著一份挺豐盛的早餐，當然對女孩子來說辦公桌上小鏡子的存在是無庸置疑的。她一面吃著早餐一面與櫃檯確認工作事項，這樣的情況似乎使她有點忙碌，不久Doris也到了，碰巧向總機所確認的事務已告一段落。當她大咬了口早餐後，隨之抬頭正迎上Doris……

「哇賽，妳怎麼這麼勁爆啊！跑去染頭髮哦！」Music（房務辦事員）吃驚地用著她滿嘴的食物不清楚的說著。

「哈哈哈！，妳看不錯吧！換個髮型換個心情啊！」Doris撥了撥額際上的秀髮，若有所思貌。「不然妳是失戀ㄏㄧㄡˋ！」Music（房務辦事員）說著。

「沒啦！哈哈哈哈。」

「不過，妳不怕被主任罵哦！還畫藍黑色眼影喔！」Music（房務辦事員）仍舊一面吃一面和Doris說話，而她另隻手正拿著筆隨意亂晃中。

「之前的（主任）就拿我沒輒了（Doris一副她敢拿我怎樣的樣子）！好啦！要Morning-Call的房間給我啦！不要說廢話了！」

……

到樓層Morning-Call回來後，……

「還有什麼事情嗎？」Doris從電梯方向的走廊一面走來，一面說著。

「沒了」Music說，突然電話聲響……

「有事再叫我吧！」只見Music用眼神示意地表示OK，Doris便朝隔壁Pantry走去。

Doris走向隔壁Pantry後，看到別人車上的大毛巾、小毛巾是這兩天布巾中所最欠缺的備品，尤其是自己昨天急著下班趕著去百貨公司換贈品，備品車上補足的就是那些什麼牙刷（膏）、沐浴乳、洗髮精……，唯一缺的就是別人有的毛巾，她看看幾部車上布巾，再轉頭看看剩下沒十條的大小毛巾，於是她就趕緊看看時間後，抓了幾條別人車上的大小毛巾，補足自己缺的數量，也不管別人也沒有幾條大小毛巾可以用，甚至將Pantry裡的小毛也拿了十多條塞到自己的備品車不易見到的備品箱裡，（她微微露出得意的笑容，甚至偷偷比個「萬歲」勝利的手勢），此時值班領班Susan也到了旅館。

「早啊！」

「Susan早，妳來囉！」Susan是今天值班的領班。

「早，今天換妳值班哦！領班這兩天房間很多ㄋㄟ！大毛小毛都不夠用怎麼辦呀！」

「早上洗衣房會先給我們一批了！Music妳等一下問洗衣房阿姨早上什麼時候會先送大毛小毛上來？（她一面低頭猛排報表）然後問她大概可以先送多少量過來應急？催她們快一點送！（領班的頭漸漸抬起，語氣漸漸的變小聲）領班本來一副拼命三郎貌，抬頭直接對上正專注看著她手邊的排房表的Doris，於是領班若無其事的繼續做她的報表說：「ㄟˊ，早！Doris，今天走恐怖路線哦！」

一旁的Music聽到簡直笑翻了，只見Doris一臉錯愕，但又無法瞭解自己到底哪裡恐怖。

不過事情並未結束。

「鈴……房務辦公室您好」

「小姐，我住的這間客房是不是等級比較低？」

「……」

「否則爲什麼我每天晚上回來都得想辦法自己刷我的浴室浴缸嗎？你們旅館房務員從來不用刷洗浴缸的嗎？」

個案檢討

1.試問房務辦事員早中晚班的工作職責爲何？最應注意哪些事項？

2.假若房務辦事員接獲續住客人抱怨客房部分未清潔完全，應如何處理又能適當安撫客人情緒，試就個案中客人所反應的內容，您替Music爲客人處理吧。

3.試問房務員Doris在個案中的表現，有哪些不妥之處？請提出說明並討論房務人員應有之專業，假若您爲此房務員之領班，如何處理最爲優等？

4.試問值班領班的工作職責爲何？應注意哪些排房事項？是否能提出此事項中最易產生的問題？假使您爲領班，您應該如何事前預防，並且於發現後如何處理較佳？請就人員之調度與工作分配言之。

第三章　客房型態與各項服務

- 房間類型
- 床鋪的種類
- 房務部各項服務
- 個案分析

台灣光復後，旅館業從一般旅社提供的簡陋設備演變到現今旅館針對不同類型客人的需求，進而提供多種客房型態，以滿足客人之需求。當一位商務旅客來到櫃檯辦理登記手續，此時，櫃檯人員所提供給旅客的就是商務套房，因爲在商務套房內設有傳真機或書房等等，是一般客房所沒有的商務設備；假若爲全家出遊之旅客，櫃檯人員則會提供連通房（Connecting Room）給此類型的房客，因爲此房型是中間有門可互通的兩間客房。因此，依客人需求之不同所提供的房間類型也就會有所不同，而且依房間種類、空間大小、功能以及設備的不同，房價亦有所差異。本章分三部分說明，首先介紹房間類型，其次介紹床鋪的種類，最後介紹房務部各項服務。

第一節　房間類型

房間種類大致可分爲客房及套房兩種，在客房種類中，可分爲單人房、雙人房、連通房以及和室房四種；在套房種類中，又可分爲標準套房、豪華套房、商務套房、特殊套房以及總統套房五種，就各種不同客房類型、設備以及功能之不同做其介紹。

一、客房（Room）

客房只有單純的臥室及衛浴設備，一切從簡，當然價位也較爲低廉，大致上分爲單人房 （Single Room）、雙床房（Twin Room）、連通房／連結客房（Connecting Room）以及和室房（Japanese Room）。

(一) 單人房（Single Room）

就單人房而言，分爲單人單床房（Single Bed Room）和雙人單床房（Double Bed Room）。

1.**單人單床房**（Single Bed Room）

如**圖3-1**，房間內有一張Queen Size的床鋪，可容納一個人睡，設備較簡單、空間較小，一般提供給散客及商務客使用較多。

2.**雙人單床房**（Double Bed Room）

如**圖3-2**，房間內有一張King Size的加大雙人床床鋪，可容納兩個人睡，其房價較單人單床房高，一般提供給散客及商務客使用爲多。

圖3-1　單人單床

（攝於日本博多）

圖3-2　雙人單床

（攝於台北圓山飯店）

(二)雙床房（Twin Room）

房間內有兩張小床鋪，設備較為簡單、空間較小，主要提供給團體客使用。就型式而言，共分為雙人床式（Twin Style）和好萊塢式（Holywood Style）兩種。

1.**雙床式（Twin Style）**

如**圖3-3**，兩小床的中間隔有一個床頭櫃，此種型式在台灣較為普遍。

2.**好萊塢式（Holywood Style）**

如**圖3-4**，兩小床合併在一起，兩側各有一個床頭櫃，可作為單人房或雙人房使用，增加安排房間的彈性空間。在國內台北力霸皇冠飯店就有此式床型，而在國外也十分易見。

(三)連通房／聯結客房（Connecting Room）

兩間獨立的客房內其中各有一扇門，可將房門打開互通，即可相通此兩間客房，若需獨立出售時，則可將兩扇門的門鎖鎖

圖3-3　雙床式雙人房床

（攝於台北圓山飯店）

圖3-4　好萊塢式雙床房

（攝於Hotel De Paix）

住。主要提供給熟絡的三、五好友，如果想住近一點，沒事串串門子，亦可提供給家庭當作親子房使用。

(四)和室房（Japanese Room）

如圖3-5、圖3-6，以通鋪為主，可容納多位住客，其家具、衛浴設備較一般種類來得低（矮），以日本人士使用居多。

二、套房（Suite）

旅館的套房大多集中在樓層較高的商務樓層（Executive Floor），此樓層有專屬的會議室、圖書室，甚至下午茶餐廳。一般而言，大致分為標準套房（Standard Suite Room）、豪華套房（Deluxe Suite Room）、商務套房（Executive Suite Room）、特殊套房（Special Suite Room）以及總統套房（Presidential Suite Room）。

圖3-5　和室房

（攝於知本老爺酒店）

圖3-6　和室房之浴室

（攝於知本老爺酒店）

(一)標準套房（Standard Suite Room）

坪數較一般客房大，基本隔局為一廳、一臥房及一衛浴設備，是套房等級中，房價最低廉的一種。

(二)豪華套房（Deluxe Suite Room）

如圖3-7、圖3-8，坪數更大，格局為一臥房、多廳及一（含以上）衛浴設備，是等級較高的套房，甚至有廚房或書房的設備，屬於高檔的享受。

圖3-7　豪華套房

（攝於台北遠東飯店）

圖3-8　豪華套房衛浴間

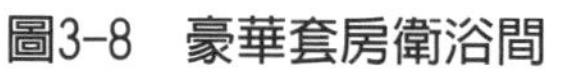

（攝於台北遠東飯店）

(三)商務套房（Executive Suite Room）

如圖3-9、圖3-10，位於商務樓層的轉角套房（Corner Suite）。此類套房，面積約為兩間套房，不僅面積大，在房內的視野上，也因有兩個不同的面向，而更加寬闊，這類套房的房價相對的也較高。

圖3-9　商務套房客廳

(攝於台北遠東飯店)

圖3-10　商務套房之設備——迷你小酒吧

(攝於台北遠東飯店)

(四)特殊套房（Special Suite Room）

如圖3-11、圖3-12，臥房及衛浴設備等的客房內含有殘障設施，主要提供給行動不便的殘障人士使用。

圖3-11　特殊套房之浴室設備——洗面盆

(攝於知本老爺酒店)

圖3-12　特殊套房之浴室設備——浴缸

(攝於知本老爺酒店)

(五)總統套房（Presidential Suite Room）

如圖3-13、圖3-14，總統套房可說是一家旅館的標竿，豪華的裝潢、家具等設備都是旅館客房種類中頂級的，使用率低，房價昂貴，同時亦是一種身分的表徵。

圖3-13　總統套房之臥室

（攝於台北華國飯店）

圖3-14　總統套房之客廳

（攝於台北華國飯店）

專欄3-1　占床與加床

一般成人均為「占床」，除非三位成人同住一房，第三人則視同「加床」。

兒童占床：一名兒童與一名成人合住一間雙人房時，需使用兒童占床售價。

兒童加床：一名兒童與二名成人同住一間雙人房，外加兒童一張床，使用兒童加床售價。

兒童不占床：一名兒童與二名成人同住一間雙人房不需加床時，使用兒童不占床售價。

理想的度假……是停留不是奔波，是散步不是趕路！以「運河、人文、休閒」爲概念的「花蓮理想大地度假飯店」不只是一家旅館，而是一處架構在運河之上的人文休閒地。此旅館追求的不只是成爲國內第一，而更是以成爲世界第一爲標竿，希望在讓國內所有追求優質度假的消費者不必出國就能享有與國際同軌的高質享受，您是不是也想感受一下更多未知而美好的生活事物？現在就趕快爲您介紹這充滿濃濃浪漫人文氣息的花蓮理想大地度假飯店囉！

理想大地度假飯店位於花蓮縣壽豐鄉，發起人梁清政先生由於曾在花蓮經營礦場的地緣關係，梁先生對於花蓮的美麗風光有深切的體認。民國七十六年起，開始購進土地，同時聘請國外專業的遊憩事業規劃公司進行評估、藍圖規劃等專業事宜，爲了實際進入狀況並與專業規劃者同行，梁先生多年來造訪世界各地三十餘處、一百多個度假勝地，並親身考察過上百家旅館，體驗國外旅館的風格與品質，目的就是要將國外精緻的水準提供給國人。

理想大地度假飯店是由世界知名品牌萬豪國際酒店集團（Marriott International. Inc）所策劃管理的，並委託世界排名第一的全球頂尖旅館建築設計團隊Wimberly Allison Tong & Goo（簡稱WAT&G）公司負責設計，更特別聘請國外知名家具設計師，使用中亞特有厚實的棋卡爾木，以手工巧妙搭配鍛鐵構成，以廣闊壯麗的花蓮縱谷爲背景，建築物體採地上兩層高第式拋物線條作奇想，將西班牙「高第」式的建築風格和揉合了拜占庭、伊斯蘭教與莫爾人的裝飾文化外，再加上運用地方色彩濃厚的磁磚，拼貼出有趣令人玩味的建築風格。

當您初次探訪走入大廳，您會猶如置身於中古世紀的歐洲城堡，辦好入房手續後，乘坐輕盈無聲的電動環保遊艇，沿途經過七座碼頭、十六座蘊涵異國風情的橋樑，讓您有遊威尼斯的浪漫感受，再進入您所住的房間。

理想大地度假飯店共計有二百三十三間獨棟式環湖景觀客房（Lagoon Cottage），其中包含一百零二間豪華（單床）客房、六十一間豪華（雙床）客房、三十六間蜜月套房、二十五間樓中樓套房、四間部長套房、四間總理套房及兩間總統套房房間內，從桌椅書櫃以至雕塑擺設，皆爲主人之古董藝術收藏品，且每間房間融合西班牙的熱情浪漫、威尼斯的古韻風采氣氛，提供了舒適典雅的空間。

另外，在旅館三座島中，皆有強化親水多元的娛樂設施，三種不同型態的水力按摩池、游泳池等。健身房中，使用美國第一品牌CYBES器材以及PRO人體工學系列，讓您更安全、更自在地運動。

您喜歡以白色爲底、有些屋頂以「藍色」修飾的地中海式的建築嗎？您想要感受最精緻的格調嗎？您想要享受最舒暢的度假嗎？理想大地度假飯店是值得一住的。

資料來源：

1.http：//www.plcresort.com.tw/

2.尖端出版都會玩樂系列003優質浪漫旅店

第二節　床鋪的種類

床鋪在客房的整體美感中占有相當重的地位，在客房所有家具中，對客人而言，床鋪爲最重要也是最基本的訴求；床鋪的整齊美觀，能使客房增添美感，亦能有溫馨的感覺。因此，如何讓顧客有一張舒適、美觀的床鋪，其中的學問包括對床鋪的種類、床具的組成以及寢具種類的認識，以下將針對上述一一介紹。

一、床鋪的種類介紹

床鋪的種類中，有特大床、大床、小床、加床等九種不同的種類，依各旅館所採用的床鋪及尺寸皆有所不同，以下資料爲一般多數觀光旅館所採用的標準，實際尺寸仍依各旅館實物爲準，茲如以下說明：

(一)特大床（King Size Bed）

如圖3-15，屬於加大床，一般多用於套房，尺寸爲180cm×200cm。

圖3-15　特大床

（攝於台北華國飯店）

(二)大床（Queen Size Bed）

見圖3-16，屬於加大床，一般多用於三人房，包含一張大床以及一張小床，稱母子床，是母子床中的大床，尺寸爲150cm×200cm。

圖3-16　大床

（攝於墾丁凱撒飯店）

(三)小床（Single Size Bed）

見圖3-3，一般多用於雙床房（Twin Room）中的小床，尺寸爲120cm×200cm。

(四)雙人單床（Double Size Bed）

一般多用於標準房，尺寸爲140cm×200cm。

(五)加床（Extra Bed）

如圖3-17、圖3-18，同Roll-Away Bed（移動床），一般爲客房再加上一張可以移動式的單人床，必須另外付費。

(六)沙發床（Sofa Bed）

如圖3-19、圖3-20，同Studio Bed、Hide-A-Bed（隱藏式床），又稱史大特拉床（Statler Bed）。早上床邊可折疊起來，當作

圖3-17　加床（裝飾前）

（攝於老爺酒店）

圖3-18　加床（裝飾後）

（攝於台北華國飯店）

圖3-19　沙發床（白天使用）

（攝於墾丁凱撒大飯店）

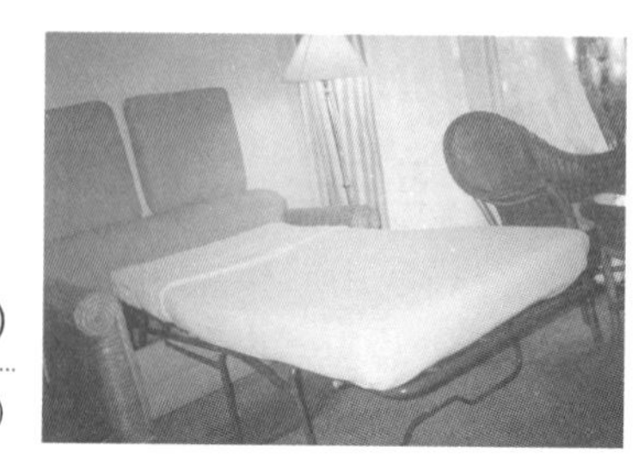

圖3-20　沙發床（夜間使用）

（攝於墾丁凱撒飯店）

沙發用。晚上當單人床用的兩用床，最適合小房間所使用。

(七)併床（Due Bed）

白天可分成兩部分，一張床當單人床用，另一張床當沙發用，到了晚上則可拿來當雙人床用。

(八)裝飾兩用床（Space Sleeper）

如圖3-21，同Murphy Bed，白天可放入壁櫥作爲裝飾用，此房間就可當作爲開會場地使用，到了晚上可以把床拉下來當作單人床使用。

(九)嬰兒用床（Baby Bed）

同Crib、Cot。但Crib是床的四周運用安全柵圍設計的嬰兒床（圖3-22）；Cot（英式英文）是爲有床架、床頭板及床尾板，金屬製的彈簧床座及床墊均可由中間折疊起來，床腳附有車輪，以方便移動用。

圖3-21　裝飾兩用床

（攝於台北華國飯店）

圖3-22　嬰兒床

（作者攝於老爺酒店）

二、床具的組成介紹

床具是由上墊、下墊及床腳三個部分組合而成的。上下床墊結合可增加彈簧的彈性空間及睡臥的舒適，而床腳是支撐整個床的重心。茲述其下：

(一)上墊（Mattress）

由軟而小的彈簧所組成的軟式床墊。世界標準床墊尺寸厚度爲17～19公分，而床墊至地板世界標準高度爲50～55公分。

(二)下墊（Spring Box）

由硬而大的彈簧所組成，下床墊不僅有承托上層床墊的功能，它更可使上層床墊彈簧作用靈活，有效吸收上層床墊所承受壓力，延長彈簧的使用期限。

(三)床腳（Bed Stand）

床的下方由床柱及輪子組成，用來支撐床具以利於移動，且方便清潔床下地毯之用。

專欄3-2　房務小百科——下層床墊的重要

國人購買床墊時大多只買上層床墊，床架往往因空間運用而有抽屜儲藏等設備。事實上，下層床墊對於睡眠的舒適程度與床墊壽命有很大的關係。

下層床墊功能不僅是承托著上層床墊，使上層床墊彈簧作用靈活，更能有效吸收上層床墊所承受的壓力，延長彈簧的使用期限。此外，上下床墊結合可增加彈簧的彈性空間及睡臥的舒適，所以不能輕忽下層床墊所發揮的功能以及對睡眠品質的助益。

資料來源：台灣席夢思股份有限公司。

http：//www.simmonstaiwan.com.tw/。

三、床鋪寢具種類介紹

一張完整、漂亮的床鋪必須要由很多的寢具種類組合而成的，缺一不可，其大致分爲床裙、羽毛被、枕頭等八種，茲說明如下：

(一)床裙（Bed Skirt）

將床的下墊四周包覆裝飾用布套，一般皆以高級布料裁製而成。

(二)保潔墊（Bed Pad）

覆蓋在床上面的布墊，以免其它穢物直接滲透入床單而污染上墊的保護墊，必須定期換洗或過髒時換洗。

(三)毛毯（Blanket）

以第一層和第二層之床單包住毛毯，以供房客睡眠覆蓋身體之用，爲較早期的旅館普遍使用，但現今的旅館也逐漸改用羽毛被。

(四)羽毛被（Down Comforter）

以被套套住羽毛被，以供房客睡眠覆蓋身體之用，爲現今旅館普遍使用（圖3-23）。

圖3-23　羽毛被

(五)枕頭（Pillow）

大概略分爲下列三種：

1.**羽毛枕**（Down Pillow／Feather Pillow）

由鵝絨製成的，柔軟、舒適，有軟、硬、一般之分，以羽毛部位及紮實度來做區別，特點爲重壓後會慢慢地膨鬆而恢復原狀，此爲一般旅館業普遍使用。

2.**海棉枕**（Foam Pillow）

以棉絮製成的，特點爲重壓後立即恢復原狀，一般作爲備用枕，主要提供給對羽毛過敏的房客。

3.**木棉枕**（Hard Pillow／Cotton Pillow）

以木棉製成的，主要提供給一般不喜歡睡柔軟枕頭或頸部受傷的房客。

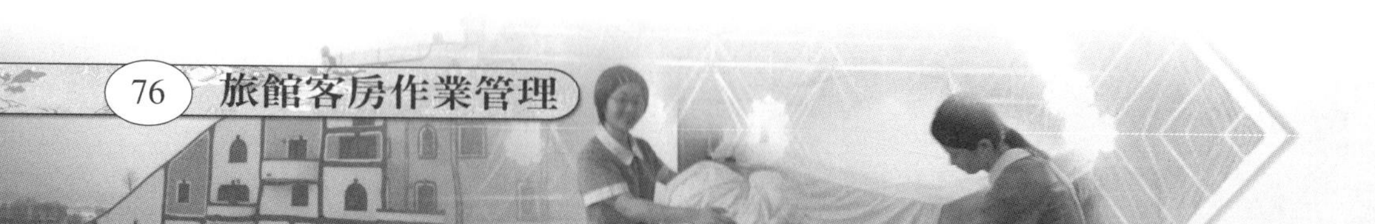

(六)枕套（Pillow Case）

一般而言，枕套大略分爲下列兩種：

1.**內枕套**：用以完全包住枕頭的枕套，必須定期換洗或過髒時換洗。

2.**外枕套**：用以包住枕頭與內枕套的外層枕套，必須每日換洗，一般來說材質與床單相同，而報廢的枕套因爲較不易起棉絮亦是清潔鏡面的好工具。

(七)床（Bed Sheet）

鬆緊床單世界標準高度爲19公分。一般計算床單尺寸的方法爲床的長寬尺寸加上大約120公分來作爲床單的尺寸。

1.大尺寸之床單：供特大床或大床使用。

2.小尺寸之床單：供單人床或加床時使用。

3.床單之材質與枕套及被套相同。

(1)全棉：質感佳、溫暖舒適且吸汗，但價位高，使用壽命短且不易整燙。

(2)混紡：質感較差、冰冷平滑，但價位較低，使用壽命長，易於整燙。

專欄3-3 房務小百科——如何選購好床

1.軟硬度

床的軟硬度與個人偏好及主觀判斷有關，因此，也不能單以床墊的軟硬度來衡量睡眠品質的優劣，但一般而言，不管軟硬，高品質的「獨立筒袋裝彈簧」都能提供適當的支撐力。消費者宜要求親身試躺，來感受自己能適應的軟硬程度。

須注意的是，過軟的床無法支撐身體，而過硬的床會壓迫身體，兩者對人體健康皆會造成負面影響。

2.結構

床墊的選購重點是在結構上要注意應符合人體工學，考慮是否能提供人體適當的支撐。最好是選擇能單獨撐托身體的每一個部位，能完全順應人體曲線、干擾性低的的彈簧床墊。

3.尺寸

在選購床墊時，除了基本的舒適、健康要求之外，還應考慮個人體型大小、寢室空間的安排配置，以及未來使用的延伸考量等。

4.外觀設計

床墊設計一般多爲傳統的矩形，較符合人體尺寸的需求；床面襯墊不宜使用過厚的填充材料，以免消弱獨立筒密切支撐貼合的功能。床面布料，未必講究華麗花俏，而應以透氣性高的布料爲佳。

消費者應走出對造型的迷思，以實際需求爲考量，如此才能買到眞正適用的床墊。

5.價格

選購床墊時，萬不可只因價格考量，而選擇品質不良的劣質床墊。試想，您如果睡臥其上，長久之後將對您的背部脊椎的健康造成何等巨大的影響。

資料來源：台灣席夢思股份有限公司。

http：//www.simmonstaiwan.com.tw/。

(八)床罩（Bed Cover）

鋪完床後，用以覆蓋床鋪表面，並顯示高雅大方的裝飾外罩與防塵功能，一般皆以高級布料裁製而成。現今部分旅館停用床罩，除了簡化工作份量，也有精簡人力的考量，以降低晚班開夜床的人力。

專欄3-4　房務小百科——床墊對人體睡眠的影響

每人每天至少花費三分之一的時間在床上，而現代人煩惱、壓抑的事太多，因而失眠、不易入睡的比例也愈來愈高，想要一覺到天亮，似乎成了生活裡的奢侈需求。

一張好的床墊是得到高品質睡眠的必要條件，而良好的睡眠是工作動力的來源，兩者密不可分。一張好的床墊能夠提供人體各部位適當的支撐，使人睡臥舒適，並與身體曲線產生貼合完美的狀態，使身體各部位都能受到最佳的照顧。

一張不好的床墊，睡在上面，臀部與肩部的重量會把腰部彈簧壓陷，腰部便因爲得不到支撐而懸空，容易使脊椎骨歪斜。在美國就有七十多萬人深受背痛之苦，在國內也有愈來愈多脊椎骨的病變發生，而一覺醒來腰痠背痛的，更是時有所聞。所以，國內外骨科醫生都齊聲呼籲人們要睡在健康及高品質的床墊上。

市面各種床墊琳琅滿目，若以承載人體的介質來區分，如氣體的空氣床、液體的水床、固體的彈簧床、乳膠床等，每種床皆有其特色，消費者可以多做比較，選擇符合自己需求的床墊使用。下表爲主要床墊的特性比較表，可爲選購時的參考：

種類 比較項目	榻榻米	空氣床	水床	乳膠床	彈簧床	電動床
支撐性	差	中	中	中	佳	佳
貼合性	差	佳	佳	佳	佳	佳
透氣性	佳	差	差	差	佳	佳
干擾性	低	高	高	低	低	低
軟硬性	硬	可調	可調	軟	軟／硬	軟／硬
價格	低	低	中／高	中／高	中／高	高
保養	易	易	不易	不易	易	易
備註					以獨立筒形袋裝彈簧爲例	

資料來源：台灣席夢思股份有限公司。

http：//www.simmonstaiwan.com.tw/。

第三節　房務部各項服務

房務部的工作除了客房的清潔整理之外，對於住宿客人，也提供了一些日常生活的服務項目，本節將介紹服務種類中的保母服務、加床服務、嬰兒床服務、擦鞋服務、客房冰箱服務、洗衣服務以及貴賓服務等七大項服務。

一、保母／托嬰服務（Baby Sitter Service）

對於到旅館住宿的夫婦而言，有時可能因事外出或要參加宴會，比較不適合帶小孩一同前往，所以保母服務可解決此一困擾，在旅客出門的時候爲他看顧小孩。除了長期住宿與度假型的旅館會特別設有保母人員，對於很多旅館而言，是由館內員工來擔任的。所以應建立起保母人選名單與相關服務記錄，以方便下次客人有所需求時，能適時地提供服務。

(一)填寫申請表

旅館會請旅客填寫申請表格，其主要目的在於瞭解小孩的情形及特殊狀況，以供照顧者參考，表格內容茲下說明：

1.客人姓名與聯絡方式。

2.需要照顧的時間。

3.小孩的性別、年齡。

4.有無特別要留意的情形（像是特別害羞或有氣喘等病症）。

5.需照顧的小孩人數。

(二)保母人員應注意事項

保母人員在照顧小孩時，必須瞭解下列事項，茲說明如下：

1.要注意個人儀表及衛生，不可有任何疾病，以免傳染給幼兒。
2.值勤前十五分鐘至房務辦公室報到，並由房務部派人陪同保母人員前往客房，向房客介紹。
3.保母人員要經常與房務部當班人員聯繫，若有任何情況發生，才可以立即處理。
4.要注意幼兒之安全問題及飲食起居。
5.保母工作完成要回家時，一定要告知房務部。
6.超過晚間十一時，可要求計程車費。

二、加床服務（Extra Bed Service）

旅館銷售客房時是以房間為單位，但若有人數上的變動時，則需另外增加費用，旅館客房人數以增加一人為限。

(一)加床

加床之標準作業程序，茲說明如下：

1.在接到櫃檯告知加床時，隨即提供該項服務，而且通常在客人未住進客房時，即已接到加床通知。若要求加床之房內已有沙發床的設備時，務必請櫃檯與客人確定是否還需加床。
2.櫃檯通知房務辦公室時，則必須在房間報表上記錄加床的房號。

3.房務部辦公室通知樓層領班作加床服務。

4.檢查備用床是否有損壞，並將它擦拭乾淨，鋪好床後推入房間內。

5.加床後，亦需增加房內相關備品的數量（例如，毛巾類、牙刷、拖鞋等)。

(二)注意事項

房務員在加床時，必須瞭解下列事項，茲說明如下：

1.續住的房間若提早退床，也需在「房間報表」上註明退床，並通知櫃檯已退床，以避免造成重複入帳。

2.退房後，床鋪要盡快收好歸位，若向其它樓層借用之活動床，則要主動放回原來的位置；備用枕頭與毛毯、床墊等要檢查無問題後，摺疊整齊才可放回原位。

三、嬰兒床服務（Extra Crib Service）

客人若有帶嬰兒前往旅館住宿，要求加嬰兒床時，此乃所提供的免費服務。

加嬰兒床之標準作業程序，茲說明如下：

1.請客人與櫃檯聯絡。

2.櫃檯通知房務辦公室。

3.房務辦公室應登記其客人的房間號碼。

4.房務辦事員通知樓層領班。

5.檢查嬰兒床是否有損壞，並將它擦拭乾淨，鋪好床後推入房間內。

四、擦鞋服務（Shoe Shine Service）

爲了提供旅客更細膩的服務與維護旅館地面的清潔，旅館通常會附加擦鞋服務，鞋子的顏色以黑色、褐色居多，其它顏色則需另外付費。收到皮鞋時，須註記房號，以避免將擦拭完成的皮鞋送錯房間。近年來，也有旅館採用自動擦鞋機來取代人工服務，無需另外收費。

五、客房迷你吧服務（Mini Bar Service）

旅館在每一個房間內會擺放一台小冰箱，將一些飲料、酒水與零食放在裡面，方便客人在房內享用，但此項服務需另外付費，若房客有取用，則會在飲料帳單上簽名，迷你吧費用將併於房客遷出時的帳單一併結清。另外，客房內也有提供免費的茶包、咖啡，可供房客取用。

(一)檢查迷你吧台

1.每天早晨打掃時，由房務員或領班逐一檢查迷你吧台裡的食物，搖動飲料罐，注意是否有食用過後又放回原位的。

2.核對帳單，查看客人是否有登記入帳，負責的房務人員需在帳單上簽名；反之，則由負責的房務人員依消費內容爲客人登記帳單。

3.帳單內容要塡寫清楚，一聯留給客人，另外兩聯交回房務部。

4.檢查飲料、食物的有效期限，過期或接近過期的要換新。

5.調節冰箱溫度，讓它保持一定的溫度，若有積霜太厚的情況，則要除霜。

6.客人的消費要到櫃檯出納付款，嚴禁向客人收取現金。

7.對於退房時間較早的房間，要即時入內檢查，再迅速通知櫃檯入帳，避免客人跑帳。

8.客人食用過後放回原位，或從外面買來不同牌子補回時，仍需入帳處理。

(二)補充迷你吧台

1.依據清點結果，填寫食品飲料倉庫領料單。

2.持有食品飲料請領單至倉庫或房務部領取，如客人要求增加擺放數量，則可追加領取。

3.過期、瓶身破損或變質者，退回倉庫或房務部辦理補發。

4.將領取的飲料與食物外包裝擦拭乾淨。

5.領取後盡速補充客房迷你吧台所需，並且放置在固定位置。

6.飲料與食物的名稱正面朝外，而酒類則要直立放置。

7.無法將飲料送入客房時，暫放該樓層服務台，將房號、數量、品名，註記在交接本上，請交接的同仁補足。

(三)補充茶包、咖啡

1.保持茶、咖啡盤的清潔，不論續住或退房，客人使用過的杯子需清洗擦拭再放回。

2.每天檢查茶包、咖啡數量，補充客人使用的數量，並依照規定位置擺放。

3.將房內的熱水瓶加水，瓶身則需拭乾，不可殘留水漬。

六、洗衣服務（Laundry Service）

爲了住客的方便，旅館提供了洗衣服務，讓出差在外的旅客，能不必爲了洗衣、燙衣以及縫補的問題擔心。在收送洗衣時必須敲門兩次或按門鈴一次，並說明收送洗衣服務，等十秒鐘如果沒有回應，再按一次門鈴，進入房間並再一次說明收送洗衣服務，下列將介紹客衣收取與送回的標準作業程序，茲說明如下：

(一)客衣收取

1.洗衣單之塡寫。

2.洗衣單多由客人親自塡寫，也有客人會請服務人員代爲塡妥，若爲後者，則需當場與客人確認清楚，如有不符合的地方，必須立即更正，無論何種方式，洗衣單務必要有客人的簽名。

3.洗衣單上客人若有註明特別要求時，則要通知房務辦公室，如有看不懂得地方，必須當面問清楚。

(二)送洗方式

1.客人會將需送洗的衣物，連同洗衣單放入洗衣袋並置於房內，讓打掃的房務員收取。房務員早上10：30以前，檢查自己今日將整理的房間中，查看有無欲將送洗的客衣，以便收取。

2.客人電至房務辦公室要求洗衣服務時，房務辦事員（Office Clerk）在接獲通知後，必須立即將房號作記錄，以避免遺忘或記錯，並須告知客人確實的收送時間，不能誤差；之後再通知管衣室請求派員前去收取欲將送洗的衣物。

(三)核對洗衣單之項目

1.客人的姓名及房號。

2.收洗日期及時間。

3.送洗之數量及種類。

4.送洗時段必須注意。

(1)若客人勾快洗時，要確認其送回之時間，如在作業時間以外，則需請示上級，才能答覆客人。

(2)若客人未勾送洗時效，則應請教客人是爲普通洗或快洗，並告知客人何時才會將衣物送回。

(3)若爲快洗或快燙，應以電話通知房務辦公室並請派員立即收取，同時應提醒客人此服務必須加收50%之服務費，以避免任何爭執。

(四)檢查送洗衣物

1.衣物之口袋是否留有東西。

2.鈕扣有無脫落。

3.衣物上有無污點，破洞或褪色之現象，若有此情形，務必請客人在衣物狀況簽認單上簽名。

4.若有任何配件，必須在洗衣單上註明。

(五)收取客衣注意事項

1.沒有洗衣單之衣物，不予以送洗，必須將客人的衣物送回房內。

2.針對客人的特殊衣物，事先報告主管與洗衣房，詢問是否能接受洗衣，如果在設備及相關技術上無法爲客人服務時，則應清楚地向客人說明原因。

3.客衣收出後，若房客有換房，應通知房務辦公室作變更。

4.必須告知客人確實的收送洗衣時間，不能有誤差。

5.當發現客人所交的衣服有可能損壞或洗不乾淨時，應與客人聯繫。

(六)填寫收洗客衣登記表

1.日期。

2.收洗時間。

3.洗衣單號碼。

4.件數。

5.若為快洗，則需用紅筆填寫，以方便日後快速查詢。

(七)入帳

房務人員必須將洗衣單送至房務辦公室，再轉交櫃檯，以記入客人的帳目中。

(八)客衣送回

在送回客人的衣物時，送衣人員會用送衣四輪車，上面掛著衣物，下面的地方可放摺好的衣物，另外，也會有客房的萬能鑰匙和一部傳呼機，以方便收送客衣。客衣送回之標準作業，茲說明如下：

1.核對件數是否符合：與洗衣廠商確實核對是否與登記表上之件數符合，方可予以簽收。

2.再次確認：送衣至每間客房前，必須再次確認房號，件數是否正確，方可送入房內，以避免送錯或漏送之訛誤。

(九)送回方式

依客人所選擇的衣物送回方式，可分為折疊與吊掛兩種方式。

1.若為摺疊的方式，送回的衣物應用塑膠袋或籃子裝好，放在床上。其包裝衣物標準之注意事項：

(1)襯衣要按襯衣板來摺，衣領上放紙領花並放入印刷好的膠袋內，膠袋的印字和領花顏色要相襯。

(2)摺好的衣服必須用無印字的紙包好。

(3)安全扣針要除去，領帶使用特製的袋子裝好。

(4)短襪須對好和摺好。

(5)用籃子送回時，袋子上寫明「謝謝您使用我們的洗衣服務」。

2.若為使用衣架的衣物，則掛在衣櫃內，衣櫃門打開，使客人回來一看便知。其包裝衣物標準之注意事項，茲如下述：

(1)襯衣必須把鈕扣扣上，並用透明膠袋套好，用衣架掛好。

(2)外衣須掛在衣架上，西褲掛在褲夾的衣架上。

(3)西裝上衣送回時，必須打開鈕扣。

(4)白色及絲質衣物應用透明膠袋套好。

(5)所有吊掛之衣物必須要有燙洗服務卡。

(十)客衣送回時注意事項

1.若客房為請勿打擾或反鎖之狀態，則暫時不送，應留下留言卡或洗衣送回通知單，讓客人與房務部聯繫。

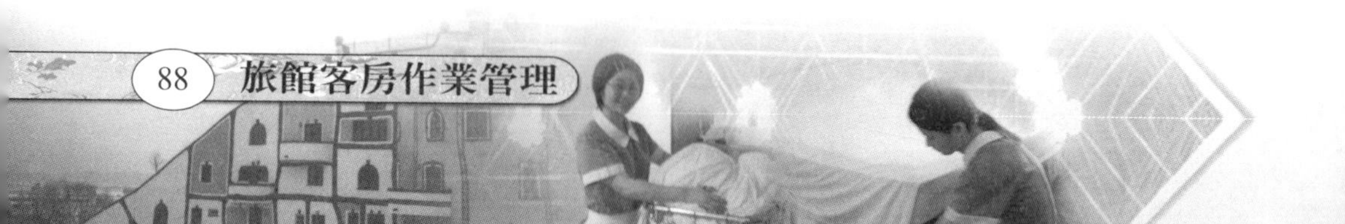

2.快洗、快燙之衣物要按時交件，若客人掛請勿打擾（DND）或反鎖（DL），則可電至客人請示是否可送。

3.下班前還無法送入房內的客衣或有待處理的問題，必須交班清楚。

4.修補或損壞之客衣：若鈕扣掉了或有少處破損，可以修補，不用通知客人；然若有客衣損壞之情況，必須通知值班經理立刻與客人聯繫，向客人道歉並商量賠償損壞事宜，亦不可向客人收取洗衣費。

(十一)貴賓服務（VIP Service）

對於旅館而言，常會有一些重要的貴賓住進，所以，如何提供妥善的服務，讓這些客人不但有賓至如歸的感覺，甚至能爲旅館帶來更多的生意。

1.接到客房有貴賓要住宿時，應優先整理清掃，保持該客房的最佳狀態。

2.瞭解客人的身分，而住宿期間是否有任何要留意的事項。

3.整理客房時，在布巾類（床單、浴巾等）的更換上，使用完好、較新的布巾。

4.旅館特別贈送客人的禮物，需擺放在明顯的位置。

5.迎賓的水果籃旁邊，除了放置一封歡迎信或歡迎卡之外，則備有刀叉供貴賓使用。

6.所有整理工作完成後，務必重新檢查一遍，查看是否有遺漏的地方。

7.主動詢問客人是否有其它需要服務之處。

8.在客人住宿期間，如需洗衣、擦鞋等服務時，皆要特別注意。例如，洗衣服務在送回客衣時，西服須使用有拉鍊的西服袋送回，而擦鞋服務會由貼身管家（Butler）專門負責擦拭。

9.遇見客人時，應主動的向客人打招呼。

10.客人搭乘電梯時，則幫忙按住電梯門。

11.客人外出時，儘速完成客房的清潔打掃工作，隨時保持VIP客房的清潔。

專欄3-5 十九項寶貴人生經驗

1.不要批評別人，因爲批評有可能會傷到寶貴的自尊。
2.常常想到自己的福氣。
3.常讚美，常給他人重要感，唯有必須是眞誠，無企圖的。
4.你可以失敗，但不要忘記從失敗中獲取教訓。
5.有時候得不到你想要的，反而是一種福氣。有多少企業家沒有考取台大；有多少成功的人沒有出國留學。
6.要對規定瞭如指掌，這樣你才知道如何突破。
7.不要讓細微爭執傷害到珍貴的友誼。
8.承認自己的錯誤，進而會道歉的人最能贏得尊敬。
9.每天有一段獨處時光。
10.相信自己是一個有潛力的人。
11.學會克服憂慮與壓力，否則如何在這變化快速的社會存活。
12.重要的事先作。
13.態度積極，充滿熱忱——年輕人剛進入社會可能以爲專業能力最重要。
14.熱情的接受改變，但不要放棄你的價值觀。
15.學會溝通，記住，聽比說還重要，然而怎麼說比說什麼重要。
16.每年去一個你從未去過的地方。
17.重視家庭生活——幸福的家庭氣氛是人生的基石。
18.沉默有時是最好的回答。
19.終身學習，永不懈怠。

資料來源：黑幼龍，《中時——居家周報》。

第四節　個案分析

房務員的新式RAP備品歌——「二大三中四小毛，三水一衛一牙一面紙」

從502號房走出一位懷抱嬰兒的日本少婦，關上門後的她逗弄著襁褓中的嬰兒，一臉紅潤的她隨著電梯的到來，而離開了走廊的一端。

502／501號房的長住日本客貞政豪孝與妻子住在旅館裡已有一個月的光景了，此兩間客房爲連通房，因此502號房確實是有一張嬰兒床的。501號房的辦公桌上堆滿文件與散亂的發票、零錢、文具，客廳電視櫃上報章雜誌或有整齊排列，或有新放而凌亂的報紙或商業雜誌琳瑯滿目，目前則有待在房內五位身著西裝的日商。

少婦離開後大約一個小時，貞政豪孝正從501號房與四位身著西裝的商人帶著一些文件走出，到櫃檯向值班的Ann交代他的Room Key Card，除此似乎還說了些什麼，只知隨即櫃檯Ann在幾位客人離開後打了通電話。

「鈴…」房務辦公室傳來電話聲響。

時間已經快九點半了，「叮咚…」客梯的門隨即打開，身著前衛的Doris東張西望後迅速走出，彷彿毫無事情的樣貌，開始了她一天的工作。只見她一手旋轉著樓層鑰匙，一手拿著排房表，一面快步走向註語洗衣的客房取衣，途中偶爾紀錄客房是否掛上DND或是Please Clean Room的牌子，有時也將耳朵貼近房門或是從門底縫觀察客人是否在客房內，假若客人的仍在內頭，Doris則將口袋中的牙籤拿出置於房門與地毯垂直以觀察客人進出狀況，突然Doris身上的呼叫器震動了。她隨即準備開了間空房507，她並未敲門，但又習慣性地念著"Housekeeping"，進入507之後，她拿起電話，按下房務辦公室的號碼，說：「喂！我是Doris。」

「哇！這麼有效率哦！換了新造型就是不一樣哦！」Music輕鬆的說著。

「本來是不想回妳的啦！不過看在今天收穫很多ㄏㄛ就給妳回啦！幹嘛！快說啦！」

「502、501要打掃房間了，好啦！我有電話㩐。」Music急忙的掛上後，並迅速接起來電。

「㩐」

Doris離開房間後，便帶著客衣偷偷坐上了客梯，隨著電梯樓層面板上所顯示客梯樓層逐漸緩降至樓下。

（送完客衣後）

客房走道上煙味陣陣傳來，此時Doris停好工作車後隨即帶著她的黑色垃圾袋（未貼上顯示樓層的標籤）以及四大條床單與四條枕套敲了敲門後，一股腦兒地打開501的客房房門，一團霧瀰漫濃厚的煙味終於衝破了最後一道薄薄的門，四處恣意散布。房間裡四五杯水陳列，或在書桌，或在床頭櫃，或在茶几。

「哇賽！這麼臭哦！」隨即她打了個噴嚏，於是她揉了揉鼻子繼續地說著。

「哎呀！眞受不了這個味道，阿不然他是不用呼吸哦！這麼臭。」

Doris受不住地衝進去先打開了501的窗門來通風，床單放置床旁乾淨的椅座上後，將垃圾桶的垃圾、菸灰缸裡的煙蒂等倒入垃圾袋，傾倒客人菸灰缸時卻未留意菸頭上還有些許火星，接著順道將菸灰缸帶進浴室的洗手台上，在廁所垃圾清除後，隨即退出浴室，把潮濕的、使用過後的布巾以及黑色垃圾袋丟置浴門外臥室地板兩旁並把大毛攤開將其他毛巾至於上方，不過她似有意地在浴室留下了一條用過微濕的中毛巾，退出浴室的她趕一面地拆完床，將床單等與大毛捆爲一團，此後便將垃圾袋一併撤出客房，口中仍細細反覆念著：「二大三中四小毛，三水一衛一牙一面紙。」

自從浴室走出後逐漸退出客房的Doris眼神呆滯卻顯專注地念著，染後的頭髮在拆床之後更略顯凌亂。她熟練地將浴室清潔用品（清潔用菜瓜布、海綿、抹布）以及所欠缺的備品（二大三中，三水一衛）從外頭備品車帶入客房。一面地清潔著浴室一面地哼著歌，不過這樣專注地工作的她，卻沒發現外頭的風雖是微微輕拂，偶爾略嫌風大的同時也將日本客貞政豪孝的交易估價文件與公司待塡的契約資料一併從書桌上一一吹落至電視櫃底。

浴室裡的Doris將預留的中毛正開始擦拭鏡面、水龍頭、玻璃，當她擦拭大理石的桌面時，發現了一瓶日本進口的名貴香水與化妝品，怔住了一會似乎思考些什麼似的，馬上她決定改頭換面一番，進而開始洗手洗臉，使用起貞政夫人的化妝品與香水，不掩愉悅地亨唱起韻味十足的老歌。之後她續接著將浴室備品作最後的排列，並用廢棄的大毛巾擦拭馬桶、浴缸、地板，說這時那時快地，退出客房的同時，卻見一位陌生的日本客在貞政豪孝的房中翻找著，似乎是進房有些時候了，甚至無視於她的存在，她強裝著鎮定，碎碎念著：「ㄟ害，我又不會說日文。」

個案檢討

1.請問嬰兒床的鋪床方式是否有硬性規定？那麼據您所知，針對嬰兒床應如何鋪設呢？

2.就上述個案，在房務員Doris的清潔流程中，是否有不當的地方？不當之處是否有構成危機的可能性（如火災）？旅館房務部門中是否有針對清潔而設置專門使用於擦拭的清潔用品與備品？試提出討論之。

3.試問房務員Doris是否有所不正確之工作服務態度？假若您爲房務員Doris的主管，有客人向旅館前檯反應房內物品之損失時，您應當如何處理呢？

4.假若您爲房務員，正當您在打掃客房時，發現有陌生人進入客房，您應當如何處理？

第四章　客房清潔作業

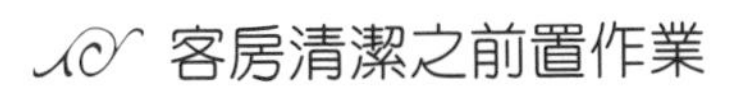

- 客房清潔之前置作業
- 客房清潔作業流程
- 臥室清潔作業
- 浴室清潔作業
- 個案分析

以提供住宿之服務為主要訴求，理所當然客房便是旅館最直接銷售的商品了。當旅客進入客房後，首先印入眼簾的即是一張寬敞舒適而且清潔的大床，接著將視浴室、備品、硬體設備與環境清潔的與否來決定這家旅館的等級好壞，然而每家旅館的客房清潔皆有所差異，不過在提供舒適、清潔與高雅的住房上卻是每家所期待努力達到的目標，關係著顧客對旅館服務品質及管理水準的評價好壞。客房清潔為房務員每日的主要工作內容，如何使清潔工作達到高效率且高品質之水準呢？首先清潔工作之前置作業是絕不可忽視，接著按照客房清潔流程步驟確實執行，以達到旅館的標準，如此方能提供旅客高品質之服務。為達成上述之目的，本章分四部分說明，首先介紹客房清潔之前置作業，其次為客房作業流程，進而說明臥室清潔作業，再介紹浴室清潔作業與房務人員應注意事項。

第一節　客房清潔之前置作業

房務人員每天主要的職責為整理客房，如何使工作順暢並能節省徒勞無益之往返時間，整理客房時亦方可迅速且具有效率，因此，客房清潔前的準備工作是很重要的關鍵因素。此外，瞭解房務人員應遵守的服務規範才能徹底的展現身為房務人員的專業素養，進而提升旅館水準。以下將介紹客房清潔前置作業之準備工作，首先介紹房務人員之服務規範，其次是規劃客房的清理順序，以及對鑰匙管理與控制，最後介紹備品車之準備。

一、房務人員之服務規範

服務需要具備充沛的服務精神和誠實可靠的態度，態度的殷切和藹，樂意爲顧客服務，以求能準確周到地發揮服務效能。規範就有如一位嚴厲的老闆，房務人員必須絕對的服從，並遵守這些規定，以下將介紹房務人員應遵守的一些規範，茲說明如下：

1.如遇住客應親切主動打招呼，但不可用手搭住客的肩膀。
2.如遇住客有不禮貌的言行或其他行爲，千萬不要與之爭論或辯白，應婉轉的解釋，要以「客人永遠是對的」之態度，並以同理心去服務。
3.對客人的詢問，如不清楚或不知道時，切勿隨便說「不知道」，應回答「很抱歉，我不清楚，但我能馬上問清楚後再回覆您」。
4.客人有吩咐時，應立即記錄，以免忘記，無法處理時必須馬上請示主管，由主管出面處理。
5.面對客人說話時，切勿吸煙、吃東西或看書報。
6.住客有訪客時，若未經得住客同意，不得隨意爲訪客開門。
7.切記絕對不可有任何冒犯客人的言行舉止。
8.嚴禁使用客房內的備品或將備品攜帶出旅館。
9.嚴禁故意破壞、拋棄或浪費公物。
10.嚴禁爲房客媒介色情。
11.嚴禁使用客房電話、客房浴室、收看電視或收聽音樂等，凡是客房內所有客人的東西一概不可使用。
12.嚴禁使用客房從事私人事務或會客或和同事聊天。

13.嚴禁搭乘客用電梯、使用客用洗手間及客用電話。

14.嚴禁翻動房客物品、文件、抽屜或衣櫥櫃，以免產生誤會或不愉快。

15.嚴禁與房客外出。

16.嚴禁與房客或同事過於親密，或與房客傾訴私事。

17.嚴禁工作時吃零食、嚼口香糖、吸煙或喝酒，尤其在備品室及公共區域要絕對禁止吸煙、喝酒。

18.嚴禁吃客房剩餘食物或將退房客人之遺留物品占爲己有，客人的遺留物應以Lost & Found（遺失物）處理。

19.嚴禁在樓層與同事談論房客是非。

20.必須遵守上下班時間，不可遲到或早退。

21.嚴禁替房客私兌外幣或收購房客的洋煙、洋酒。

22.嚴禁私自偷賣飲料或私自向房客推銷紀念品。

23.嚴禁將客人姓名、行蹤、習性等告訴無業務相關的客人，以維護房客隱私。

24.嚴禁向客人索取小費。

二、規劃客房的清理順序

工作分配單是用來安排清理順序，決定哪些客房要先清掃的，除非續住客人有特別要求打掃，否則一般以退房（Check-Out）之房間優先處理，其次爲打掃續住之客房。

三、鑰匙之管理與控制

爲保障客人住宿旅館之安全，因此依據安全規定來保管鑰匙。若不慎遺失遭不肖份子濫用，不只會造成住客權益受損，也會波及旅館商譽，爲了維護房客的住宿安全，不可不愼。以下將說明房務員使用鑰匙時的應注意事項、鑰匙的類型以及鑰匙的控制管理等。

(一)鑰匙使用應注意事項

客房之門鎖是用來保障住客的財產、隱私和旅館的財物。房務人員在領取、歸還鑰匙時須登記簽名，此外，嚴禁幫忙同事代領鑰匙。當您接取了一串樓層鎖匙時，必須注意整理哪個區段的房間就領用哪個區段的鑰匙，並且須時時刻刻牢記此鎖匙千萬不能遺失，也不可隨便借予他人（包含維修人員等等）或爲陌生人開啓進入。鎖匙必須連鏈扣扣在房務人員之工作褲上，除交還給房務辦公室外，不可隨便解開鏈扣，但如果房務人員需要離開旅館等工作範圍必須馬上將鎖匙歸還給房務辦公室。其它部門員工，如需進入客房工作（例如，行李員收送行李、洗衣房人員交收洗客衣、客房餐飲服務人員收集餐車或餐具，工程人員進行房間維修工程等）房務員均須陪同開啓房門。

若該房間有客人居住時，房務人員必須留在房內，待工程人員完成任務後方可離開；假若發現有任何鎖匙留在門外的鎖匙孔，房務員必須敲房門，如有客人則告知該客是否要將鎖匙留在房內，倘若無人在房內則必須將鎖匙交由房務領班處理，並將發現鎖匙之時間登記在房間整理表上。

假若住客已遷出，而該房的鎖匙仍留在房內，房務員不可將鎖匙放在褲袋內，以防忘記交還或遺失，更不可將鎖匙放在房務車上，以防途中被人拿走。應將鎖匙放在眼前的台上，待領班查房間時才交還給前檯。因房務上之所有的鑰匙關係著旅館財產、名聲及房間財物的安全問題，所以工作人員必須特別注意及保管鎖匙。若房務樓層鎖匙遺失而尋找不到，該樓層之房門鎖必須全部更換，是必須花費高額之成本。此外，遺失鎖匙的員工則須接受安全部門的調查。因此房務人員要特別小心對於鑰匙之管理。

(二)鑰匙的類型

由於時代進步及電子技術之普及化，因此有些旅館內之鑰匙亦不同於傳統鑰匙，以下將說明鑰匙的種類與其應注意事項：

1.**傳統機械鎖**（Key）

較常爲傳統旅館使用之。例如，台北圓山飯店、高雄華王飯店。其使用鑰匙的應注意事項如下所述：

(1)房務員領用之房間鑰匙（Room Key）一定要隨身攜帶使用，不可隨手放置，更不可交予其它人員使用。
(2)開門工作中，若有陌生的客人進入房間，應請其出示客人的房間鑰匙（Guest Room Key）或其它證明。
(3)房間鑰匙（Room Key）通常八～九支串成一串，若不愼遺失，要將全樓層之鎖匙與其它樓層對調，工程極爲麻煩，故不可不愼。
(4)客人的房間鑰匙遺失，若確定客人未交回，則需在同一層樓找一間對調門鎖。
(5)不論組長、主任或副理均須妥爲保管使用，交接清楚並簽字確認。
(6)通用鑰匙（Master Key）平日使用次數極多，要妥善使用，小心折斷。
(7)通用鑰匙之管制甚爲嚴格，爲防止被複製，配戴之人員若需外出時，應將通用鑰匙交由主管代爲保管。
(8)通用鑰匙若折斷，要附上斷的鑰匙，向經理申請配製。
(9)通用鑰匙關係樓層之安全，所有領取、使用、繳交、保管等各細節均不得疏忽。若有異常則應立即查明，避免意外之發生。

2.**電腦卡片鎖**（Key Card）

如**圖4-1**，現今旅館多用此種電腦卡片鎖，又稱鑰匙卡。利用電腦將卡片做設定，等客人辦理登記手續時，櫃檯人員用專用之卡片製作客房鑰匙，此鑰匙卡片可送給客人當作紀念品，亦可回收重新設定重複使用。例如，台北華國飯店、台北亞太會館等旅館，而使用時的應注意事項茲說明如下：

圖4-1　電腦卡片鎖

(1)若出現綠燈，表示將可打開此房門

使用正確的鑰匙卡時，綠燈會閃爍大約六秒，這表示門把可被轉動開門，如果超過時間沒有轉動門把，門鎖會自動鎖上，此時若要再次開門，必須重新移動鑰匙卡。

(2)若出現紅燈，表示無法能打開此房門

若出現紅燈並且連閃兩下或和其它的燈交替閃爍時，表示此房門的電池電力太弱；若和其它的燈同時閃爍時，則代表鎖必須再重新設定。

(3)若出現黃燈，表示無法打開此房門

若閃兩次，代表使用不對或太舊的鑰匙卡；閃十二次，則代表房門被客人反鎖。

(4)若都沒出現燈時，表示無法打開此房門。

可能是鎖的電池已經沒有電力了。

3.傳統機械電腦鎖（Marlok）

如**圖4-2**、如**圖4-3**，現今旅館也有另一種為傳統機械鎖，但其為電腦所操控，也就是綜合前兩項之鎖匙。等客人辦理退房手續時，此鑰匙須交還櫃檯，再重新設定重複使用。例如，台北君悅飯店、桃園寰鼎大溪別館，其使用時的注意事項與電腦卡片鎖類似。

4.打洞卡片鎖（Ving Card）

如**圖4-4**，利用電腦將卡片做設定，等客人辦理登記手續時，櫃檯人員用專用之卡片製做客房鑰匙，此鑰匙卡片可送給客人當作紀念品，亦可回收重新設定重複使用。例如，台北國賓飯店、

圖4-2　傳統機械電腦鎖

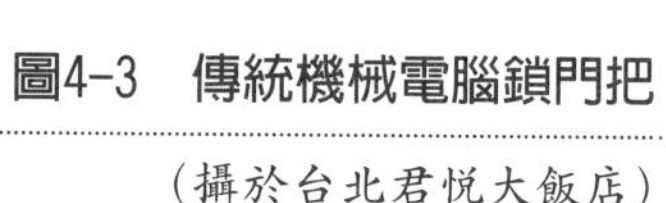

圖4-3　傳統機械電腦鎖門把

（攝於台北君悅大飯店）

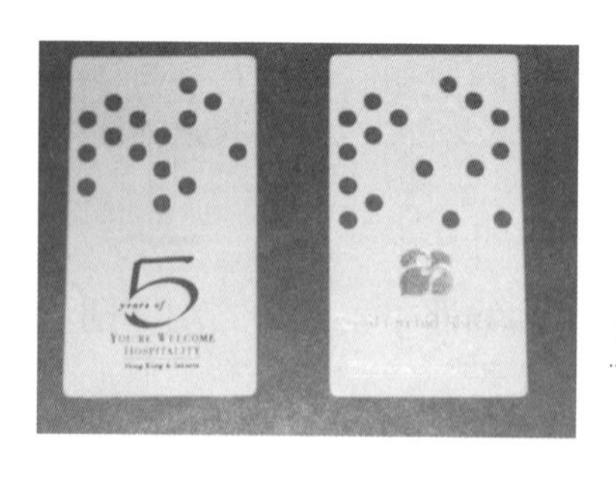

圖4-4　打洞卡片鎖

（Years of 5、Royal Orchid Sheraton）

泰國Royal Orchid Sheraton旅館、香港Years of 5等旅館，其使用時的注意事項與電腦卡片鎖類似。

(三)鑰匙的控制管理

鑰匙控制管理的等級共分爲五種，依其重要性的不同而在使用對象、保管地點以及用途也有所不同（如**表4-1**），茲說明如下：

表4-1 鑰匙的控制管理表

等級	使用對象	保管與領取	用途
1.Room Key 房間鑰匙	房務員 客人	房務辦公室	客人所使用的鑰匙只限開客人自己的房間，無法開啓其它房門。
2.Floor Master Key（FMC） 樓層通用鑰匙	領班 主任	房務辦公室	只限於該樓層通用，其它樓層無效。
3.Master Key / Pass Key 通用鑰匙	主任 副理	房務辦公室	可打開全館每一間客房的鑰匙。
4.Guest Room Master Key 客人房間之通用鑰匙	副理 執行經理	客務櫃檯	可打開全館每一間客房的鑰匙。
5.General Master key（GMC） 總經理專用的通用鑰匙	總經理或各高階層主管	由總經理自行保管或置於房務辦公室	又稱緊急用鑰匙(Emergency Master Key，EMK)，若臨時有緊急狀況（例如火災）時，各高層主管可向房務部借取，可打開全館每一間的客房，亦可打開反鎖(Double Lock)之房客。

※資料來源：作者整理

四、備品車之準備

有適當的工具才有好的工作表現，因此備品車（又稱工作車）對房務員而言是非常重要，因爲房務員必須每天與它爲伍，且將必須清掃或替換客房的工具如被單、清潔劑、吸塵器等放置於備品車上，以方便清潔工作。備品車之準備通常於工作結束後整理一次，次日整理房間前再檢查一次，將需要的東西妥善放置在車上。而應如何準備一架整齊完整的房務工作車，將介紹整理出一架完整備品車（如**圖4-5**）的標準作業程序，茲說明如下：

(一)清潔工作車

爲準備清潔工作，以確保布巾或用品的清潔。

1.將一部空工作車放在樓層工作室。

2.以濕毛巾將全車內外擦乾淨。

3.留意車輪有否損壞。

4.車內外尚未乾時，切勿將布巾及用品擺在車上。

(二)將垃圾袋和布巾袋掛在車勾上

確保垃圾及布巾袋有足夠的支撐力去承受垃圾及布巾的重量。

1.將各袋口上的孔掛在車旁之吊勾上。

2.確定各勾扣均適當地勾著各袋口孔。

(三)將布巾放在架中內

重物在下，輕物在上爲原則。

1.將床單及浴巾、毛巾、踏布等較大較重的布巾類放在最底層。

2.將枕套及較輕或較小的布巾類（例如，小方巾等）置於上層。

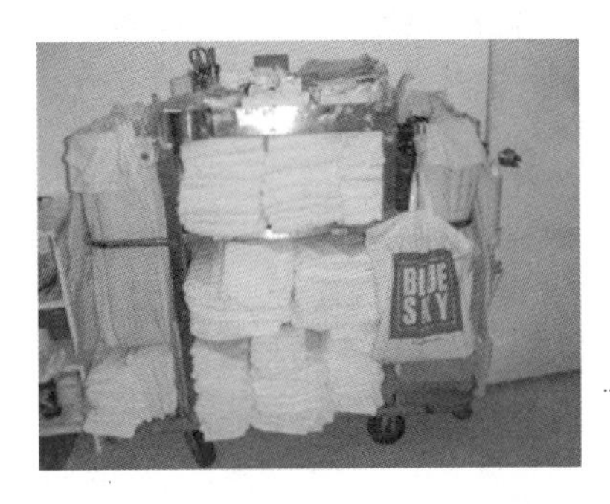

圖4-5　備品車

（作者攝於老爺酒店）

(四)房間備品放置於架頂上

應保持一目了然及易於拿取的基本原則。

1.將大件物品放在後部，小的物品放在前部。

2.較貴重的物品，勿暴露在顯眼之處，恐他人易取。

(五)放清潔用品於清潔專用的工具箱中

清潔客房之用途。

1.將廁所擦刷、清潔劑、百潔布、手套、家具蠟、空氣清新劑、潔廁劑及塵布放置在清潔工具箱中。

2.勿置過多或不足之清潔用品於工具箱內。

3.保持清潔、乾燥。

4.工作完成後必須將工具箱清洗乾淨，洗潔劑若不夠時必須補充完整，以便隔日之作業。

日本最盛行的就是泡湯，前一陣子還流行溫泉風。而你知道泡溫泉有很多好處嗎？溫泉浴不但可以促進全身血液循環、增進新陳代謝、排除體內多餘水分，更有助燃燒體內熱量，達到瘦身效果，難怪日本人那麼喜歡泡湯。你想泡湯嗎？你喜歡泡湯嗎？而現在要爲您介紹一家具有特色的溫泉旅館，堪稱是世界上最古老的溫泉旅館，現在您一定迫不急待的想去瞭解吧！那就快去看看下列介紹。

日本石川縣慄津溫泉的法師旅館創業於七百一十八年，距今一千三百年之久，旅館的主人以世襲制代代相傳，由長子繼承家業，到今天法師善五郎已是第四十六代了。法師被記錄爲「世界上最古老的旅館」，因爲這個緣故，吸引世界各地的旅人到這裡一探究竟。法師旅館除在設備上極力維護溫泉旅館的傳統，還儲存了許多歷史文物，藉此宣揚日本文化。法師旅館的大廳，是由幾個原木樑柱矗立著，莊嚴肅穆得像廟宇的正堂，穿和服的服務生會領你到大廳後面的和室廳稍做休息，由女侍恭恭敬敬地奉上抹茶，有團體或外國客人時，可以在這青色牆壁、朱紅毛毯裝飾、充滿北陸建築特色的廳堂裡，感覺一下傳統和式待客禮儀。

身爲慄津溫泉龍頭老大的法師旅館，自從開湯以來，法師的溫泉就以神奇療效著稱，大浴場非常寬敞，出門還有露天風呂。露天風呂的水溫非常高，下雪天泡湯特別舒服。

而最能展現法師旅館古老歷史的，是位於中央的日式庭園。庭園裏有耐得住北國大雪的參天巨木，石徑、流水、池塘、石燈籠。

像所有溫泉旅館一樣，法師旅館保持在房間用餐的習慣，每個客房專屬的女侍「客室侍」，從一進門就爲你打點一切，直到離開爲止。溫泉水的泉質是食鹽芒硝泉，對高血壓、動脈硬化、外傷具有療效。

資料來源：中國旅遊報，9月10日。

http：//travel.163.com/notes/items/030827/030827_35808.html

第二節　客房清潔作業流程

客房清潔工作是很繁瑣的，因此要做好清潔服務工作，除了必須具有耐心和體力外，更需要具備細密周詳的工作計劃流程，以幫助房務員能達到事半功倍的效果，並且有效率的完成清潔工作。房務員除了作好清潔工作外，對於客人留下的遺失物更須慎重處理，以方便客人回旅館找尋或於第一時間內送還客人。針對上述之情形，本節將介紹客房清潔流程與客人遺留物之處理。

一、客房清潔之流程

整理客房，必須遵守先後次序之工作原則，才能迅速地完成的整理，以達成旅館的要求標準，以下介紹客房清潔流程，茲說明如下：

(一)進入房間前

1.觀察門外情況，看看有沒有掛上請勿打擾燈或請勿打擾牌或房內雙重鎖標示。

2.以手指在門的表層輕敲三下，勿用過重手力敲門。

3.站立在門前之適當位置，約等候五秒時間，並眼望防盜眼。

4.若客人沒有回應，就再次地敲門，以手指在門上再輕敲三下，勿拍門太久。

5.再次站立在門前的適當位置等候，並從防盜眼中觀察是否有人影活動。

6.開門時將鑰匙插入門鎖，輕輕轉動並以另一手按著門鎖手柄。

7.說出自己是誰。例如，「早安，林先生，我是房務員，請問我可以進來打掃房間嗎？」

8.進入房間時，取出鑰匙並將門開啓。

(二)觀察房內的迷你吧

應準確地報告房內用品之消耗量。

1.迷你吧之物品均有其固定擺放之位置，必須先擺放整齊，方可利於清點。

2.將顧客飲用過的各類飲品塡寫於帳單上，若爲剛遷出之房客須先以電話入帳，以免客人跑帳。

3.檢查空罐，並且留意是否有偷龍轉鳳的手法。

(三)觀察房內情況

1.若剛遷出之客房，須觀察與留意是否有住客遺留下的任何物品。若有則可在第一時間將失物交還住客，否則應交L & F處理。

2.留意住客攜帶或損壞旅館內物品。

3.應特別留意垃圾桶、衣櫃、窗簾背後、床底、地毯、電視機、水壺、毛巾、毛毯及浴袍等是否有物品毀損或遺失之情形。

(四)拉開窗簾

1.輕輕拉動窗簾繩將窗簾拉開，讓陽光照入。

2.勿猛烈的拉動窗簾繩或直接拉動窗簾布。

(五)熄滅多餘的燈光

1.節省能源。

2.以手指輕按燈具開關並觀察是否有燈泡壞掉。

(六)搬走房內房客用畢的食具或餐車

1.應小心避免翻倒餐具和弄髒地毯。

2.清走用過的餐具，以利清潔客房順暢。

3.將所有食具放回餐盤或餐車上。

4.將食具或餐車放在員工升降機等候處的架上。

5.勿將房間物品放在餐盤或餐車上，尤其是煙灰缸或花瓶。

(七)收集杯子與煙灰缸於浴室，準備清洗

1.將住客使用過之玻璃杯和煙灰缸放在洗臉盆內備洗。

2.留意杯子與煙灰缸是否有龜裂，假若有龜裂情形應將之交由領班報銷，並予以更新。

(八)收集垃圾

1.用垃圾桶將房內所有的垃圾收集。

2.將垃圾倒入垃圾袋裡並將垃圾堆內外清理乾淨。

3.小心有玻璃及刀片的危險。

4.留意垃圾桶內是否有客人誤放於垃圾桶之重要文件、物品。

(九)整理床鋪

請參考第三節臥室清潔作業。

(十)整理浴室

請參考第四節浴室清潔作業。

(十一)抹塵及打蠟

1.用一乾一濕的抹布，抹去所有家具的灰塵（除電器外），再

用家具蠟水噴在一條清潔的抹布上，然後將所有家具打蠟抹光。

2.順時針方向環房間一周，由高至低，由內至外的抹塵及打蠟，以保持房間清潔。

3.抹塵時，須記住何處欠缺房間備品，抹塵完畢立即可至備品車上，一次補足所有備品。

(十二)補充房間用品

1.提供一致、整齊的第一印象。

2.禁止破損或有污點。

3.數量完整。

4.名稱在前面，勿上下顛倒或有不正的情況。

(十三)關閉紗窗簾（薄簾）

1.輕輕拉動紗繩，將紗窗關閉以防止強烈陽光直接照入房內。

2.留意簾勾是否有鬆脫，紗窗必須要關閉妥當。

(十四)吸地

以保持客房之完整性。

1.由內向外並保持同一方向吸塵。

2.留意角落及暗處（例如，床、沙發、書桌等）的垃圾。

3.吸塵前將沙發墊下之細屑等垃圾清出，以方便吸塵。

(十五)退出客房

1.將所有不屬於客房中的物品撤出，並同時再檢查一次。

2.確認房門關上後是否已上鎖。

二、客人遺留物之處理

所謂的遺留物（Lost & Found），必須把握一個原則，就是只要不是在垃圾桶內的東西，包括任何食品、物品等等，一律以遺留物來處理。但是如果丟棄在垃圾桶之物品，若感覺尚有價值，最好還是以遺留物處理，不可任意丟棄，當物品無法判斷是客人的遺留物或是丟棄物時，切記請勿自行判斷客人可能不要而予以拋棄或據爲己有，避免發生糾紛及誤會的可能。以下介紹遺留物處理之標準作業程序，茲說明如下：

(一)客人退房後，可從房間和浴室等兩方面來得知客人是否有遺留物品在房間內

1.房間部分

(1)衣櫥：有時客人會將衣物掛在衣架或放在衣櫥的抽屜而忘記帶走。

(2)保險箱：若爲上鎖之狀態，則需立即通知主管開鎖，以確定沒有貴重物品遺留。

(3)抽屜：凡是房間內所有的抽屜，在檢查C/O房時均予以打開確定沒有遺留物。

(4)床鋪：有時會有房客脫下之衣物夾雜在床單內，尤其是白色的衣物，因顏色同爲白色，所以要特別注意。

(5)各角落：在牆角、窗簾後方、家具下方，都可能會有客人的遺失物，所以擦拭時必須大致查看。

2.浴室部分

在浴室較常發現是客人的盥洗用品、電刮鬍刀等較貴重之遺留物，其中客人所用剩餘而忘了帶走的洗髮精、沐浴精等物品，

仍不可任意丟棄，客人穿過的內衣褲也應繳交，有時客人會再來電找尋。

(二)通知房務部，並請櫃檯查看

若發現遺留物，首先致電至房務辦公室報備記錄，尤其是貴重之物品（例如，護照等），需立即通報房務辦公室，以便客人查詢，並通知服務中心，查看客人是否尚在旅館內。

1.若客人尚未離開旅館，則立即將遺留物交還給客人。

2.若客人已離開旅館，而此項物品若是貴重物品時，則需聯絡客人、本地訂房公司或旅行社。

(三)登記於房間整理表上

房間整理表（An Shift Room Attendant Worksheet），（見表4-2）。

1.在房間整理表上註明有遺留物，以避免忘記房號，然後在當天下班時交至房務部辦公室，作爲遺留物處理。

2.必須在樓層之交班簿中詳細記錄，以備客人查詢。

(四)填寫客人遺留物品登記表

客人遺留物品登記表（Lost & Found List）見表4-3。

必須在客人遺留物品登記單上填寫：退房日期、客人房號、客人姓名、地點、物品名稱、物品特徵及拾獲人姓名，並與拾獲品一同交至房務部辦公室。

(五)輸入電腦

1.房務辦事員將客人遺失物品登記單之內容資料輸入電腦，

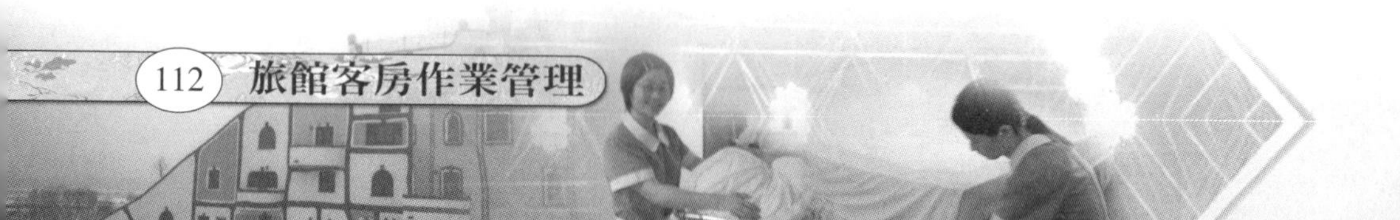

表4-2　房間整理表

ROOM ATTENDANT WORKSHEET

HOUSEKEEPING

FLOOR__________________NAME__________________DATE__________________

RM NO 房號	STATUS 狀況	TIME 時間	KING SHEET 特大床單	DOUBLE SHEET 雙人床單	PILLOW CASE 枕套	BATH TOWEL 浴巾	HAND TOWEL 手巾	WASH CLOTH 方巾	BATH ROBE 浴袍	BATH MAT 腳墊

ROLLAWAY/COT__________________ EX.PILLOW__________________

BED BOARD________________ TRANSFORMER/ADAPTOR__________________

OTHERS____________________________________

表4-3 遺留物品登記表

敏蒂天堂旅館

Mindy Paradise Hotel

遺留物品登記表

Lost & Found List

日期 Date	年 月 日	時間 Time	□A.M. □P.M.
地點 Place			
顧客姓名 Guest Name			

物品名稱 Description of Articles	數量 Quantity

拾獲者 By Whom	
領班 Floor Supervisor	
主任 House Keeper	

一式二份：
第一聯：房務辦公室留存
第二聯：黏貼於遺留物品上

並將此項電腦代號記入客人遺失物品登記簿中，以便日後查詢及管理。

2.遺留物之電腦作業，只有房務部才可作輸入及更新，其他部門（例如，櫃檯、服務中心等）只有查詢之功能。

(六)分類收存保管

1.遺留物之保管要分類收存，以方便客人要領取時能迅速地找出歸還。

2.若爲易腐食物，而客人未領回，部門主管將發給原拾獲者，三天後領回。

3.若爲普通物品，而客人未領回，部門主管將發給原拾獲者，三個月後領回。

4.若爲貴重物品，則必須視重要性來增加保管時間，一般至少保管六個月，如客人未領回，則部門主管將發給原拾獲者領回。

(七)客人前來領取方面

1.若客人前來領取時，應請客人持著身分證或護照領取，並在記錄簿中簽名，而房務辦事員應將電腦中的該筆資料刪除。

2.若失主託人來領取，必須要有委託書，並在記錄簿中簽名，而房務辦事員應將電腦中該筆資料刪除。

3.若客人已離開旅館而無法聯絡上，則在顧客歷史資料的Comments欄中註明Found，以利下次顧客光臨時交還。

(八)注意事項

1.遺留物若未按規定送交至房務部，或以忘記爲藉口，均可視為偷竊而予以記錄考核。

2.顧客查詢遺留物而在記錄上若未發現，仍應將調查經過予以記錄，以便日後依個案對相關人員做統計分析考核，客人遺留物處理流程整理如（圖4-6）。

專欄4-1　一張謝卡／一壺清水

一張謝卡——有一份謙遜，便有一份受益；有一份矜持，便有一份挫折

胡達源，一個自認為英語流利的人，剛從大學英文系畢業，於是他寄了許多英文履歷表到一些貿易公司應徵。但他所接到的答覆都是不需要此種人才。其中有一間公司甚至還寫了一封信給他：「我們公司並不缺人，就算我們有需要也不會雇用你。雖然你自認為懂得英語，但是從你的來信中，我們發現你的文章寫得很差而且文法上也有許多錯誤。」

這人收信後，非常生氣，打算狠狠回寫一封足夠氣死對方的信。但是當他靜下來之後，轉念想了一想：「對方可能說的對，或許自己在文法及用詞上犯了錯，卻一直不知道。」於是他寫了一張卡給這個公司：「謝謝你們糾正我的錯誤，我會再加倍努力的。」幾天後，他再次收到這公司的信函，通知他可以上班了。

默想：面對一個難堪和責難，或許正是一個新的契機。把每一個令人不舒服的遭遇，都當作一個於我有益的功課，讓這些遭遇成為我們邁向成功的墊腳石。

一壺清水——懷抱自私心理，無異自殺

在一次隆重熱鬧的豐年祭慶典中，大酋長要求每一户家庭都要捐出一壺酒，並且倒在一個大桶子裡，讓大家都可以共享。只看到每一户都鄭重其事的倒下家裡釀的酒，很快的就集滿了一大桶。

在慶典接近尾聲時，酋長拔掉了木塞子，每個人的杯中都注滿一大杯酒，當大伙一飲而盡時，才發現喝下去的都是清水，原來，人人都以為在那麼多的酒中，自己的一壺清水一定不會被察覺。

默想：拔河時，少了你的一份力量，就可能造成團體的失敗。一個團隊的成功是集眾人之力，不要輕忽自己該盡的力量，缺了你，這個團隊就不完全了。

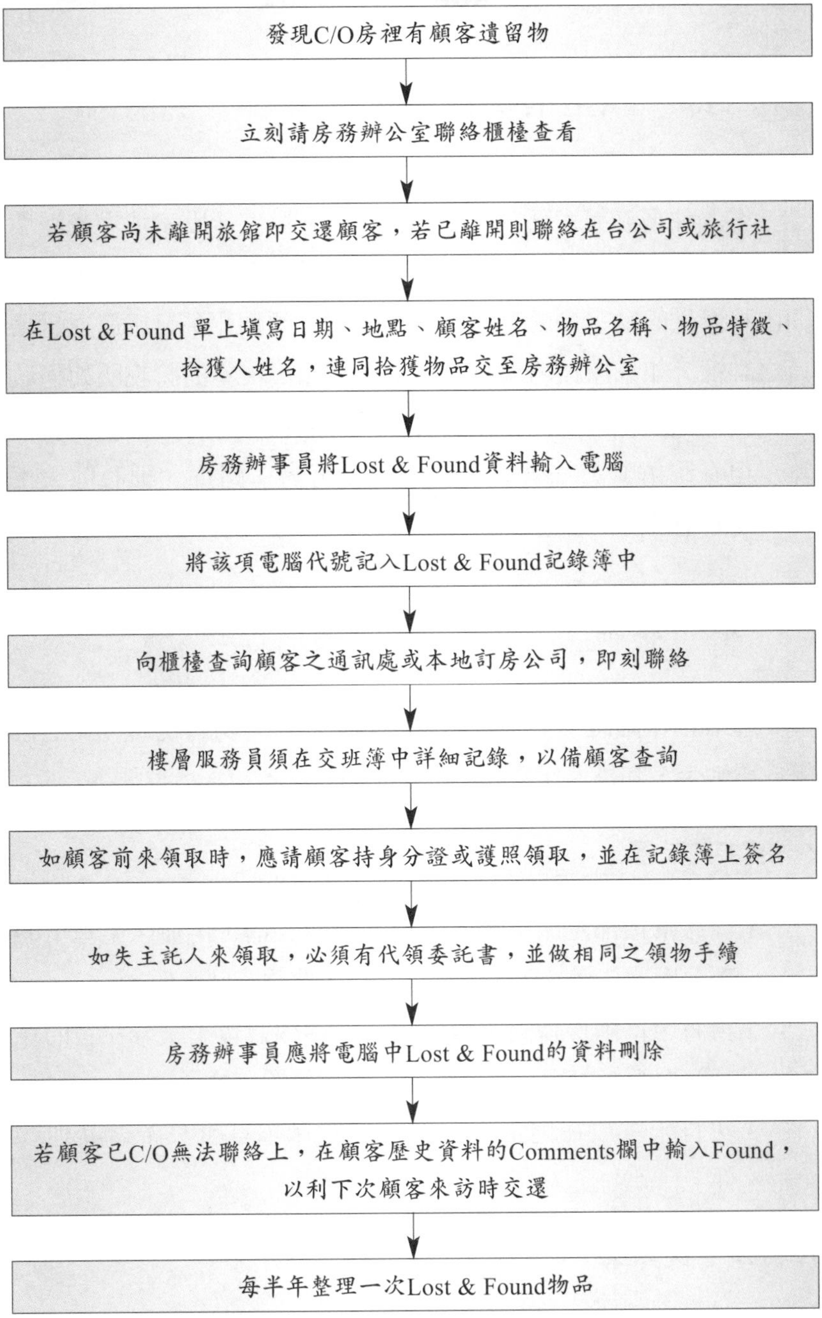

發現C/O房裡有顧客遺留物

↓

立刻請房務辦公室聯絡櫃檯查看

↓

若顧客尚未離開旅館即交還顧客，若已離開則聯絡在台公司或旅行社

↓

在Lost & Found 單上填寫日期、地點、顧客姓名、物品名稱、物品特徵、拾獲人姓名，連同拾獲物品交至房務辦公室

↓

房務辦事員將Lost & Found資料輸入電腦

↓

將該項電腦代號記入Lost & Found記錄簿中

↓

向櫃檯查詢顧客之通訊處或本地訂房公司，即刻聯絡

↓

樓層服務員須在交班簿中詳細記錄，以備顧客查詢

↓

如顧客前來領取時，應請顧客持身分證或護照領取，並在記錄簿上簽名

↓

如失主託人來領取，必須有代領委託書，並做相同之領物手續

↓

房務辦事員應將電腦中Lost & Found的資料刪除

↓

若顧客已C/O無法聯絡上，在顧客歷史資料的Comments欄中輸入Found，以利下次顧客來訪時交還

↓

每半年整理一次Lost & Found物品

圖4-6　Lost and Found 處理程序

第三節　臥室清潔作業

客人住宿旅館大部分的時間都會待在臥室，臥室清潔乾淨與否攸關著客人對旅館的重要印象。因此，房務員如何在一定的時間內將髒亂的臥室變成乾淨的地方，其必須仰賴平日旅館對房務員之訓練，如鋪床技巧與有條理地擦拭家具。本節將說明如何收拾床鋪、整理床鋪以及擦拭客房家具，最初或許會覺得很繁雜困難，但在瞭解其方法與步驟後，只要努力、踏實、細心地去工作，逐漸地就能得心應手了。

一、收拾床鋪

在收拾床鋪時，以基本的衛生觀念而言，勿將枕頭、羽毛被等放置地上，其標準作業程序，茲說明如下：

(一)卸下床罩

1.從床罩頂部至床尾邊的位置共摺成三摺，再從床尾垂下的部分床罩往前（床頭方向）一摺，成為一回字形。

2.再將床罩兩邊皆對中線一摺後（中線須留十公分左右的寬度）再兩相對摺一次，然後將床罩放置在椅子上。

3.勿將床罩放在地上，並且須留意床罩是否夾帶著其他物件。

(二)卸下枕頭套

1.左手執著枕頭套角，右手輕輕地把枕頭從枕頭套中拉出。

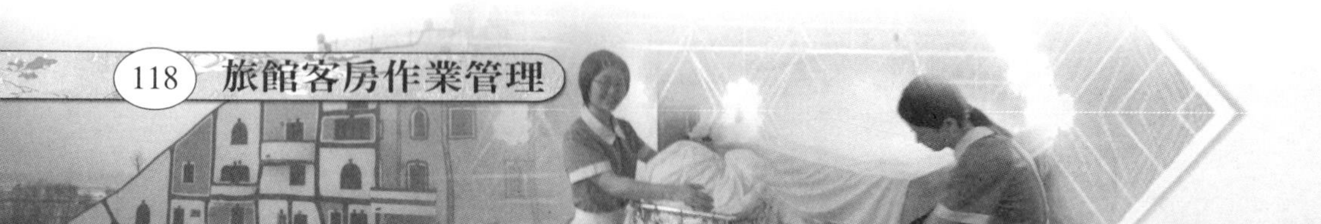

2.重覆地將各個枕頭從枕頭套中拉出，並將枕頭放在另一張椅子上。

3.切忌過分猛烈地將枕頭從枕頭套中拉出，否則會造成毀損外，也易使手臂拉傷，其中須留意枕頭是否有裂痕或有污漬。

(三)卸下羽毛被

1.從底部開始，將羽毛被從被套中拉出，並將羽毛被放在椅子上。

2.留意是否破損或有燒毀跡象。

(四)卸下髒床單

1.從底部開始，將床單從床褥與床架的夾縫中逐一拉出，且應查看床上是否有遺留物，例如首飾或電視遙控器等其它物品，以避免包在床單中送至洗衣房。

2.留意床單是有否破損或夾著客人的睡衣，若有客人的衣服，先將其折疊，待整理好床鋪後，放在枕頭上。

(五)拿走已用過的床單及枕套

將這些已用過的床單與枕頭套放入工作車的帆布袋中。

二、整理床鋪

在整理床鋪時，必須注意工作姿勢，以避免拉傷或扭傷，其標準作業程序，茲說明如下：

(一)羽毛被

現今的旅館普遍使用此種，例如，台北君悅飯店、台北晶華酒店。

1.先將清潔墊平坦的鋪在床上

(1)將清潔墊四邊的鬆緊帶套入床墊（彈簧床墊）的四角。

(2)清潔墊的四角與鬆緊帶要拉平，以保持床面平整。

2.鋪第一層床單

(1)將床鋪拉出少許距離。

(2)將第一層床單平鋪於床鋪上，床單中間摺痕應對準床的中央，再將床鋪四周垂下的床單整齊的塞入床墊下方。

(3)床單兩側下垂的部分必須平均。

3.羽毛被套入被套

羽毛被與被套的套法，可有正面套入以及反面套入兩種方式，使用時依房務員習慣而有不同，並不需堅持何種方式，在此介紹正面套入的方法。

(1)手執羽毛被尾，將羽毛被頭拋向床頭。

(2)拿被套並且站立於床尾，將羽毛被裝入被套中，確定羽毛被四角及四邊平整地裝入被套。

(3)將羽毛被平鋪於床鋪上，羽毛被頂端與床頭齊平。

(4)留意羽毛被的商標要留在床尾的下方。

4.將床歸位

站立於床尾，以立姿用膝蓋將床輕輕頂回原來位置。

5.將枕頭放進枕頭套中

(1)用雙手的手指將枕頭套張開，讓空氣充滿曾被漿燙過的枕頭套，以便放進枕頭。

(2)右手持枕頭的前端，左手將枕頭套張開，將枕頭推進枕

頭套的盡頭。

(3)拿著枕頭前方的右手須放手，並將枕頭的兩角推至枕頭套角的盡頭。

(4)伸出右手，並用雙手拿著枕頭套的尾部向下一抽。

(5)將四個枕頭雙雙地疊放好放於床頭的中央位置。

6.鋪上床罩

(1)床罩尾需與床底緣離地約一吋的位置，兩側攤開後應平均地將已摺好的床罩放置於床的中央位置。

(2)當在床尾以雙手將床罩拋至床頭時，須以雙腳夾著垂下的床罩，床罩更易拋前。

(3)將床罩頭部向床頭一拋，與床頭齊放，使整張床罩平放在床上，再將床罩頭往後摺約一個枕頭的三分之一。

(4)將四個裝好的枕頭，兩兩開口向內置中平放於床頭。

(5)站在床頭，雙手拿著床罩頭部，將床罩蓋在枕頭上。

7.檢查是否整齊

再檢查一次全部是否平整並且無皺摺。

8.髒床單丟入布巾袋內

(1)作完床後，將全部的髒床單丟入工作車的布巾袋內。

(2)留意適當的尺碼。

(3)不潔之布巾不能堆積太高，否則防礙觀瞻。

(二)毛毯

傳統舊式的旅館普遍使用此種，例如，墾丁凱撒飯店。

1.先將床墊布平坦的鋪在床上

(1)將清潔墊四邊的鬆緊帶套入床墊（彈簧床墊）的四角。

(2)清潔墊的四角與鬆緊帶要拉平，以保持床面平整。

2.鋪第一層床單

(1)站立於床頭，將第一層床單平鋪於床鋪上，床單摺痕應對準床的正中。

(2)床單兩側下垂的部分要平均。

3.**鋪第二層床單**

鋪上第二層床單，床單需離床頭5～10公分。

4.**鋪毛毯**

鋪上毛毯後，靠近電話邊的毛毯需對齊床緣，而毛毯頭部需離床頭20～30公分。

5.**鋪第三層床單**

鋪上第三層床單，床單前端與毛毯前端對齊後，將第二層多餘的床單折於第三層床單上。

6.**將四周垂下的床單、毛毯塞入床墊下方**

將靠電話那側和另一側的床單、毛毯與床底多餘的床單，整齊的一起塞入床墊下方。

7.**鋪上床罩**

(1)床罩尾需與床底緣離地約一吋的位置，兩側應平均地將已摺好的床罩放置於床的中央位置。

(2)將床罩尾部向床尾一拋，使床罩平放在床上，將床罩頭部折至大約可放枕頭的空位。

8.**將枕頭放進枕頭套中**

(1)用雙手的手指將枕頭套張開，讓空氣充滿曾被漿燙過的枕頭套，以便放進枕頭。

(2)右手拿著枕頭的前端，左手將枕頭套張開，將枕頭推進枕頭套的盡頭。

(3)拿著枕頭前方的右手須放手，並將枕頭的兩角推至枕頭套角的盡頭。

(4)伸出右手，並用雙手拿著枕頭袋的尾部向下一抽。

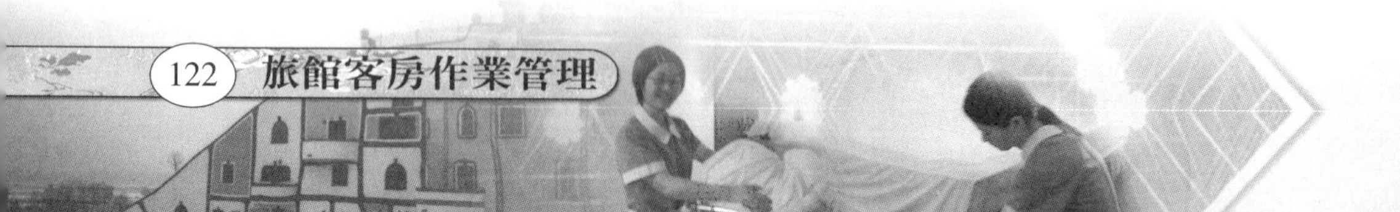

(5)將四個枕頭雙雙地疊放好放置於床頭的中央位置。

9.**將枕頭放在床罩上**

將裝好的枕頭放置在床罩頭部的空位上，用雙手拿床罩頭部，將床罩蓋在枕頭上。

10.**將床歸位**

站立於床尾，以立姿用膝蓋將床推回原來位置。

(三)注意事項

1.續住房一律將所有枕頭套、床單拆除，不得自行判斷房客可能沒睡過或沒弄髒而不更換全部枕套及床單。

2.若發現清潔墊污損時，必須一律拆除更換。

3.拉床時應採取蹲姿，以雙手緊握床尾下方的橫桿且身體重心向後傾，以全身的重量帶動床的移動，切忌猛力拉扯，以免導致脊椎或手腕拉傷。

4.推床時，應以立姿用膝蓋輕輕將床頂回原來位置，切忌彎腰推回床鋪而導致脊椎受傷。

5.若發現床單或毛毯有燒焦或污損時，應保留原狀，並通知主管處理。

6.鋪床時若發現床單、枕頭套有污點或需淘汰時，應另外挑出處理。

三、擦拭客房家具

整理客房時難免會出現塵蟎、細小毛屑，通常客房中塵蟎毛屑之落下需要七至八天的時間，因此，房務員每天的清潔工作結束後須再做一次的擦拭動作。假如爲遷出的客房，除此之外更應在領班查房之前，再做一次擦拭動作，以確保客房之清潔與完整。

(一)擦拭家具之基本原則

1.擦拭客房家具之順序應以同一方向進行擦拭，以避免遺漏。

2.抹布應擰乾不能太濕，以免留下水痕。

3.擦拭家具的同時，順便記錄客房內須補充之備品，以便節省來回走動的時間。

4.擦拭玻璃面之家具時，一律用乾布噴上玻璃清潔液（但禁用碧麗珠），使其保持光亮。

5.擦拭時切忌使用濕布擦拭熱燈泡，以避免燈泡爆裂或觸電，造成自身及房客危險。

(二)擦拭家具之注意事項

1.擦拭門

注意門牌、門把、門鎖、防盜眼的擦拭，並檢查早餐卡（若有折損應作更換）。

2.擦拭衣櫥

(1)檢查衣櫥內燈、衣櫥門的開關是否正常。

(2)由上往下擦拭，由最上層的櫥架開始擦拭，順便檢查備用枕頭及毛毯數量有無短缺、是否乾淨、摺疊擺放是否整齊。

(3)男女衣架須依規定擺放，並將旅館標誌（Logo）朝外。

(4)擦拭衣櫥內掛衣架、領帶架、抽屜、保險箱、鞋籃及衣刷上之灰塵。

(5)檢查洗衣單、洗衣袋及衣櫃抽屜內應有備品是否齊全。

(6)已遷出之客房仍須檢查保險箱內是否有客人遺留物。

(7)衣櫃內最底部之地板也須擦拭。

(8)若客人在房內，只須檢查抽屜內備品是否須要補充，毋須拉開每個抽屜，以避免客人誤會。

3.擦拭書桌

(1)擦拭桌面，若桌面上有房客物品，擦拭桌面後須歸位。

(2)輕拭桌燈燈罩，切忌使用濕布擦拭熱燈泡，以免發生燈泡爆裂。

(3)檢視桌燈開關是否正常。

4.抽屜

(1)已遷出之客房：每個抽屜的擦拭都非常重要，所以須將抽屜全部打開，以徹底擦拭內部；在進行擦拭的同時，須注意是否有毛髮或前房客之遺留物。

(2)續住房：爲了避免造成客人誤會，若非必要毋須擦拭，只需檢查是否須要補充備品。

5.擦拭書桌椅

注意椅墊縫隙之灰塵、紙屑；椅腳、椅背木質部分之灰塵。

6.擦拭電視、電視櫃

擦拭螢幕及後方散熱殼，縫隙要加強清理以免積留灰塵污垢，遙控器須歸位，電視櫃內外、抽屜及開關把手須擦拭乾淨。內藏式電視櫃，放置電視的底部及後方平常較不易擦拭容易堆積灰塵污垢，故須安排保養工作；電視櫃下方若有擺放書報雜誌，移開擦拭後應擺放整齊並檢查雜誌是否過期，若過期須定期更新。

7.擦拭床頭櫃

(1)擦拭床頭控制板，並檢查每一個按鍵功能。

(2)擦拭床頭燈，注意燈罩之灰塵，燈座須擦亮。

(3)抽屜內有電話簿及聖經，須移開擦拭並歸位。

8.擦拭電話

(1)擦拭表面灰塵應擦拭乾淨避免異味，必要時，以酒精來去除異味。

(2)檢查是否有接通之訊號聲。

9.擦拭沙發

須把沙發墊拉起擦拭（因縫隙常有毛髮及餅乾屑等髒污，亦有客人遺留物的可能性，如客人戒指、胸針等貴重物品），若發現沙發墊上有咖啡、可樂漬等要立刻更換。

10.擦拭窗台

擦拭窗戶及踢踏板，若踏腳板有鞋油或其它污垢可用牙刷、牙膏清除。檢查紗窗簾、裝飾窗簾，是否有破損或骯髒，紗窗簾、捲簾的拉動是否正常。

裝飾窗簾爲無法移動的窗簾，其主要功能爲美觀（常有房客誤爲此種窗簾可移動，故常在拉扯時發生故障，所以在擦拭時，若發現故障應立即通知工程部維修）。

11.擦拭調溫器

擦拭調溫器並檢查冷氣運轉是否正常。

(1)C/O房（已遷出的客房）：須將溫度調整至規定溫度。

(2)續住房：不須調整調溫器，只須將外殼擦拭乾淨。

四、垃圾與布巾的收集處理流程

垃圾處理以續住房或C/O房（已遷出的客房）之清潔流程上基本是大致相同，但針對C/O房時，必須將房間恢復成可售房。而續住房則因客人仍在使用中，因此，在清潔時必須有所區分，針對此部分針對續住房與C/O房不同的處理方式來讓讀者瞭解；另外再介紹布巾收集與發放之作業流程以及其中應注意事項，茲說明如下：

(一)垃圾處理

1.續住房

(1)只有客人放在垃圾筒的才是垃圾。

(2)房客遺留在浴室內的報章雜誌，即使丟在地上也不可隨便丟棄，應予以整理後放置於書桌上。

(3)有時客人的東西會不小心地從桌面滑落掉入垃圾筒，所以在清倒垃圾時也需注意垃圾筒內的物件。例如，機票、護照、手錶、首飾、特殊收集品，甚至金錢等。

(4)不可隨便把客人的紙團丟棄，例如：報紙、寫有數字、留言的便條紙。

(5)將房客隨手放置使用過的棉花棒、化妝棉、衛生紙丟到垃圾筒內。

(6)旅館所提供的浴室備品，可在客房使用完畢後收集丟棄。

(7)所有房客私人的盥洗用具或其他的空罐或空瓶，除非房客自行丟棄於垃圾筒內，否則不可以丟棄，因爲房客可能有其特殊用途。

2.C/O房

(1)清除垃圾筒內的垃圾，任何空盒子、購物袋等物品，務必個別查證確定有無任何物品、文件（例如，機票、帳單等）。

(2)任何客人所遺留下來的物件、物品，如果有疑問，須立即報告領班處理（其他同事可能無法爲你做主）。

(3)旅館所提供的浴室備品，可在客房使用完畢後收集丟棄。

3.**注意事項**

(1)垃圾袋應寫上樓層號碼，當客人發生遺失物品而須找尋垃圾袋時，可縮短尋找遺失物的時間。

(2)清倒垃圾時，須注意客人的物品以及刀、叉、水杯等物不可倒掉。

(3)破碎物品應另外包裝，並以紅色奇異筆做記號，以避免發生意外。

(4)未熄滅之煙蒂不得倒入垃圾袋，以免發生危險。

(5)如發現任何違禁品丟棄於垃圾筒內，應報備主管通知警方處理。

(二)布巾收集

1.開始整理房間時，要先清點使用過的毛巾、床單、枕套等之數量，若有缺少之數量，則要在房間整理表上註明。

2.將所有使用過的毛巾、床單、枕套收出，放入工作車的帆布袋內，並將數量填在房間整理表上。

3.將使用之數量全部統計後，連同髒床單、毛巾、枕頭套送至洗衣部待洗。

4.洗衣廠商隔日會將送洗之布巾送回，房務員須確實點清楚數量是否正確。

5.注意事項

(1)對已損壞或有污漬的布巾，應立即更換並報告領班，放入專用袋子中，送回洗衣部。

(2)領班每天要查看房間整理表，將遺失之布巾填寫W/O（Walk Out）單。

(3)領班要隨時注意布巾之數量控制，除客人把備品外帶之外（W/O，Walk Out），還要注意員工帶走之流失。

(4)拾起使用過的毛巾，並輕輕抖動，以確定無房客的衣物包裹於毛巾中。

(5)更換使用過的浴袍時，務必檢查浴袍口袋內是否有房客的私人物品。

(6)若發現異常染色或過分髒污的毛巾時，應報告領班備查並且分開處理，以免污染其他毛巾。

(7)若發現染有血跡的毛巾時，應報告領班慰問房客是否有受到外傷並且安排就醫。處理毛巾時，房務人員須戴上手套以防細菌感染。

第四節　浴室清潔作業

浴室的清潔與美觀可給予客人不同的感覺與體驗。此外，旅館備品的管理也很重要，因為備品為旅館行銷重要的組成部分，它可做為推廣宣傳的物品之一。備品的品質、造型設計以及備品之擺設等，可加深顧客對住宿旅館的印象，造型精美的備品有時也會受到房客青睞而主動向旅館購買備品，所以旅館經營者不得不重視。以下將介紹浴室清潔之作業流程與浴室備品擺設及補充時應注意事項。

一、浴室清潔之作業流程

如何將工作落實並且達到高效率的工作品質，房務員應嚴格遵照旅館制定的作業流程，當所有房務員都已熟悉旅館的作業流程後，便能自覺且有效率地完成每一項清潔工作。

(一)進入浴室

1.打開浴室的燈並將清潔用品放在浴室的中央。

2.留意燈泡是否有損壞。

(二)清洗玻璃杯

1.轉動洗臉盆的熱水，將杯子放入洗臉盆內，用熱水及百潔布清洗，洗後將杯子倒放於洗臉盆旁的石檯上。

2.留意杯子是否有裂痕。

(三)清洗皂碟

1.將皂碟放入洗臉盆內，用熱水及百潔布清洗，洗後將皂碟倒放於洗臉盆旁的石檯上。

2.留意皂碟是否有裂痕。

(四)清洗煙灰缸

1.將煙灰缸放入洗臉盆內，用熱水及百潔布清洗，洗後將煙灰缸倒放於洗手盆旁的石檯上並關閉熱水。

2.留意煙灰缸是否有裂痕。

(五)抹乾杯子

1.將杯布張開放在左手上，然後將溼杯正面放在左手的杯布上，右手拿著杯布的另一端，將其推進杯內，再以右手的姆指配合左手的杯布，順時針方向轉動，直至杯子內外全乾；最後將杯子對著燈光照射，察看是否清潔後，再把杯子放在乾淨的石檯上。

2.勿用猛烈的手法轉動杯子，以防杯子飛出。

3.將杯子內外用杯布包著，可防杯子突然破裂割傷手部。

(六)抹乾皂碟

將皂碟放在左手的清潔布上，以右手提起清潔布的另一端，將皂碟抹乾並將皂碟放於乾淨的石檯上。

(七)抹乾煙灰缸

1.將煙灰缸放在左手的清潔布上，以右手提起清潔布的另一端，將煙灰缸抹乾並將煙灰缸放於乾淨的石檯上。
2.留意煙灰缸的煙垢是否已清除。

(八)清潔座廁

1.拿起座廁蓋板並按沖水手把，手拿廁刷擦磨座廁內壁，以白潔布的背面海棉抹濕座廁外壁及蓋板；最後用乾布將座廁外壁及蓋板抹乾。
2.當座廁出現大量污漬時，須倒入適當的潔廁劑，過一會才用廁所布擦拭，而當擦磨廁盆內壁時，須特別留意出水孔及廁所孔的U字型部位。

(九)清潔浴缸

1.將浴缸活塞關閉，將小量熱水及清潔劑倒入浴缸中，用百潔布混合皂水後清洗浴缸內外、鋼器、牆壁及浴簾；最後開啓浴缸活塞，讓皂水流走並開啓熱水花灑器，讓熱水射向牆壁及浴缸，沖走污漬。
2.清潔方法由上至下，勿用百潔布的粗面猛烈磨擦光亮的鋼面，會導致磨花鋼面。
3.勿用酸性清潔劑或沙粉清洗浴缸，否則會導致損壞浴缸表層的光亮及堵塞下水道。

4.若只用皂水清洗而不以清水再沖洗，會導致污漬再次沉澱在浴缸上。

(十)清潔石檯

用濕潤皂水的百潔布輕輕磨擦石檯四周，並特別留意石檯的角位，由內至外的清洗。

(十一)清潔洗臉盆

用濕潤皂水的百潔布輕輕磨擦洗臉盆及鋼器，如水喉開關及水龍頭等，並特別留意活塞的清潔，查看是否有雜物或毛髮在內。

(十二)抹乾浴簾、牆壁、浴缸、石檯及洗臉盆

1.使用備用毛巾一一抹乾。

2.切勿使用住客用的毛巾擦抹污水。

(十三)更換毛巾

1.拿走住客所用過的毛巾，將用過的毛巾放入毛巾袋內並從工作車內取出相同數量的毛巾；最後將乾淨的毛巾補齊。

2.留意新毛巾有否走線或髒污。

(十四)補齊浴室用品

將住客已消耗之用品補回浴室原位，並留意用品包裝是否符合旅館標準。

(十五)抹鏡

1.用一條半濕的清潔布抹乾淨，再用另一條乾淨布抹亮。

2.特別留意洗臉盆上面一呎的鏡位，因爲常有皀漬及牙漬殘留。

(十六)抹塵及打蠟

1.用一條半濕布順時針方向環繞浴室各處抹塵（例如，座廁、水箱、各式毛巾架、衫勾、石檯、浴室門、浴缸及其他暗角地方），並用家具蠟噴於一條乾布上，然後以環形方法在石檯及浴室門擦拭；最後以擦地布抹淨整個浴室地面。

2.勿用客人用的毛巾抹塵或抹地，而抹地時，須特別留意擦抹牆角。

(十七)最後檢查

查看是否遺漏任何工作程序、忘記補回用品或忘記取回清潔物品等。

(十八)離開浴室

關閉浴室燈並拿走所有浴室清潔物品，而浴室門須半掩，讓室內空氣流通。

二、浴室備品之補充

浴室設備會因該客房的大小、裝潢等而有所差異；浴室備品也會因續住房或C/O房（已遷出之客房）的需求不同，而有不同的擺放要求與補充標準，茲說明如下：

(一)補充備品時正確的擺放位置

1.確定所有沐浴精、洗髮精、棉花棒、棉花罐、肥皂盒、棉花、肥皂等用品已補充齊全，並逐一放置於規定的位置上，將之定位及擺正。補充備品時以右邊或左邊同一方向開始補充以免遺漏，且須將商標朝上擺放。

2.衛生紙、面紙須折成三角形形狀，保持美觀。

3.補充大毛巾、中毛巾、小毛巾、足布等物時，應確定每項布巾沒有破損、鬚邊、污點或發黃。

4.大浴巾折縫及開口應朝內牆，朝浴室裡面。

5.毛巾類備品的旅館商標應正面朝外並且摺疊整齊。

6.續住房內需以中或小毛巾平鋪於檯面上，並將客用物品整齊排列於上（以免酸性化妝品損壞大理石檯面）。

7.續住房的足墊平鋪於洗臉檯前，C/O房則摺疊放置於浴缸扶手中央。

8.浴袍補入時需確定其清潔無破損。

9.續住房的浴袍若有使用過但還乾淨清潔，則直接吊掛整齊，C/O房的浴袍若前房客已使用過，則一律更新。

(二)備品的更換與補充標準

補充備品，依每間旅館規定之不同而有所差異。若已退的客房則一律換新，以維持充裕的使用設備；續住房則依照下列之標準更換。

1.肥皂更換標準：肥皂用去1/3，須立即換新（保持2/3）。

2.衛生用品類更換標準：衛生紙、面紙盒不得少於1/3，應隨時注意及補充。

3.毛巾擺設標準：毛巾數量雙人雙床房和雙人單床房（Double Room）放四條大毛巾、三條中毛巾、二條小毛巾；套房放四條大毛巾、三條中毛巾、三條小毛巾。

(三)注意事項

1.補充備品或毛巾時，應一次完成避免多次往返浪費時間。

2.發現浴袍、毛巾、浴墊等物品遺失或損壞時，應報告上級主管立即處理。

3.若客人將備品的外殼弄髒或弄濕時，應立即更換。

三、房務人員應注意事項

凡事多一分預防即少一分傷害，工作中若沒有正確的工作方法以及安全概念，其所帶來的危害有可能是輕微，卻也可能造成無法彌補的後果。此部分將介紹房務員常見的工作傷害、安全守則以及應注意事項。

(一)房務員常遇之工作傷害

如何防範工作所造成的災害，身為一位職場上的工作者不能不知道，就以下之七項常見工作傷害，茲說明如下：

1.地板太滑而不小心跌倒。

2.浴室地板有水，以致不小心滑倒。

3.被破碎的玻璃片割傷。

4.不正確的作業姿勢以致肌肉拉傷。

5.搬移物品時倒塌以致壓傷身體。

6.工作車之車輪壓傷腳踝。

7.使用切割器具時聊天或被人撞倒而受傷。

(二)房務員應注意之事項

房務員清掃客房時，應特別注意之事項，茲說明如下：

1.住客遷出時，應馬上檢查房內物品，特別在迷你吧的飲料方面以及開啓抽屜查看有無旅館資產缺少、缺損的情況（例如，地毯或桌面割傷等），或留有住客的遺留物等，應立即向主管報告。

2.應注意客人的情緒和精神是否穩定和正常，如發現有病客等情形，應立即報告主管，以防發生不可預料的事故。

3.如當下發現客人正從事不法之行爲時，應提高警覺，馬上報告主管。

4.在清理客房時，若住客仍在房內，應盡量避免干擾住客，最好能在住客外出時或住客有特別吩咐時，馬上整理房間，整理的時間必須控制在住客回來前整理完畢。

5.若遇有尚未完成的工作時，應塡入日報表，以免有任何誤失。

6.住客喝醉時，應特別照顧，若遇有患病、長時間掛著「請勿打擾」牌，或是房內上了雙重鎖而未出過房間之住客，均須提高警覺以防意外事件發生，並馬上報告主管。

7.若房內發生爭吵、鬥毆、聚賭或吸毒等情形，須迅速報告主管。

8.在清理房間時，工作車應放置於房門前，而清洗浴室時，更要特別提高警覺，以防任何閒雜人等進入客房。

9.在整理房間時，若發現客房內有大量現鈔、貴重物品、軍火或毒品等，應迅速通知主管處理。

10.如發現房內有家具或電器損壞、馬桶需要維修，應立即報告領班並報修工程部處理。

11.如遇閒雜人等在樓梯間、走廊徘徊，應須多加留意，並向主管報告。

12.不可收取任何住客結帳之金錢（例如，迷你吧或洗衣服務的帳款），切記房務人員除了客人給的小費之外，是不經手任何現金的。

13.在住客遷出時，須特別留意房內之公物是否被拿走或損壞，如果有，則必須立即報告主管處理。

14.在客房內打掃時，若房客的電話響起，一律不可替客人接聽。

15.進入客房，不論房客是否在房內，應養成良好的敲門習慣，房門亦應保持敞開狀態。

16.打掃客房時，應掛上整理牌，若客人在房內，應詢問是否可以整理房間。動作應盡量輕柔，以免打擾房客安寧。

17.如有破舊物品不得供客人使用。

18.正在打掃的客房，嚴禁外人進入或參觀。

19.不可攜帶氣味濃烈的食物（如榴槤）至樓層。

20.保持客房樓層寧靜，嚴禁高聲喧嘩、談話、嬉笑及製造碰撞聲。

21.與客人交談時，特別注意語言上之輕重與禮貌。

22.推工作車時如遇房客，應停車讓房客過後才前進。

23.不可在掛有請勿打擾牌（DND）的客房門前吸地毯以及製造聲響而打擾房客休息。

24.整理客房若有打開窗戶時，切記整理完畢後要記得鎖上。

25.嚴禁利用客用毛巾擦拭水杯、馬桶、地板。清理客房工作應逐房一一完成，切記不可先完成清潔工作後又再次開門逐房吸毯。

第五節　個案分析

嘿嘿嘿～外國客人回來了

剛從503號房與貞政豪孝一同離開旅館的貴乃發，因為貞政豪孝忘了文件而請他回來拿時，正碰巧遇上Doris在打掃503的浴室，他敲了敲門後就進到了房內翻找他剛離座前所放置的交易估價文件與公司待塡的契約資料，後來Doris突然地走出浴室，似乎有點嚇到貴乃發（兩人對看一眼），貴乃發面無表情又若有所思地點了點頭翻找他那幾張資料。貴乃發找了一陣子以後，發現文件早已不在原處，於是又打手機向貞政豪孝確認，他發一面找資料一面與貞政豪孝對談，深皺眉頭的他臉色愈見凝重，當然一旁的Doris仍舊「孝呆」中，她側對著貴乃發微微傾頭偷看著他另一面小聲念著：「這個日本人不知道是好是壞！可是他都進來那麼久了，我打電話去給辦公室，這樣主任不把我唸死才怪！管他的！小心一點不要給他拿走什麼就好了，這樣就神不知鬼不覺了」

貴乃發掛上了電話，準備向Doris提出疑問，正當他轉過身時，碰巧兩雙眼睛就這麼對上了，不過Doris的眼神仍是窺竊的，人側身對著貴乃發，眼睛微微地偷瞄著他，貴乃發心底一陣毛，不過他還是詢問Doris：「請問你有見到一份A4大小、紅色封面的卷宗夾嗎？」貴乃發一面比劃著文件大小與厚度慢慢地問。

Doris皺著眉、微縮、傾著頭認眞地聽著，但仍然霧煞煞的她終究得識著去理解，因此她接著就說「派謝，安ㄋ一安ㄋ一」，兩手跟著貴乃發比劃著，不過不久Doris終於只能宣告投降猛搖著頭，並將兩手改在耳邊晃動表示聽不懂。

貴乃發見樣心感不妙，聲音逐漸變小，於是只好自言自語地假裝著說：「抱歉了，那我再問清楚好了。」雖然早知道房務員聽不懂日文，貴乃發還是佯裝她會懂得心情繼續說著，以免自覺氣氛愈形尷尬。他又找了一次，確定桌子周圍都無蹤跡後，便離開了客房，留下錯愕與眞的自覺尷尬的房務員。

「好加在！（拍了拍胸脯）厂一露日本仔造阿！不然伊在講啥啊！聽也聽不懂。」Doris吐了口大氣雖覺尷尬，之後還是繼續著她未完成的部分。

Doris開始客房與客廳的清潔。首先從雙人床開始，延伸到嬰兒床的整理，客房完成後，將客廳散落的沙發靠墊歸位與適當的拍打調整，最後書桌、電視櫃等作一整理擦拭。

個案檢討

1.假若您在浴室中清潔時，並未留意到陌生人（假設爲小偷）已進入客房偷竊物品，事後住客反應有貴重物品遺竊，身爲房務員的您應該如何自我澄清？旅館內是否能證明偷竊者另有他人呢？

2.客房房務員應當在清潔續住房時，由於旅館人員出入複雜應留意哪些事項？以免造成旅館內住客之損失。

3.客房房務員應當在清潔續住房與C/O房時，應留意客房內的哪些設備？以免造成旅館之損失。

第五章　客房清潔後之檢查標準

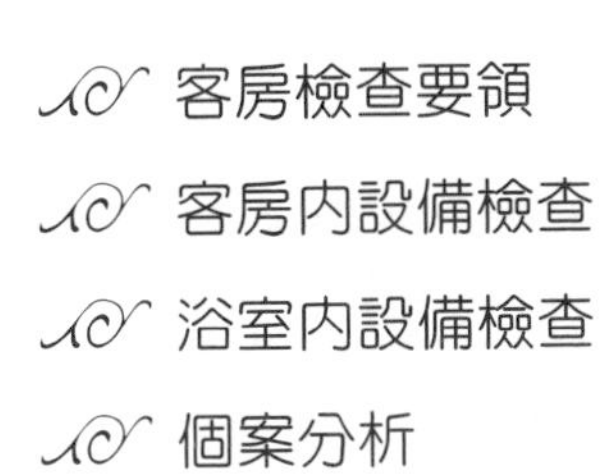

- 客房檢查要領
- 客房內設備檢查
- 浴室內設備檢查
- 個案分析

客房清潔後的檢查標準制定，可及時改善設備不全所產生的問題，並且避免備品遺漏補充之種種缺失，而房務部門中領班就扮演著客房清潔後檢查的重要角色。他們除了須具備相當豐富的房務專業知識外，也應須具備著耐心、細心與一絲不苟的人格特質，故領班在房務部門扮演的是一位「挑剔執行者」的角色，其主要的工作爲客房清潔後之檢查，也就是當房務人員整理好房間後，再作最後的檢查工作即再次確認（Reconfirm）的動作。當領班確認客房都是在良好的狀態之後，就可向房務部辦公室報告客房的最新狀況，即所謂的OK Room（可供住宿之客房）。一般而言，在顧客抵達旅館辦理住房後，會有很多時間是在客房內渡過，因此，當旅館提供不盡完善的設備與服務時，都將會造成顧客的不便與抱怨，亦會直接影響顧客對旅館印象之優劣。本章分三部分說明，首先介紹客房檢查要領，其次介紹客房內設備之檢查重點，進而說明浴室內設備之檢查重點。

第一節　客房檢查要領

領班每日基本工作爲——查房，爲房客之住宿品質把關，而查房須具備的基本原則、客房狀況的掌握、平日報表的塡寫作業，設備發生故障時如何塡寫請修單，寫完後，請修單應送至工程部等作業，都是身爲專業領班應當瞭解的基本概念，運用嚴格謹愼的態度審視客房的各個角落，以求房客能有個舒適清潔的住宿環境。

一、客房檢查基本原則

客房內的設備不論是臥室或浴室的小細節處，掌握客房檢查必須保持的七大基本原則，茲說明如下：

1.使用有效的檢視方式：可以手電筒、白手套作輔助，用側視方式可發現易疏忽之清潔漏洞（如：玻璃杯的手指印…等）

2.循序檢查原則：由上而下→由外到內→左右觀望，動作均需由同一方向開始逐一檢查，以避免遺漏檢查。

3.必須具備「五到」：查房作業時必須要做到眼到、耳到、鼻到、手到和心到。

4.特別注意檢查不易保持清潔的部分，如馬桶、垃圾桶等。

5.不要忘記檢查房間門（例如，手把、門扣）、安全門、自動鎖、警報器的狀況。

6.查房之狀況記錄：在「客房檢查紀錄表」（如表5-1）上記錄每一間客房的檢查狀況，以方便查詢。

7.發現任何髒損的家具及備品，馬上擦拭或更換，發現任何破損，應立即要求修復，並於修復後馬上執行複檢動作。

二、掌控客房狀況

樓層領班與值班房務人員應隨時掌握該樓層之房間狀況，訊息來源除了房務辦公室提供之報表外，亦可在整理房間時得知該房狀態，雙方應定時核對房間狀況以瞭解所有客房發生之變化（續住房→退房，已退之客房→報賣空房，空房→客人遷入或因故

表5-1　客房檢查紀錄表

房號：　　　　　　　　　　　　　　　　　　日期：

	客房項目	指標出處				客房項目	指標出處		
		良好	尚可	差			良好	尚可	差
1	門扇／門牌／門扣／門撐				1	門扇／門牌／門擋／掛勾			
2	請勿打擾燈／門鈴／打掃燈／逃生圖				2	浴缸／扶手把			
3	玄關崁燈／電源盒／小夜燈				3	浴缸鏡／浴巾架			
4	衣櫥／置物架／洗衣單置物架				4	洗臉盆／毛巾架			
5	穿衣鏡				5	浴鏡／鏡框／浴鏡燈			
6	控溫器／風速器／出風口				6	小電視／電話			
7	照畫燈／壁畫				7	吹風機／刮鬍鏡			
8	行李架／護板				8	體重計／垃圾桶			
9	電視櫃				9	馬桶／小垃圾桶／壁畫			
10	冰箱櫃				10	浴室出風口			
11	書桌／書桌鏡／書桌椅／桌燈／電話／垃圾桶				11	淋浴間			
					12	淋浴間門扇／門把			
12	紗窗簾／厚窗簾／窗簾桿				13	皂架			
13	氣窗玻璃／窗台				14	蓮蓬頭／軟管／立桿			
14	立燈／燈罩				15	地板／落水口蓋板			
15	壁畫				16	備品			
16	沙發椅／椅墊／墊腳椅								
17	床裙／床墊／床罩								
18	裝飾枕／木棉枕／羽毛枕								
19	床頭板								
20	床頭櫃／床頭燈／燈罩／電話／便條夾／手電筒／雜誌								
21	五斗櫃／熱水瓶／保險箱								
22	天花板								
23	壁紙								
24	踢腳板								
25	地毯								
26	灑水蓋								
27	煙霧感知器								
28	整體滿意度								

備註：

檢查者：　　　　　　　　　　　　　　　　　　經理：

停賣）。

(一)續住房（Occupied）

房務人員整理續住房後，領班仍須查看續住房之整理情形，有時雖無機會進入，但仍要由房務人員告知客房狀況，若已無房客之隨身行李，應隨時告知領班，以防逃帳之情事發生。檢查要點：

1.客人行李之多寡，行為是否異常。
2.住房之人數：人數已註明於房間報表上（Room Report）。
3.房內是否有危險物品。
4.客人是否未歸：未歸則應於報表上註明外宿（Sleep Out），以便追查。

(二)已退之客房（Check Out）

當客人退房，樓層領班應立即進入客房查看，若發生任何情況，即可在第一時間處理。當房務人員整理完後，應檢查已退客房是否已整理為可賣房之狀態。

1.查看房客是否使用迷你吧（Mini Bar），若有使用之情況，應立即入帳。
2.客人是否有遺留物。
3.房內裝備是否有損壞。
4.房客是否帶走（Walk Out）旅館財產，例如毛巾類、浴袍或開瓶器等。
5.房務人員是否按規定進行整理作業。

(三)空房（Vacant）

每天早上應查看空房之狀態，確定客房未被使用，且爲可賣房之狀態（Available）。而報表上註記之空房可能已有房客住進然而櫃檯未將房客資料輸入，導致報表資料錯誤，或者房客辦理完遷入手續（Check-In）後，突然換房而未通知房務部，導致房間已被使用而未整理爲可賣房，甚至可能因爲設備損壞而要將房間狀況改爲故障房…等等。爲了避免上述情況發生，因此，領班每天應對空房作例行之檢查。

(四)故障房（O.O.O.）

故障房會造成營收之損失，因此應追蹤故障房的報修情形，以期房間能儘速報賣。

1.客房整修之工程是否如期進行。

2.故障房是否已轉爲可賣房之狀態。

三、客房報表（Room Report）作業

每個樓層的客房報表，每天須分三個時段填寫一聯二式（10：00、16：00、21：30），填寫完後應送交房務部辦公室。由房務辦事員核對電腦之房間狀況確認無誤後再轉送櫃檯簽收，取回一聯備查；若房間狀況與電腦記錄有出入時，應報告上級主管再作追蹤，以免造成重複遷入（Double C/I）或空房未賣出。

(一)10：00之客房報表

1.續住（Occupied）。

續住房若已進入查看，並且確定住宿之人數時，則於該欄註明人數；若客人掛請勿打擾牌，無法進入則打勾作紀錄，並於備註欄上註明DND，以示區別。

2.退房（Check Out）。

客人已結帳離開，房間尚未整理完成，則勾C/O欄。

3.空房（Vacant）可賣之空房，則勾在VAC欄。

4.外宿（Sleep Out）。

若客人外宿未歸，註明S/O，並由房務部通知大廳副理，以便追查客人之情形。

5.反鎖（Double Lock）。

客人房間反鎖(可由鎖孔觀察是否爲D/L)，則在D/L欄打勾。

6.故障房（Out of Order）。

房間故障報修或保留停賣者。

7.備註欄（Remark）。

房間有特殊狀況註明用。例如加床（Extra Bed）、故障房停賣原因、行李少（Light Bggage）、無行李（No Bggage）或館內使用（House Use）等。

(二)16：00之客房報表

填寫報表時應再確認房間狀態，已退之客房是否已整理爲可報賣之客房或爲空房是否已有住客遷入。

1.續住（Occupied）：有人住之房間勾在OCC。

2.退房（Check Out）：尚未整理完成或待修之房間。

3.空房（Vacant）：已報賣之空房，勾在VAC。

4.故障房（Out of Order）：整修、停賣之房間勾在O.O.O.。

5.備註欄（Remark）：註明停賣原因、加床（Extra Bed）、館內使用（House Use）。另外，一直掛著請勿打擾（Do Not Disturb）牌而無法整理之客房，應於房門底下縫隙處塞入通知單，註明DND並打勾，表示已塞入通知單（Notice）。

(三)21：30之客房報表

由晚上值班之房務人員填寫，房間狀況特別需要注意。續住房雖無法逐一進入查看，但由房務人員填寫之夜床報表可作爲重要依據（Turn Down Allocation Sheet）。報表錯誤會直接影響櫃檯作業，也將會造成客人重覆遷入（Double C/I）或客滿期間有空房未賣，影響旅館收入的情況。

因此當發現下列狀況，均須報告值班主管追查：

1.電腦報表上顯示續住房（OCC）但房間卻爲無人使用之狀態。

2.電腦報表上顯示空房（VAN）而房間卻已有房客住進。

四、故障物報修之介紹

查房時若發現設備故障須立即報請工程部進行維修，報修後必須隨時追蹤整修情形並記錄之，以免造成客人不便而產生抱怨，嚴重者會造成房客受傷。

報修之標準作業程序，茲說明如下：

(一)填寫請修單

1.填寫報修日期、時間、申請報修人員簽名，以方便歸檔及日後追蹤。

2.註明故障之房號，以方便工程人員前往維修。

3.明確地填寫故障房之狀況，以方便工程人員準備工具及器材，可節省來回往返之時間。

(二)報修單送至工程部

客房設備故障時，應先填寫報修單，再送至工程部。若狀況緊急而沒有時間填寫報修單，或在送報修單至工程部時，可先以電話通知報修，但事後仍需補填報修單。工程部接獲報修單後，必須將收到的時間及收單人員姓名，填寫在專用登記簿上，並將第二聯歸還報修單位。工程部將依報修之類別登記入檔，並分派相關之工程人員進行維修。

(三)維修之配合

當工程部指派工程人員進行維修時，房務人員應予以配合，且於修復完成後，應做再次檢查之確認。

1.開啓房門並掛「工程維護牌」，以方便辨識該房正進行工程維修。

2.維修完成後應做檢查之確認。

3.維修完成後，房務人員應在工程請修單之「檢修完成簽收」欄上簽名。

4.若維修完成後，弄髒、弄亂客房時，房務人員需再將現場清理乾淨，確認客房已整理爲清潔狀態，方可離開該客房。

旅館風格——卡帕多西亞的岩穴民宿

近年來台灣掀一股民宿風，現在台灣人出去旅遊，不一定是去住豪華的旅館，而是流行住可以體驗當地風情的民宿。在國外的民宿中，您是否有聽過洞穴民宿呢？現在就先爲您介紹這非常具有特色的卡帕多西亞的岩穴民宿。

卡帕多西亞位於土耳其中部，一公里又一公里、一山谷又一山谷，到處令人摒息的深谷、岩山、岩錐、地下建築、岩窟教堂以及修士小室。根據地質學家的研究，早在中新世至上新世時期，艾吉雅斯山、哈珊峰、哥洛峰等火山爆發的結果，將此地覆蓋了一層約一百至一百五十公尺厚的岩層，岩層中包含火山泥流、火山灰、玄武岩、砂岩等物質。受到河川、風力、洪水經年累月的沖刷與侵蝕，以及後續火山活動的影響，逐漸形成了卡帕多西亞獨特的地形景觀。

根據已出土的文物研判，卡帕多西亞文明早在史前時代即已展開，考古學家發掘出由石頭、獸骨、砂土製成的生活器具、武器和神像，以及使用原始工具挖空岩山內部軟岩的洞穴石屋。當時人們就已發現這裡的土質具有延展性，尤其與糞便混合之後特別肥沃，在這片土地的保護和滋養下，卡帕多西亞得以撐過各種的攻擊。

卡帕多西亞以造型各異的奇岩怪石著稱，有的像駱駝，有的像蘑菇，有的像煙囪，傳說精靈就住在煙囪造型的石頭內，所以被稱爲「仙人煙囪」。而「仙人煙囪」大多集中在濟爾維露天博物館。這個小鎮因陽具石錐而聞名，所以總能引人發出尷尬的笑聲。從外觀看來，這些石柱有許多小洞，走近一瞧，才發現石柱內部被挖空，成爲一間間屋子。

今天，卡帕多西亞的洞穴石屋已無人居住，少數石屋改裝成餐廳、旅館，當地人藉由傳統的穴居特色招攬遊客，使得卡帕多西亞成爲土耳其除伊斯坦堡外的第二大觀光區。

而在卡帕多西亞的旅館裡，有分四星級、五星級以及"S Class"。在此介紹的旅館是屬於"S class"的Ataman hotel。Ataman hotel已有200年的歷史了，五十年前這裡還是一間洞穴豪宅，十五年前擴建成旅館。在Ataman旅館裡，有三十三房間，七十六張床，和五位服務人員。如蜜月套房整間從岩石中鑿挖成形，抬頭看，天花板還留下手工雕琢凹凸不平的拙趣，雙人床擺在一個拱型凹洞內，在石壁上的暈黃燈光襯托下，不免給人洞房花燭夜的浪漫聯想。而在每個房間都有私人的浴室、直接自動電話、音樂、電視人造衛星系統、自然空氣調節、Minibar、吹風機等，另外還有三間餐廳（室內的容量一百一十人、户外的容量二百人）、大廳、酒吧、花園和提供洗衣服務。

資料來源：1.http：//www.atamanhotel.com。
2.《大地地理雜誌》，2003年9月號。
3.《TO’GO泛遊情報》，2003年6月號。

第二節　客房內設備檢查

旅館客房之臥室內主要設備不外乎有床、枕頭、沙發、書桌、燈具等等家具設備，所以在檢查臥室內所有設備時，應注意提供之布巾是否清潔或家具是否刮傷脫漆…等。

就客房之臥室檢查標準，茲說明如下：

一、床鋪之檢查

1.檢查床罩、被套、枕頭是否整潔、平順。
2.床罩、被套、枕頭應注意有無毛髮殘留或污漬、破損。
3.枕頭是否太扁或太膨。
4.布巾若察覺有異味應立即更換。
5.檢查床裙有否破損。
6.檢查床墊下是否藏有紙屑及灰塵。

二、燈具之檢查

1.查房時需將全部燈具開關打開，以確定所有燈具可正常使用。各樓層之備品室應需備有各種瓦數之燈泡，若發現燈泡不亮，事先檢查插頭是否脫落，再決定自行更換燈泡與否，這不但可增加效率，亦可節省報修之成本，但如果更換後仍未正常發亮時，此時，則應報請工程人員檢修。

2.檢查燈泡、燈罩是否有灰塵時，應以乾布擦拭，避免燈泡、燈罩因過熱遇水產生爆裂。

3.檢查燈罩是否清潔，且需把燈罩的接縫處移置於後方。

三、電話之檢查

1.電話及電話線應定期用酒精清潔，以保持衛生避免異味。

2.拿起話筒檢查有無訊號，假如無訊號時，則應檢查電話線是否脫落，可請總機幫忙測試或更換話機測試，以瞭解故障原因，再向工程部報修。

3.續住房必須注意留言燈是否操作正常；已退客房，若有電話留言，則應將留言燈取消。

四、書桌之檢查

1.文具夾等備品是否齊全。

2.書桌旁的垃圾桶內是否有垃圾或者髒污。

3.桌面有無灰塵。

4.煙灰缸是否乾淨。

五、迷你吧之檢查

1.檢查冰箱內飲料或酒類等數量是否符合旅館之規定數量，需特別注意是否為旅館所用之廠牌。

2.檢查所有迷你吧的東西是否有被使用過。例如，顏色透明的酒類有時會被打開喝掉，並加入水，所以檢查時必須注意開口是否有被開過的痕跡，以減少旅館的損失。

3.冰箱內是否保持清潔衛生。

4.檢查冰箱溫度之設定是否符合標準，以避免溫度太低或冰箱飲料因溫度過冷結凍。

5.水杯、酒杯等不可有指印或其他印痕等。

6.檢查免費提供之茶包、咖啡包是否依照規定擺放、數量是否正確。

六、電視之檢查

1.先使用電視遙控器按電源鍵（Power），以確定電源正常。有時可能是電源插頭脫落或遙控器電池太弱，在無法正常開啓時，可先檢查電源或更換電池。

2.查看影像、聲音是否正確。

3.付費電視（Pay TV）、電視網路（Internet On TV），通常會有一個接收控制盒，這些功能也要檢查，以確認功能正常。

七、衣櫥之檢查

1.衣櫥內自動開關燈是否操作正常。

2.衣櫥內之洗衣袋、洗衣單和衣架是否符合規定，需注意衣架及掛衣架之橫桿是否有積塵。

3.已退之客房若保險箱打不開時，須立即處理。

4.衣櫥內若有放置手電筒，必須查看是否正常可供使用。

5.須檢查衣櫥內之地板有無積塵。

八、窗簾之檢查

1.厚、薄兩簾是否乾淨無破損。
2.窗簾鉤是否鬆脫或窗簾繩是否操作正常。
3.窗戶的玻璃是否光亮以及無裂痕。
4.窗鎖是否關閉安全。

九、空氣調節之檢查

1.進入房內感受其空調是否舒適，若感覺到悶熱或冰冷，則應先查看調溫器之設定是否適中，若溫度太高或太低時，應予以調整，但若為客人特別之設定，切勿予以變更。
2.若溫度設定正常，房間空調仍有不適，則應檢查開關是否在關（OFF）的狀態中，並檢查馬達轉速之設定，強“H”（High）、中“M”（Middle）、弱“L”（Low）是否正常，若有問題時，則應報工程部檢修。
3.檢查出風口是否發出噪音、藏有灰塵或被塞進異物。

十、牆壁之檢查

1.壁紙和牆邊，若有灰塵或污漬，房務員必須擦拭乾淨。
2.壁畫之懸掛是否正常或有積塵。
3.牆壁上的燈座是否有手指印或污漬。
4.房內牆壁若有裂痕、破損，均須報請工程部檢修。

十一、地毯之檢查

1.注意地毯死角是否有積塵。

2.清潔的程度是否達到標準，尤其是床腳、床頭櫃等地方較易積塵處。

3.地毯若太髒或有污漬，例如咖啡漬或茶漬時，則應報告領班，請其派員清洗地毯。

4.若因房客使用不慎導致地毯嚴重損毀，則應拍照存底並且向該房客申請賠償。

十二、天花板之檢查

1.天花板若有裂痕、破損、漏水之現象，均須報請工程部檢修。

2.是否有積塵或蜘蛛網。

十三、房門之檢查

1.在開關房門時有無聲響、房門是否可以自動關閉以及停在定開的狀況。

2.門框是否乾淨無灰塵。

3.房門雙重鎖操作是否正常以及門鎖轉動是否靈活。

4.留意防盜眼、防盜鏈是否安全牢固。

5.早餐卡、請勿打擾牌／請整理房間牌是否懸掛於門把上。

專欄5-1　生命中的缺口

作者／張忠謀

在一個講究包裝的社會裡，我們常禁不住羨慕別人光鮮華麗的外表，而對自己的欠缺耿耿於懷。但就我多年觀察，我發現沒有一個人的生命是完整無缺的，人多少少了一些東西。有人夫妻恩愛、月入數十萬，卻是有嚴重的不孕症；有人才貌雙全、能幹多才，情字路上卻是坎坷難行；有人家財萬貫，卻是子孫不孝；有人看似好命，卻是一輩子腦袋空空。

每個人的生命，都被上蒼劃上了一道缺口，你不想要它，它卻如影隨形。以前我也痛恨我人生中的缺失，但現在我卻能寬心接受，因爲我體認到生命中的缺口，彷若我們背上的一根刺，時時提醒我們謙卑，要懂得憐恤。

若沒有苦難，我們會驕傲，沒有滄桑，我們不會以同理心去安慰不幸的人。我也相信，人生不要太圓滿，有個缺口讓福氣流向別人是很美的一件事，你不需擁有全部的東西，若你樣樣俱全，管別人吃什麼呢？也體認到每個生命都有欠缺，我也不會再與人作無謂的比較，反而更能珍惜自己所擁有的一切。猶記得我那可稱爲台灣阿信的企業家姑媽，在年近七旬遁入空門前告訴我：「這輩子所結交的達官顯貴不知凡幾，他們的外表實在都令人豔羨，但深究其裡，每個人都有一本很難唸的經，甚至苦不堪言。」

所以，不要再去羨慕別人如何如何，好好數算上天給你的恩典，你會發現你所擁有的絕對比沒有的要多出許多，而缺失的那一部分，雖不可愛，卻也是你生命的一部分，接受它且善待它，你的人生會快樂豁達許多。如果你是一個蚌，你願意受盡一生痛苦而凝結一粒珍珠，還是不要珍珠，寧願舒舒服服的活著？如果你是一隻老鼠，你突然發覺你已被關進捕鼠籠，而你前面有一塊香噴噴的蛋糕，這時，你究竟是吃還是不吃呢？

早期的撲滿都是陶器，一旦存滿了錢，就要被人敲碎；如果有這麼一隻撲滿，一直沒有錢投進來，一直瓦全到今天，他就成了貴重的古董，你願意做哪一種撲滿？你每想到一次就記下你的答案，直到有一天你的答案不再變動，那就是你成熟了。

第三節　浴室內設備檢查

浴室內設備不外乎浴缸、馬桶、洗臉盆、鏡子、淋浴間等等。就一般客房浴室的檢查重點，茲說明如下：

一、洗臉檯及浴缸之檢查

1.將洗臉檯及浴缸之冷、熱水龍頭打開，分別一一測試，方可得知水量大小、溫度是否正常

2.洗臉檯旁的飲水管應按壓測試，出水量是否適中，而且應每天放水，以保持飲水之潔淨。

3.測試後以乾抹布擦乾不可殘留水漬。

4.需注意洗臉檯及浴缸內之水塞拉桿是否順暢、水塞高度是否恰當，並且注意有無堆積毛髮。

5.所有銅器，如水龍頭、飲水管是否保持清潔。

6.皂碟是否有裂痕或皂漬。

7.腳踏墊必須保持乾燥，不可有毛髮殘留。

8.浴缸、洗臉檯周圍不可有水漬、灰塵之殘留。

9.曬衣繩是否無損壞，並且沒有髒污。

10.浴簾桿要保持無灰塵。

11.浴簾是否有異味或發霉。若有，則必須送洗更新。

二、鏡子之檢查

1.是否有積塵、指痕及污漬。

2.是否破裂。

三、馬桶的檢查

1.檢查馬桶蓋板、座板是否故障或脫落。
2.馬桶蓋內外側是否殘留污漬，例如尿跡或清潔劑。
3.檢查沖水是否正常，以避免異物阻塞而無法使用。
4.手按清潔鍵是否太緊或太鬆，操作是否正常。
5.馬桶的四周地板是否有毛髮殘留。

四、淋浴間之檢查

1.淋浴間之冷、熱水龍頭及蓮蓬頭，皆要測試水量、溫度是否正常。
2.注意水壓是否穩定，否則客人洗澡時忽冷忽熱，會造成客人之抱怨。
3.淋浴間之牆壁、玻璃門不可有水漬及皀漬，並且必須保持乾燥。
4.淋浴間地板應用清潔劑清理，以免皀漬、體垢殘留。

五、浴室備品之檢查

1.毛巾類與消耗品（例如，沐浴乳、洗髮精等等）是否補足。
2.備品擺放位置是否符合標準。
3.垃圾桶內是否有垃圾以及是否有髒污。
4.吹風機是否正常運作。

六、排水之檢查

1.檢查洗臉盆、浴缸、馬桶、地板等排水速度是否正常，以避免客人用水過多而造成淹水事件。

2.通常用水、排水之檢查需靠清理人員來測試，當整理完成，領班對於檢測客房之機率較低，所以一發現有問題時，應立即告知領班報修。

七、天花板之檢查

1.是否有積塵或蜘蛛網。

2.天花板若有裂痕、破損、漏水或小水泡的現象發生，均需報請工程部檢修。

專欄5-2 房務小百科——客房物品清潔保養處理方法

物品名稱	清潔保養處理方法
臥室	
電視	電視螢幕不要用酒精等有機溶劑擦拭，以免損壞。而電視機本身都會產生大量的靜電，所以千萬忌用濕布清潔，應利用除塵清潔噴劑及乾布清潔。
藤竹家具	平時若疏於保養的話，往往會累積一層厚厚的灰塵在接縫處，使家具看起來變得十分老舊，所以平時一定要經常使用細刷把縫裡的灰塵清除，並且定期的塗上家具專用軟蠟，增加其本身的潤色與光澤。而且藤竹家具很容易長蛀蟲，如果發現小孔四周有粉狀掉落，應該及早噴上殺蟲劑。
玻璃窗	擦拭透明玻璃窗時，以報紙沾水擰乾後再擦拭即可乾淨地清除髒污，再用乾報紙擦拭一次。

物品名稱	清潔保養處理方法
玻璃碎片	若在和室房或浴室將玻璃杯打破時，有兩種處理方法： 1.首先應戴上橡皮手套將較大的碎片取下，再用吸塵器吸取，最後用報紙將碎片包起來，放於垃圾袋內並註明「內有玻璃碎片」。 2.因碎片可能會嵌入榻榻米或地板的細縫中，用掃的或擦的清理方式都很危險。此時亦可用膠帶，使細小的玻璃碎片粘著於膠帶上，便能乾淨地取走碎片。
窗户框	窗户溝聚集了灰塵、泥土時，可以利用小型的掃把或吸塵器細管來清除。 1.木框：須將木框擦乾並且上蠟，擦乾是避免水氣殘留在木頭裡，導致腐敗現象。至於乾擦沒有辦法處理的污痕，則以洗潔劑擦拭，並用清水清除。 2.鋁或鐵製框：可以利用萬能清潔布來清潔，但要小心別讓布接觸到玻璃，因爲化學殘留物會傷害玻璃。
門	平時只要以毛刷或吸塵器的吸管吸除灰塵，並且經常地乾擦。至於不易清除的污垢，可利用一般的洗潔劑來擦除。 1.白木、塗過青漆的門，最好不要常用洗潔劑來擦洗，這樣對門是一種很大的損傷，所以最簡單的處理方式就是乾擦後再上蠟。 2.金屬門可以打上汽車軟蠟來保持其光亮潔淨，尤其金屬的門把可以利用布沾上金屬清潔劑或牙刷、牙膏來擦拭。
牆壁	如果牆壁有手垢時，可利用橡皮擦來處理，特別是貼上布或壁紙的牆壁，可以用輕輕拍拭的方式清除灰塵。白木牆應盡量避免用水或洗潔劑擦拭，可以用布沾稀釋的洗潔劑再乾擦後上一層保護蠟。
天花板	平時的保養可用舊毛巾或絲襪包住掃把來清理灰塵，尤其角落更要仔細處理。有凹凸孔防噪音的天花板可以使用吸塵器的吸管刷掃除，遇到蜘蛛網時利用梯子和濕布把黏在牆壁上的蜘蛛網擦除掉。若發現天花板有黑點出現，尤其在燈具四周，這是蒼蠅的排泄物，可利用鋼絲絨球或砂紙來清除。此外，如果天花板漏水，則要小心漏水所產生的污斑，可試著用稀釋的漂白劑去除看看。

物品名稱	清潔保養處理方法
浴室	
水龍頭	要磨亮水龍頭，可以用白醋來擦拭，可使之光潔無比。
磁磚	如果是以白水泥填縫，經過長久時間後，產生泛黃是必然的事。在浴室的洗臉盆、浴缸與磁磚的接縫處通常使用防水膠填充，而這種速利康屬於酸性物質，日久自然會發黃甚至有長青苔的現象。除非是本身磁磚的吸水率過高導致永久性變色，否則磁磚本身是沒問題的。
磁磚霉斑	浴室磁磚最易長霉斑，須先將消毒酒精噴在磚縫上，待霉積浮出，再用舊牙刷擦除，乾後可利用白臘燭在磚縫上塗抹數次，如此可隔離水氣有防霉防垢作用。
排水口	排水口不通暢，可倒進濃濃的鹽酸，稍等二十分鐘後，再用熱水沖下，便立時通暢。

※資料來源：作者整理

第四節　個案分析

給愛麗絲——鬼影幢幢

「Mark，請Kitty（晚班房務員）到509補餅乾一包、小毛一條、枕頭套重新換過，告訴她，我待會會回來檢查，謝謝。」

時間很快地到了下午五點，最近颱風要來，晚霞總特別的炫目，不過相對的那大大片的雷雲也毫不客氣地占領天空的大半，只是這下更使得鑲著金邊的雲朵，偶爾伴隨幾聲悶雷，而這鑲上金邊的那幾片雲朵固定地還會意外綻放出閃電帶來的銀光……

「轉、轉、轉，天旋地轉地不停轉，擦、擦、擦，手臂大腿的肌肉緊繃還在擦。今晚的C/I房只剩五間還沒檢查，我終於要成功啦！」忙了一整天的領班心裡暗爲自己加油著。

「前進下一間410！耶！耶！」心中搖擺著加油的旗幟高聲吶喊著。

領班雖然年紀已邁入三十九年關，但從前年輕的時候，她的導師曾經說過，人要時保赤子自然之心，才能永保青春快樂，不過，這種心態好像赤子過了頭喔！領班愉悅地拿著Key-Card來到410的門口停下……

「叩叩叩……Housekeeping！」領班伸出了長長地耳朵，把左臉貼近門板一會兒後，再次敲了敲門確認一次，「叩叩叩……Housekeeping！」同時她也將Key-Card插入刷卡的門把部分，此時，外頭的一道閃電「轟隆地」帶來極大的午後陣雨，她會心地笑了笑便開門進到客房裡。

「登啦、登啦、登啦、登啦登啦啦……」，這「給愛麗絲」的樂音忽遠忽近地、不規則地、忽大忽小地從領班踏入客房的第一腳就不自然的響起，東傳來、西傳著的，就在此時一陣陰冷潮濕的風吹向剛踏進客房的領班，一種莫名的聲音——呼嘯和哀嚎，像是有人淒厲地哭著絕望的音調，大點的雨點敲打烏黑昏暗的窗子，這陣風吹得心裡一陣毛。

「不怕！不怕！」

「轟隆～～」閃電、雷公合鳴。

「哎喔!價恐怖……明人不作暗事，水郎攏遇到好事，免驚免驚！」領班拍了拍胸口，捏了捏耳珠，自言自語地說著，心臟都快跳出來了，房間還是得尋完（即檢查之意）才能回家。

她心想「要不打個電話給Mark壯個膽」，不過她雙腳早不聽使喚地抖動，勉強走向離自己最近的客廳沙發邊打電話，不過，

「那聲音怎麼越來越近，好像有點熟悉。」

她鼓起勇氣拿起話筒，果然……

沒錯這是電話沒掛好的「給愛麗絲」音樂——「登啦、登啦、登啦、登啦登啦啦……」

「嚇死人啦！Oh！My God！聖母瑪麗亞保佑！」她一邊想著一邊畫十字形祈禱手勢，另一邊將電話掛好，可是怎麼還有這足以嚇死人的「給愛麗絲」樂音有氣無力的忽遠忽近、忽大忽小的傳來，而且還有陰冷潮濕的風和像是呼嘯聲的聲音，「啊！」她瞬間看向另一間臥房裡一扇對角的窗戶。

「厚～做完房間，怎麼老是忘了關上窗子！」窗子關上後，感覺好多了，心臟也跳得快沒力了，只剩下「給愛麗絲」的電話樂音迴盪在空氣中。可是怎麼在空氣中還有一種哀嚎的聲音呢！間間斷斷，像是人哭到嗚咽的泣鳴聲，她心疑著，並倒吸一口氣說：

「太恐怖了，不行！我一定要冷靜！冷靜！再冷靜！吸氣~~吐氣，呼～～」

「咳！咳！！咳咳」

「派謝，一不小心被口水嗆到」，領班一面咳嗽一面想著，另外一面拍拍她自己的心臟，捏捏自己的耳珠。馬上她想：「豁出去了！全部檢查一次電器用品再說！」

先檢查所有電話是否已掛好！到浴室口推開浴室門的同時，發現浴室內的電話掉下來了，仔細聽才發現，連抽屜裡的吹風機也「嗚嗚…」的嗚咽著，領班連忙掛上那讓人心煩恐懼的陰森電話，結束了「給愛麗絲」，再來著手處理那台老躲在抽屜裡嗚嗚咽咽的吹風機。

「哎呦！好燙！」領班右手拉開抽屜，拿起嗚咽中的吹風機，左手食指不小心碰到前頭就趕緊縮了回來，當然免不了遭到小小的燙傷，她關上吹風機，想要再開啓它測試時卻不響了！

「Mark，請阿姨帶一台吹風機到這間客房更新。」(領班以爲這吹風機故障了。)

這當然不會是故障，因爲，正當走出房門的同時那支吹風機又響起來。(因爲領班沒關上吹風機的開關)

眞相分析

1.電話之所以會有氣無力、忽遠忽近、忽大忽小是因響過久造成音質的變化。

2.吹風機是自動斷電的，降溫以後會不固定作響。

個案檢討

1.請問您是否遇過類似此篇案例的情況呢？您當時的解決方法爲何？請與大家共同分享。

2.假使您爲本篇的主角，請問當您一發現如上述之客房異常時您會如何處理？是否有避免情緒無法冷靜的更好建議與相關的心理建設。

第六章　訂房作業認識

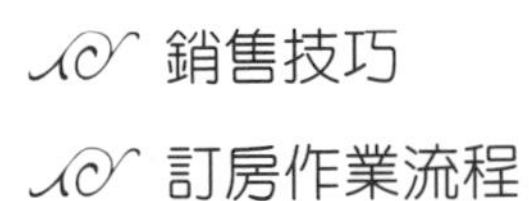

- 銷售技巧
- 訂房作業流程
- 訂房控制管理
- 訂房報表及狀況之處理
- 個案分析

旅館客房預訂是旅館與客人建立良好關係的開始，也是旅館業一項重要行銷工具，良好的行銷技巧可以確保旅館的營業收入。因此，旅館須有一套周全的訂房系統，使客人輕易的由免費電話號碼或電腦網路去預訂房間。旅館基於希望客人能再度光臨，增加營業收入，故一套周全的訂房系統必須能有效的運作、處理和確定資訊等功能。反之，若訂房系統作業不佳，將使整個訂房作業受到負面的影響。如旅館常採取的超額訂房（Overbooking），其雖能讓旅館達到百分百之住房率，但若處理不當，則會引起顧客抱怨，故如何提高旅館工作效率與收入且又能讓旅客滿意，這是訂房部門努力達成的目標。爲達上述之目標，本章首先介紹銷售技巧；其次爲訂房作業流程；爾後說明客房控制管理與訂房控制管理；進而分享訂房報表及狀況之處理；最後則爲個案探討與問題分析。

第一節　銷售技巧

一、熟悉旅館產品

不論是與客人面對面或是透過電話與客人接觸從而進行銷售，訂房人員皆需熟悉旅館本身的產品，茲說明如下：

1.瞭解旅館的所在位置，將客人清楚明確的引導至旅館，假使連客人都無法抵達旅館，之後的所有行銷技巧皆爲空談；旅館的服務人員在服務過程當中，常會遇見客人詢問如何抵達旅館（即旅館的所在位置）。

首先應先瞭解客人要以何種方式抵達旅館：

(1)客人若搭公車有幾種路線可以選擇，下車的站牌名爲何。

(2)搭捷運要搭哪一條線，何站下車及如何轉乘。

(3)自行開車，從高速公路、北二高或其他省道要在哪一個交流道下，並且如何接市區道路到旅館。

(4)搭飛機、船舶或火車時，是否有接泊車至航站口接送，若無接泊服務時，客人應如何抵達旅館的方式。

2.旅館共有多少間客房、客房的位置與房號的配合、房間型態、各房間的視野、床鋪的大小、房內附屬的家具，甚至裝潢及其他特色等皆需瞭解。

當客人住宿前，旅館一定要瞭解產品是否符合客人需求，若銷售人員連產品本身都認識不清，如何能夠充分的爲客人量身訂作出符合客人需求的產品，使客人能花錢消費並且安心的使用。若服務人員對於產品不熟悉時，不但無法闡明產品特色並向客人作一強力推薦，還很有可能安排錯誤造成顧客抱怨。對於客房，客人最在乎的不外乎如：客房浴室是否有按摩浴缸、吹風機、咖啡壺、保險箱、房間內是否可直接上網等細節。身爲旅館的從業人員一定要對旅館內所有客房型態有相當程度的瞭解，分析顧客提出的需求，逐一篩選，爲顧客找出最符合其需求的客房。

3.對於各餐廳主要提供的菜色口味、平均售價、營業時間等亦需熟記。

4.對於旅館內各營業點的時間及收費情況亦需熟記。

5.對於旅館周圍有何特色景點或特殊節慶的活動亦需瞭解。

二、向上銷售的技巧

向上銷售的技巧是很常見的推銷技巧，主要包括下列三大項，茲說明如下：

(一)價錢提高一點點（Add-Up）

此處所指的技巧在於讓客人在原有的產品上，再加一點點錢便可購買到更好的產品，當然操作時有幾項重點需特別注意。方式如下：

1.提供一個更合適的產品給客人。
2.只要陳述再多一點價錢便可有更高的享受。
3.不要陳述總價錢。
4.只要告訴客人再增加的金額數。

例如：當客人訂了一間一般的客房，當他來到櫃檯準備C/I時，由於這位客人感覺起來像商務旅客，此時服務人員便可詢問客人是否願意加一點點錢更換。

(1)比原訂房更適合的房間，並且描述之。
(2)若住該房間只要比原來的房價再加一點點，便可得到更高級的享受。
(3)不應將總價錢告訴客人，以免客人會感覺很貴。
(4)只要告知客人再增加的金額數時，客人不會一下子被多出來的一大筆錢嚇到而打退堂鼓。

然而爲什麼只用增加的一點點金額而不談總數呢？因爲只用增加的金額來告知客人，會使客人感覺價格沒那麼貴。

(二)從價錢高的開始賣起（Top-Down）

剛開始提供價格高一點的產品，並且描述優點及特色

1.詢問客人購買的意願。

2.若客人拒絕所提的建議，則需提供次一級較便宜的產品直到客人滿意為止。

當遇到Walk-In的客人時，使用此方法特別有效，因為一般Walk-In客人或許要的是最好的房間，此時我們就可以把最好也相對最貴的房間先賣，此外通常第一個建議會讓人感覺那是最好的建議。依照客人習性通常在服務人員描述到第三個之前，便會有所決定。

(三)供選擇性的（Alternative）

1.提供低中高三種不同價格的產品供客人選擇。

2.描述各項產品的特色。

3.詢問客人的期望。

當服務人員提出不同項目供選擇時，會讓客人覺得一切都在自己的控制之中，並不是在服務人員猛力的推銷之下所做的選擇，而且通常客人都會選擇中間價錢的產品居多。

三、增銷（Upsell）

增銷是指當預定了某種客房的旅客到達旅館後，櫃檯人員運用促銷技巧說服客人，使其願意增加支出，而入住更高一級的客房。訂房部則是指當顧客透過電話預定某種客房時，經由訂房組人員運用促銷技巧，使其願意訂更高一級的客房。

(一)為什麼需要Upsell

旅館所銷售對象是通過電話預定客房的直接客戶和各類公司，而訂房人員和前檯人員的銷售對象是有區別的。銷售價格是根據市場供需而異，因此訂房人員和前檯人員必須透過大量的市場銷售工作來進一步增加銷售收入。一項好的銷售計畫可立刻提高一百到三百元的平均收入，增銷收入對底線價格有著巨大的影響。假如有一項好的銷售計畫，且業務人員做好銷售工作，則旅館的前檯和訂房組的銷售收入就可達到每月五十萬至六十萬元。不增加收入就等於減少收入。如果旅館沒有增加銷售收入，就等於每月白白損失五十萬至六十萬元。

(二)旅館需要基本條件如下，才能成功的實施Upsell

1.旅館需要有充足潛在的增銷客源，即FIT顧客（散客）。

2.團體顧客或空勤人員不能視爲增銷客源。如果前兩者只占旅館客源的很小一部分，而旅館又有充足潛在的增銷客源，即可實施增銷計劃。

3.旅館需要有充足的增銷產品，如套房、總統套房或其他不同於標準房的客房。

4.旅館須實施增銷獎勵計劃，以確保增銷計劃能使旅館長期受益。

5.培訓有效的專業技巧。

(三)制定獎勵制度

建議旅館從增銷收入中提取至少5%的金額，作爲對創造增銷收入員工的個人獎勵。其目的是爲了在員工培訓結束後，確保旅館的增銷工作能夠繼續下去。

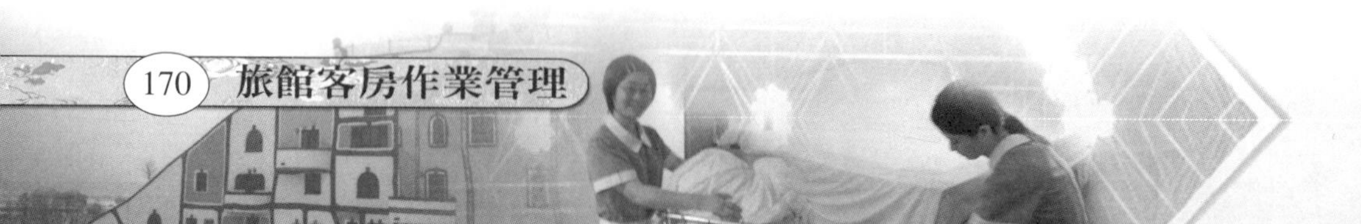

四、客房銷售控制

(一)最佳的客房銷售方式

最佳的客房銷售乃是在一天結束時無空房的狀態，但是如能持續維持高住房率且具高利潤，是旅館業應努力的重點。

(二)超額訂房與客滿

旅館爲求客滿，在接受時酌量超收是必要的，然而客滿並非不可計算與不可控制的。通常每天可容許的超收比率尚無一定的數據，而是依訂房旅客的「不出現率（No Show）」，再參酌旅客的平均住宿天數，才能決定；如控制得當，可爲旅館爭取更多的利潤。

(三)訂金制度與訂房的推廣

隨著旅遊風氣的興盛及信用卡的普及，訂金的收取與保證訂房，已不會再增加訂房作業上任何的困擾，事實上可成爲雙方利益的最佳保障，是非常值得推廣的作業方式之一。因此訂房組在接受訂房時宜先向旅客講清楚說明白，才不致造成糾紛。其原則如下：

1.如果收取一日房租的訂金，除了雙方另有約定外，旅客所訂之房間應予保留到24小時。

2.如爲全程保證的訂房，除另有約定外，旅客在原訂的期間裡仍有權住宿；但未住部分之訂金將自動轉爲未住宿日之房租而不予退還。

3.有保證金之訂房如欲取消則應有一定之時限（通常爲到達當日下午六時前，但亦可雙方約定，視各旅館規定而定）。

4.只要訂房一經確認，旅館則必須滿足旅客住房的需求，在房間不足時，旅館有義務安排旅客轉住同級或更高級之旅館，如有必要打國際電話通知變更旅館等，一切費用由旅館負擔或給付差額（視各旅館規定而定）。

(四)淡旺季價格與附加價值

客房價格可依淡、旺季或假日、平時等作不同的報價，更重要的是將旅館住宿變成套裝旅遊（Package Tour）的一部分，以增加附加價值（Added Value）如訂套房贈市區半日遊或增加旅客舒適度。由於國際化趨勢，外籍旅客愈來愈多，爲方便接受國外訂房及加強國際銷售網，可以透過旅行社、電腦網路或直接與國外訂房公司、旅行社或連鎖系統，建立長期合作關係。

(五)銷售策略之訂定

客房銷售策略之訂定必須先瞭解市場現況，同業間營業之成長或衰退，考慮產品差異、定位及業務推廣之方式與預算，適度檢討並強化產品包裝與宣傳，如適時利用節日、連續假期、元旦或聖誕節設計特殊活動等，以吸引更多顧客光臨消費。因此，業績成長之要訣，在於隨時掌握顧客需求，瞭解市場動態，不斷檢討修正營運方針與策略，並加強產品的包裝銷售及服務水準，以滿足顧客需要，提升本身競爭力。

五、銷售後追蹤服務活動

在銷售之後聯絡顧客的方法如下：

1.寄送感謝卡。

2.寄送新的訊息。

3.寄送簡報資料或是其他有新聞價値的訊息，這些訊息或許能幫助他們對自己消費感到安心。

4.致電確認符合他們的需求。

5.致電感謝他們推薦。

6.邀請他們參加旅館特別慶祝之行銷活動等。

風格旅館——北京天子大酒店

您有住過「福祿壽」三位星爺的肚子裡嗎？在北京有一家旅館的外觀就是以福祿壽三星爲計設其重點。對於這棟奇怪的旅館建築，是否想體驗住看看呢，以下將簡單介紹此旅館。

毫無疑問，這是一座令人震驚的龐然大物。關於它自身的介紹單上，「三星高四○．六米，其設計爲世界首創，是目前世界最大的具有使用功能的象形建築，現已申報金氏世界紀錄」。而從此項目的開發商京郊房地產開發公司了解到，天子大酒店的設計師來自北京林業大學深圳分院。若不是因爲以這個酒店爲對象的一件作品出現在此次成都城市公共環境藝術論壇，沒人敢相信它在北京已經成爲事實。

爲什麼在一片歐式別墅區建如此具像的一個房子？據介紹，此地是昔日皇帝東巡時的御駕行宮，爲創造「目前獨一無二的」人文景致，「發思古之幽情」，故建福祿壽三星像。對於是否御駕行宮無從考證，私下裡忐忑不安的是，住進三位老神仙肚中會不會不敬？

京城奇景「福祿壽」天子大酒店，近日以「最大象形建築」榮登世界金氏記錄，並獲二○○一年金氏最佳項目獎。天子大酒店位於京東燕郊開發區太子莊園度假村內，其外形爲傳統「福祿壽」三星彩塑，由萬眾投資有限公司投資興建，於二○○一年五月十九日竣工並正式投入使用。天子大酒店以其恢宏的氣勢、獨特的造型、四○．六米的彩塑身高，表達出人們追求「幸福、進步、健康」的美好願望，飽含了中華民族五千年悠久文化的豐厚底蘊，也滲透了華夏文明的美好傳奇色彩，創造了京東的奇觀景象，令世人嘆爲觀止。

經上海大世界金氏總部的全面考察及現場審核，天子大酒店項目被評爲「大世界金氏之最」，入選「金氏大全」。本年度十一月十五日，由大世界金氏總部與中央電視台、上海東方電視台、雲南電視台以及昆明市政府，在昆明世博園聯合舉辦了「二○○一年『世博之夜』大世界金氏頒獎晚會」。天子大酒店項目在眾多「奇、絕、新、最」的項目中脫穎而出，被評為二○○一年度「大世界金氏最佳項目獎」，再度引發京城新聞媒體、旅遊界以及各建築網站得廣泛關注和討論熱潮。

在旅館房間部分，單面走廊，單面客房，標準間除了比一般酒店的小幾平方米外，其於設施一應俱全。酒店共十層，全部都在三位星爺身體裡，靠電梯和背部的走廊相連接，十層是還未裝修完畢的辦公會議室，九層是一套總統套房，八層以下是標準間，還有分布其間的普通套房和壽星手裡的「壽桃套房」。而住在「肚子」裡，不知採光如何，拉開窗簾發現，常規尺寸的窗沒什麼特別，但是由於窗外又包裹了一層殼兒，只能從花紋鏤空的部分看見天光，想必在白天也照不進多少陽光。據說，一般周末客人較多，大部分是北京和河北的居民。

資料來源：http：//www.bjyouth.com.cn/Bqb/20010809/GB/4700%5ED0809B6218.htm

（Archinfo新聞剪輯2001.11.26《ABBS》大陸）

第二節　訂房作業流程

訂房組是客人尚未抵達旅館前首先接觸的單位，而訂房人員之優劣則攸關旅館之客房收入與旅館整體服務形象，因此是扮演一個非常重要的角色。然而如何成為一位稱職的訂房人員，首先必須瞭解旅館本身的房間型態與各項設備，進而利用熟練的銷售技巧將旅館本身的特色介紹給客人。此外亦須熟練其作業流程如訂房之取消、延期或確認等動作，勿因個人之疏忽造成客人至旅館無房間之困擾等。故本節將介紹訂房作業流程，茲說明如下：

一、訂房作業流程

當旅館訂房部門接到訂房訊息後，應立即查閱訂房資料，由訂房控制表或查詢電腦即可瞭解目前是否仍有空房，以便作適當之處理。假如旅館礙於館內開會或舉辦研討會、展示會、服裝秀等活動，此時提供之會議或展示場地，必須先調查房間的適用狀況，再與餐飲、宴會及相關部門聯繫有關租用等事宜（如圖6-1）。

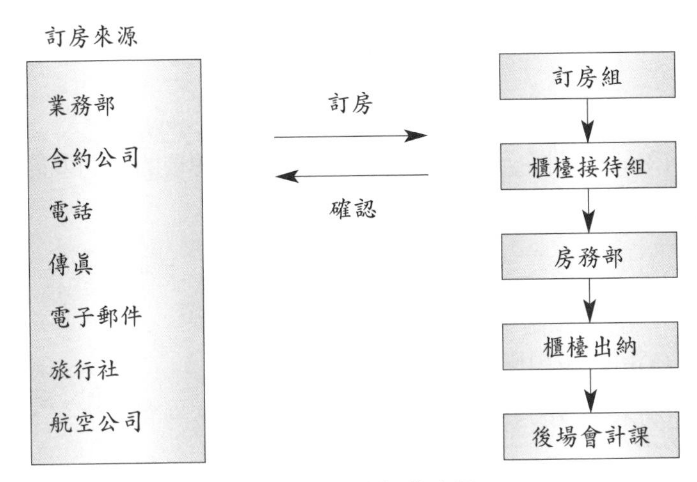

圖6-1　訂房作業流程

1.招呼語。例如：Good Morning, Reservation. Vicky Speaking. May I help you？

2.詢問對方是否爲合約公司或一般散客。

3.詢問客人住宿的日期以及房間型態。如是團體訂房須要再多問團號。

4.調閱訂房單及查詢電腦其住宿日期是否還有客房，先確認住宿天數，以利於控制房間的銷售。

(1)若有房間時，告知對方房價。如是訂房公司來電，則進入電腦查詢該公司的合約代號及合約價格。

(2)若客滿期間時，切記不要馬上地回絕客人，應向客人說明目前房間客滿，先將其訂房排列在等候名單（Waiting List）中，若有房間時，則會立即告知。

(3)若已經沒有客人所想要的房間型態時，則應委婉建議是否要改訂其他型態的房間。

5.詳細地介紹其房間型態、設備及坪數等等。

6.確定該期間有房間後，請問對方的資料包含：

(1)住宿者的中、英文姓名。

(2)住宿期間、天數、人數、房間數及想要的房間型態。

(3)房租內是否需要含早餐（如圖6-2）。

(4)是否需要接機或送機服務，如需要接機時，必須要問明客人所搭乘的班機各稱班次。

(5)房帳是由何人付款。

(6)來電者的姓名、聯絡電話及傳眞務必詢問清楚。

7.詢問住宿者是否有特殊要求，例如：靠近電梯附近的房間，若無法答應客人的要求時，務必告知實際情況並說明會盡量地幫客人安排。

早餐招待券
Complimentary Breakfast Coupon
請先將本餐券交予餐廳服務人員以憑供餐
Please present this coupon to the waiter/waitress before your order
房號 Room No ________ 姓名 Name ________
申請單位 Issuing Dept. ________ 日期 Date ________
松鶴廳供應時間:6:30AM-10:00AM
The Grand Garden Service hours
樂廊供應時間:7:00AM-11:00AM
The Lounge Service hours
限當日使用For use on above date only.
0252329
THE GRAND HOTEL
圓山大飯店

圖6-2　早餐券（台北圓山大飯店）

8.將其內容複述一次，以確認無誤。若為團體訂房，則須要求對方郵寄或傳真正式訂房單及團體名單。
9.謝謝對方的來電，並告知我們將會立刻為他訂房。
10.立即依據訂房者提供的資料逐一地輸入電腦。

(1)若為一般訂房，需輸入的資料包括：旅客姓名、人數、到達及離開日期、房間型態、合約代號、公司名稱、房價、班機號碼、接送機服務、付款方式、聯絡人姓名、電話或分機號碼以及客人的習性或特殊要求。
(2)若為團體訂房，需輸入的資料包括：團號、到達及離開日期、預定抵達時間、房間型態、房間數、早餐、合約代號、公司名稱、房價、班機號碼、付款方式、聯絡人姓名、電話或分機號碼以及客人的習性或特殊要求。

11.輸入完成後，將訂房單（如圖6-3）列印出來。

(三)訂房人員需注意之事項

1.訂房單上字跡不可潦草，英文應盡量用大寫，以便一目了然。
2.英文字的發音及咬字要非常清晰，尤其在複述外國籍住客姓名時，需特別注意。
3.務必留下訂房者姓名、聯絡電話及其分機。
4.若無合約公司之訂房，應留下對方公司之基本資料做記錄。
5.若客人要求接機，需讓客人知道接機方式及機代舉牌所在處。
6.負責付房帳時，合約公司可記帳；若無合約的旅行社或公司，則要求付現。

敏蒂天堂飯店

Mindy Paradise Hotel

Reservation Card

TYPE	#RM.	RATE
TOTAL/		
PAYMENT METHOD/		
MEALS INCLUDED/ BREAKFAST/ LUNCH/ DINNER/		

RES#		HIST#	
NAME/GROUP TITLE/			
RES.BY/ TEL/		FAX/	
ARRIVAL DATE/		DEPARTURE DATE/	
FLT No./	TIME/	FLT No./	TIME/
SPECIAL REQUEST/			
APPROVED BY/			
RECONFIRM BY/			
DATE FOR RECONFIRMATION/			
RES. OFFICER/		DATE/	
EXP. DATE/		CXL#	
DATE/		CXL. BY/	
APPROVED BY/			

圖6-3　訂房單

7.若訂房公司負責付房帳時，需寄「記帳授權書」給對方，請其蓋公司大小章，並要求傳回，附在訂房單上。

8.若為客滿期間，所有沒有班機的訂房，盡量要求客人保證訂房，否則一般正常作業，只保留到下午六點。有班機時間的訂房，則保留到班機抵達後四小時內。

9.已付保證金的客人，務必保留房間。

10.訂房單是與櫃檯接待、櫃檯出納作業聯繫的第一憑證，應妥為保管。

11.團體訂房，變動比較大，如取消訂房，必須審慎處理。多重訂房（Double Booking），是指客人又訂其他旅館，必須特別注意確認訂房的動作。

專欄6-1　自己的價值

有一個出家弟子跑去請教一位很有智慧的師父，他跟隨在師父的身邊，天天問同樣的問題：「師父啊，什麼是人生眞正的價值？」問得師父煩透了。有一天，師父從房間拿出一塊石頭，對他說：「你把這塊石頭，拿到市場去賣，但不要眞的賣掉，只要有人出價就好了，看看市場的人，出多少錢買這塊石頭？」弟子就帶著石頭到市場，有的人說這塊石頭很大，很好看，就出價兩塊錢；有人說這塊石頭，可以做稱鉈，出價十塊錢；結果大家七嘴八舌，最高也只出到十塊錢弟子很開心的回去，告訴師父：「這塊沒用的石頭，還可以賣到十塊錢，眞該把它賣了。」

師父說：「先不要賣，再把它拿去黃金市場賣賣看，也不要眞的賣。」弟子就把這石頭，拿去黃金市場賣，一開始就有人出價一千塊，第二個人出一萬塊，最後被出到十萬元。弟子興沖沖跑回去，向師父報告這不可思議的結果。師父對他說：「把石頭拿去最貴、最高級的珠寶商場去估價。」弟子就去了。

第一個人開價就是十萬，但他不賣，於是二十萬、三十萬，一直加到後來對方生氣了，要他自己出價。他對買家說，師父不許他賣，就把石頭帶了回去。對師父說：「這塊石頭居然被出價到數十萬。」師父說：「是呀！我現在不能教你人生的價值，因為你一直在用市場的眼光在看待你的人生。人生的價值，應該是：一個人心中，先有了最好的珠寶商的眼光，才可以看到眞正的人生價值。」我們的價值，不在於外面的評價，而是在我們給自己的定價。

我們每一個人的價值，都是絕對的。堅持自己崇高的價值，接納自己，鼓勵自己，給自己成長的空間，我們每個人都能成為「無價之寶」。

第三節　訂房控制管理

客房控管與訂房控管是訂房組的大工程之一，因為客房與訂房的控制管理若執行不當，會造成客房超賣，進而導致客人外送至別家旅館住宿，這樣不僅會造成客人的抱怨也會造成旅館的損失。而旅館對於可運用的客房，應能有所掌握或預測，用以決定是否繼續接受顧客的訂房要求。這種預測應在顧客提出訂房（詢問）之初或者最遲在登記住宿之前即能完成。本節將介紹客房控制的種類、訂房的分析、訂房控制原則、客滿期間的訂房作業控制以及超額訂房的控制與管理。

一、客房控制管理

由於旅館客房與一般商品特性不同，其商品總數是固定的而沒有存貨問題，如果當天不銷售，即損失一天的利潤。而為了尋求最大利潤，則必須做好客房控制。客房的控制可分三大類，茲說明如下：

(一)各類房間數量的控制

各類客房都有一定的數量，因此接受訂房預約時，需確定該筆訂房的住宿日期及房間種類是否在可接受的範圍之內，否則必須請顧客改訂別種房間型態。

(二)總房間數的控制

每家旅館於客滿期間，住房不會只接到剛好總客房數，為的是預防未出現的客人（No Show）或臨時取消訂房的客人等等因素所造成旅館本身的損失，但超接的數量須依各家旅館的住房情況來衡量。

(三)客房季節性的控制

1.每年第三季時，即須設定下年度的訂房政策。例如，團體旅客（GIT）、個別旅客（FIT）及簽約公司各占多少百分比。

2.每年的第四季時(規模大的旅館，有些更提前至第三季)，即陸續與各訂房公司進行簽約工作。

3.接受訂房後，確實作好訂房核對工作，以隨時掌握已異動的房數。

4.訂房如有變更應及時更改，並迅速的統計出剩下哪些房間。例如，單人房或套房各有多少間。

5.保留若干百分比（可比照歷年統計的百分比）給常客（Regular Guest）、臨時遷入的客人（Walk-In）或延長住宿的旅客（Over Stay），但視各旅館的規定而定。

6.其他：客滿時，優先提供給往來狀況好的訂房公司。

二、訂房的分析

爲了有利於客房充分銷售，擬定完善的銷售策略，作正確的分析，訂房組應定期製作各種分析報告，提供各相關單位參考，以爭取更多客源。

(一)旅客國籍分析報告

由旅客之國籍分類，以確定旅館在各地區之所以被接受的支持度、各國籍旅客平均住宿日數長短及消費習性等。

(二)市場分析報告

藉此分析報告，可以瞭解不同訂房來源之間所被接受、支持的程度。

(三)客房接受度分析報告

為瞭解何種客房最受旅客歡迎，可藉由顧客意見調查表或口頭方式詢問，以掌握旅客需求或作適度之設備以及客房之調整，以迎合市場需求。

(四)業務分析統計

為求確實控制客房銷售，每日大夜班值班人員將負責進行當日作業複查、帳目核對及分析統計，敘述如下：

1.核對郵電、通訊收發及入帳記錄。
2.核對更正每日旅客訂房及抵達狀況。
3.製作每日客房銷售分析報告。
4.預估次日客房銷售及其他相關報表。

三、訂房控制的原則

(一)控制應開始於接受訂房之先

客房銷售不能有「存貨」或「期貨」買賣，故每一個房間都必須賣給最有消費潛力之旅客或最有利潤之顧客。

(二)何謂最佳銷售

指可以達到最高收入之銷售。尤其是高平均住房率及高平均房價，比個別天數之客滿更重要。

(三)調節性預留／保留

爲方便控制，預先在可銷售房間中保留（或容許超收）一部分用以在接近客滿時平衡訂房之自然消長，或滿足特殊或突然之需要，並且必須在電腦中及訂房控制表上標示，提醒作業人員注意。

(四)預留／預排

在接受特殊訂房後或在預期某些狀況會發生後，於各記錄中預作記載，預先排定屆時住宿房間，以免重複出售或錯誤發生。

(五)旅館尋求客滿之策略

是否每間客房一定要售出，應以先尋求客滿再解決旅客抱怨，或是在不招致抱怨之前提下，尋求最高之銷售策略。

四、客滿期間的訂房作業控制

1.預測可能客滿日期，提醒所有工作同仁注意。
2.掌握海外代表公司關房日期。
3.注意大房間之推銷。
4.組長應掌握所有訂房，額外增加之訂房，須呈經理核示。
5.訂房改期或取消所空出來的房間，組長應妥爲運用。
6.未能確認之訂房，全部建議放在候補名單（Waiting List）。

7.對於政府機構及大顧客之臨時性擠房間，應轉呈經理處理，處理方式大致是請負責之業務人員出面瞭解、協調。

五、超額訂房

旅館爲了達到更高的住房率，常常會超額訂房（Overbooking）。因爲每天的住房狀況會有許多的變化。如訂房取消（Cancel）、已訂房但未出現的客人（No Show）、延期（Postpone）或提早退房的客人（Early C/O）；例如旅客平均住宿天爲三天，則如果當天有一間房間取消，即等於明天、後天住房將各減少一間，爲了減少旅館的損失，所以旅館爲了達到百分之百的訂房率，大部分則會超收大約5～10%。如果只是一天客滿，就要選擇住較多天數的客人，因爲對旅館有利；如果是連續幾天客滿，其中只有一天住房率下降，那就盡量地只接那一天住宿的客人，來提高那天的住房率。

(一)房間不夠時處理訂房要求之原則

1.若客房型態不夠，則應建議對方是否改訂其他型態之房間。

2.應建議對方可作候補，並須留意。

(1)本候補名單必須不斷地過濾。

(2)應隨時與訂房者保持聯繫，並告知最新狀況以作其他選擇。

(3)在必須拒絕訂房時，可告知其他旅館尚可接受訂房，也可代對方訂房。

(4)不能決定之特殊狀況應向主管報告，以決定對策。

(5)建議對方是否可改期。

(二)超收訂房時的作業程序

1.先將當天要抵達的客人再清查一次，可從訂房單或通信資料，致電給訂房者，以確定每位客人都會到；若客人無班機者，應告知房間只能保留到晚上六點，若客人之本地公司願意保證或預付訂金時，即可保證訂房。

2.清查所有預退房的客人，以確定每位客人都會退房。

3.如遇旅館客滿，則必須先找一家同等級或更高等級、關係良好的旅館，以先預定幾個房間作急需之準備。

4.核對房務部的住房報表，是否與電腦相符。若仍無法解決該退房而不退房之客人，則要先替未C/I客人安排好住宿旅館。

5.從旅客到達名單中，挑選要外送的客人，然而應最好避免外送較晚遷入（Late C/I）的客人，以及合約公司的客人。

(三)超收訂房時外送客人的應對方式

此時應事先和訂房公司聯絡以取得諒解，並向其它旅館訂妥房間；如能聯絡上客人，就直接由機場轉送，並將其住宿升等（例如：單人房升等爲套房等等），第二天再由櫃檯人員隨車接送，並免費招待水果、鮮花、酒或巧克力及道歉信，在客人C/I前送至房內。且需注意外送客人接回的時間，應與服務中心交待清楚只許早到而不准遲到，以避免再次造成客人的二次傷害。當超收訂房時，可用以下理由向客人解釋，並且說服客人轉住別家旅館，茲說明如下：

1.因飛機故障，以致於無法退房。

2.因有年紀較大的客人生病，以致無法退房。

3.因客人遺失護照，而無法退房。

4.因在台會議臨時延期，而無法退房。

專欄6-2　取消訂房扣除的費用

部分特定情況，如展覽或會議期間，酒店預期滿房而會要求「保證住房」，或者因訂房時間太遲，已過了取消訂房截止期限，此時訂房一經作業則無法取消，須等酒店回覆訂房狀態OK與否。若取消作業，則須負擔至少一晚（甚至全程）房費的取消費用。但請注意「保證住房」僅是作業上的規定，並不保證一定有客房。

而在取消訂房訂單時，將會依各旅館規定不同，而在訂房相關規定中所公告之取消訂房訂單之規定，扣取退房手續費。除了當日入住日臨時取消者恕不退款之外，入住日前提前取消訂房，如尚未開立住宿券，於取消訂房截止日前，可取消作業而不須付費，否則須負擔手續費以取消紀錄。但若過了取消截止日或「保證住房」後才取消訂房，則須負擔至少一晚房費的取消費用，在某些特定情況下（事先告知）甚至須全程付費。

1.旅客入住日期當日取消訂房，扣房價總金額100%。

2.旅客入住前1日到2日前取消，扣房價總金額25%。

3.旅客入住前3日到6日前取消，扣房價總金額15%。

4.旅客入住前7日前取消，不扣除費用。

第四節　訂房報表及狀況之處理

訂房組須將明日即將抵達旅館之客人名單於每日下班前（大約下午五點）印出，並且分送至櫃檯、總機、服務中心、總經理室等各單位，以利其它單位之工作進行。因旅館其它單位依賴其報表，故訂房人員對於訂房作業必須相當小心，如果訂房記錄有任何修改亦須馬上作業（例如更改抵達日期、取消訂位等問題等）。勿因個人之疏忽影響客人的權益，進而影響公司之收入與名譽。因此本節將針對訂房報表及狀況之處理作進一步之說明。

一、更改訂房之處理

一般訂房只有原訂房人員或預定住宿旅客本人始得以變更（Revise）；某些特殊訂房必須旅館同意，方得更改。而如果不由旅客直接付款之訂房或旅客已預付款之訂房，則必須經訂房者通知，方可更改。其更改訂房之作業程序，茲說明如下：

1.詢問住宿者的姓名、住宿日期及訂房公司名稱。

2.進入電腦畫面，輸入訂房代號、客人姓名或公司英文名字，調出客人的資料。

3.詢問欲更改的資料，並記錄下來，其通知變更訂房之所有資料必須保留完整記錄。

4.複述一次其所更改的資料，以作確認。

5.從檔案夾中抽出原訂房單做「更改」，並在左下方註明來電者的姓名及日期，方便日後查詢。

6.修改電腦資料。

7.將訂房單歸回所屬的檔案夾中。

二、取消訂房之處理

訂房的取消（Cancellation）是難以預防的，對旅館的利益而言，通常有制訂取消訂房的處理辦法，早期的訂房，如能在早期通知旅館取消，當可接受，越接近到達日期，旅館可以不接受取消，此種政策依各旅館而有所不同。訂房組人員接到訂房取消時，立即在訂房單上更改資料，並通知候補客人遞補，以避免造成空房損失。其取消訂房之作業程序，茲說明如下：

1.詢問住宿者的姓名、住宿日期及訂房公司名稱。
2.將客人資料從電腦裡調出來。
3.詢問取消的原因，若不是訂房者親自取消，最好把來電者的姓名及聯絡電話問清楚，並在電腦上註明。
4.將訂房單做「取消」之動作，並在上面註明來電者的姓名及日期，以便日後如有任何問題時，方便核對。
5.將電腦的訂房資料做「取消」，並將其取消原因註明於上。
6.將原訂房單放至取消夾中。

三、確認訂房之處理

爲了確保訂房作業無誤，把已訂房但未出現的客人（No Show）機率降到最低，制訂一套確認訂房的標準作業流程，原則上每日確認隔天要遷入之旅客訂房名單，但如遇到假日或客滿時，則要提早做確認。一般而言，星期一至星期三作隔天的訂房確認，星期四做星期五、星期六的訂房確認，星期五則做星期日、下星期一的訂房確認。星期六原則上不做確認，因爲有很多外商公司都周休二日，此一訂房確認盡量在中午前完成。在打電話之前，應先用公司名稱查詢是否有同公司的客人隔一、兩天後要遷入（C/I），若有則一併作確認，以避免重複致電造成顧客反感。客滿期間的確認方式，應先把客滿日期前二、三天的訂房中有卡到客滿日期的單子以及訂房時間較早的單子挑出來先作確認。其確認訂房之作業程序，茲說明如下：

1.先將隔天住宿的旅客訂房單分類。

(1)需要電話確認之訂房單。

(2)不需要電話確認之訂房單，包含國外的傳真、國際長途電話。

(3)取消之訂房單。

2.將需要電話確認之訂房單，按照公司名字的英文字母順序排列整理好。

3.依序撥電話給訂房者確認訂房資料。需要確認的項目包括：

(1)客人姓名。

(2)到達及離開日期。

(3)房間型態。

(4)班機號碼。

(5)接送機服務及付款方式。

4.確認旅行社的訂房時應特別注意，付款項目及訂房單是否蓋有旅行社印章及經辦人簽字、房價是否無誤，以及客人是否持住宿憑證（Voucher）住宿。若在客滿期間，訂房員是否有向旅行社告知有違約金之扣款方式或是否可作保證訂房（Guarantee）。

5.電話確認完畢後，將已確認的正確資料輸入電腦。

6.核對訂房單與電腦上的資料是否相符，核對更改完後再印一次旅客到達名單（Arrival Report），核對訂房單與報表上的資料是否相符，此項工作約在下午四點應完成。

四、臨時訂房之處理

臨時訂房（Additional）是指當天以電話、傳眞或電子郵件方式訂房，當天要遷入的客人，要優先處理並輸入電腦，以防客人抵達時櫃檯接待員找不到資料。其作業程序同接受訂房之作業程序。另外，若需安排接機服務，則將客人的姓名、班機名稱、班機號碼及到達時間，以電話告知服務中心、機場代表及調度室。

五、訂房延期之處理

1.確認客人的房號及姓名。

2.查閱電腦，確認客人之訂房資料以及取出帳夾查看旅客登記卡。

3.確認客人所延期住宿期間的住房狀況是否有客滿，以判別是否接受續住。

(1)如遇客滿時，委婉地回覆客人無法接受續住，並告知先將其排於候補（Waiting List）名單中，若有空房時，會立即告知。

(2)如可接受續住時，依訂房來源查看客人是否由常訂公司或簽約公司代訂。若是，則依客人要求接受續住；若非，則依原預付款方式決定增加預刷卡金額或保證金金額。

4.更改資料。

(1)進入電腦的訂房資料中和旅客登記卡上，更改退房日期。

(2)查詢客人訂房資料是否須更改房價，並告知客人。

(3)將旅客登記卡及訂房資料置入帳夾，放回原處。

六、全球訂房系統（GDS）、網路訂房（CRS）

隨著電腦科技的精進，當今旅館業多已使用全國電腦訂房中心來處理預約訂房作業。最常見的即是免費電話系統（Toll-Free Telephone Number）的使用，顧客經由多種行銷的宣導得知，顧客可直接撥打免付費電話，接洽各旅館的訂房中心進行訂房事宜。訂房中心銷售人員隨即可查閱電腦資料，尋找符合客人需求之可售房情況，再回覆客人完成訂房程序。使用電腦控制作業，在於掌握客房經常發生不同狀況之記錄及客房型態、類別、價格、折扣、貴賓優待及房間經常變化之狀況，例如，使用房間、空房、準備好房間、故障等資料。當旅客住進時，櫃檯人員將每一位客人的房號、價格、住宿人數、抵達及預定遷出日期、國籍及付款方式等詳細資料輸入電腦，且輸入資料必須正確，才能有效控制訂房。電腦控制的目的在於提高旅客服務品質，掌握房間變化以提高銷售率。因此在電腦系統作業的聯繫上，櫃檯與訂房組之間須密切地合作及配合。訂房員決定是否接受訂房，係根據電腦所提供之資料以及工作經驗，而非憑個人感覺決定的。

第五章　個案分析

訂房確認與客滿

樂聲悠揚起伏在旅館每個角落散布著，下午四點，從旅館的大門、大廳輕輕帶過。行李員熟練的在大門接待旅客的到臨，一兩位行李員爲旅行社所帶來的團客正優雅地往返下行李，櫃檯附近的餐廳偶有幾位旅客在一片明亮的落地窗前，輕鬆地喝著咖啡談笑風生著，在櫃檯的電話突然響起，鈴……

「Good Afternoon，祈情旅館您好，我是Dabby，很高興爲您服務，……是的，……是」

一位櫃檯接待員Dabby親切優雅地正接起電話，有條不紊地應對來電的顧客。

而另一位櫃檯接待員Monica則與哇賽旅行社的導遊Kubey作Check-In的動作，Monica拿著一排Room key Card交給哇賽旅行社的導遊：「這是貴團的Roomkey Card以及早餐券，麻煩您清點一下，假如有所疑問，請您隨時向我們提出意見」。

Monica向導遊說明後，一面接聽來電話，並且隨時注意著導遊附近所來往的每位旅客，一面等候導遊清點他們Roomkey Card與早餐券。

導遊接過Monica的Roomkey Card與早餐券後，專心的將手中的訂房確認單，兩面迅速對照清點，十分專業流利的樣子：「ㄟ，房間數好像有點怪怪的。」導遊皺皺眉頭說道，並一面地將旅行社的訂房資料給櫃檯看。

「是嗎？」（Monica抬抬眉，又皺了皺額頭）

Monica有點驚訝的神情一面看著領隊手中所拿出的訂單一面地說：「我們總共訂二十間的雙人房這是沒有錯的。」

導遊雙垂的眼睛望著訂房資料的內容。

「是」櫃檯員仔細地看著導遊手中的資料，一邊回答著。

「但是三人房的部分你看一下好像少給我們六間耶！」

導遊突然看向櫃檯員，以期旅館有所解惑的樣子。

「咦，您的訂單上三人房總共是十間。」

Monica看完領隊的確認單之後說道。

「您稍等一下，我幫您看一下訂房資料……，不好意思哦，我們的訂房資料顯示您的三人房總共是四間」櫃檯員Monica快速的查詢電腦訂房系統的資料。

「眞的嗎？可是我確定我跟訂房中心訂了十間的三人房啊，訂房中心也回傳了這一份資料給我。」導遊一邊拿出確認的訂單資料，並且肯定的說道。

「這的確是我們旅館訂房單位的專用章。嗯！那麼您請稍等一下，我向訂房中心再確認一下。」Monica說完已然將轉身向後方的訂房單位走去。

「好啦！好啦！不用了。現在旅館還有沒有其他的空房能夠補救問題的。」

導遊急忙的揮動雙手，叫住有所動作的櫃檯員，帶了點氣憤、不悅的神情說著。

此時正逢大廳副理用完晚餐之際，他從旅館的一端出現便見著導遊一臉急忙甚至有點氣惱的神情。

「這兩天旅館只剩下五間雙人房而已，不然您稍等一下，我詢問附近同等級的旅館是不是有空房可以提供的。」櫃檯員Monica懊惱的說著。

「我看也只有這樣了，那五間雙人房就給我們了，其他八位旅客，希望你們最好能給我們一個妥當安排，你看看可不可以盡量讓我們全部都能在同一個地方，要不然看我怎麼跟客戶交代！」導遊無奈的口吻，並也帶著幾分責難的心情說著。

大廳副理快步走向櫃檯後，便聽到導遊口中所要求有其他空房得以補救目前所遇之困擾，於是向導遊說道：「您好，有什麼事情可以爲您服務的嗎？」

突然地，導遊的手機響起，只見她不慌忙地從皮包中拿出，一面向副理與櫃檯員Monica示意待會，一面向來電者說：「好，好，我知道了，我馬上出去了，好，OK！待會見。」導遊說完電話後，趕緊地向副理微笑點頭，並瞄了一下他的名牌，但她仍向櫃檯員急忙地說：「小姐麻煩你先問其他旅館的客房狀況，我先處理我這邊的客人。」導遊向櫃檯員說完之後，原本轉身準備到大門接團，似乎又想什麼般地轉身接著說：「對了，麻煩你要快一點，等一下他們就過來了。我現在先帶他們去樓上用餐。希望你能最好在我們吃完晚餐之前，大概是七點半吧！必須將旅客住宿問題解決。」

於是向大廳副理說明目前的情況：「你好，我是哇賽旅行社的導遊，我是Kubey，目前我們所訂的房間數量有問題，你們櫃檯小姐正在處理當中，不好意思，稍等一下。」隨即導遊的手機又響了，她眼神示意了一下旅館的大廳副理後，朝一旁走去接聽電話，只見她稍微皺了一下眉頭：「好好，待會見，這邊的事情待會再跟你說…嗯…嗯…好，拜拜！」說完，於是說道：「副理，不好意思我的團已經到了，我先去接他們，其他細節您可以向櫃檯員詢問或者我們待會再說。」導遊趕緊的到門外準備接續的C/I的事情。

接續著，櫃檯員Monica也在此時向大廳副理說明哇賽旅行社團客住宿問題事情原委，「副理，事情就是這樣。」

「嗯，是有點棘手，妳打算怎樣處理？」大廳副理微笑的說著。

「副理，剛剛我看了一下今天旅館住房狀況的清單，目前旅館裡只剩下五間雙人房，哇賽旅行社的旅客還有八位旅客缺客房，假使將其他較零星的客人調到其他旅館去，副理您覺得如何？」

大廳副理隨即便針對旅館長期合作的旅行社的要求，直接的向櫃檯員Monica、Vickey提出他的看法，並且請此二位趕緊分工合作處理。

「這個辦法不錯，不過你得先聯絡上有空房的好旅館比較要緊，Vickey等一下麻煩妳，有幾位必須要調到其他旅館的客人，向他們好好的解釋以後，安排好載送的交通工具。」

「那Monica妳趕緊先問一下其他旅館的空房，不過要注意一下旅館的品質。問看看常合作的那幾間旅館好了。」

「是的，副理」二人如此說道。

個案檢討

1. 在辦理旅行社的團客遷入手續時，其流程是否與一般散客有所不同？請就二者於遷入手續至客人入房前的過程，試舉出旅館服務之相同與相異處，並討論之。
2. 假若您已有旅館客務服務經驗，請分享您所擔任職位的服務流程，並就此流程提出您對於此職位的看法。
3. 承上題，假若您未有此經驗，請以您本身的專業認知提出客務部門其中一種職位之服務作一探討。
4. 請問旅館人員處理訂房資料時，是否有所錯誤？會造成上述個案產生的因素有哪些？應如何避免訂房資料錯誤的危機呢？
5. 從上述個案中的處理，您認爲最好的方式應如何處理？請就訂房單位、櫃檯單位論之。
6. 試問處理外送客人時，應掌握哪些原則？並請您假設此情況下，調度客人時應如何委婉向客人說明。

第七章　櫃檯作業認識

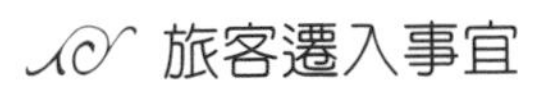

- 旅客遷入事宜
- 旅客遷出事宜
- 夜間稽核工作
- 櫃檯的各項服務
- 個案分析

櫃檯是旅館對外之代表單位，除住宿客人外，其他與旅館有關之詢問與交涉事宜，亦皆以櫃檯爲對象。櫃檯亦是旅館內部連絡之重要管道，因此有旅館神經中樞之稱，從旅客遷入至遷出結帳皆與櫃檯息息相關，本章首先介紹旅客遷入事宜；進而分享旅客遷出事宜；且說明夜間稽核工作。

第一節　旅客遷入事宜

旅館與顧客第一次面對面的接觸，通常發生在旅客抵達旅館辦理住宿登記手續的時刻。因此，前檯服務人員肩負著巨大的使命，必須將旅館最佳服務與產品特色在此時傳遞給客人，使其感受到良好的第一印象，以確保顧客在住宿期間享受期望的服務待遇。一般旅館在遷入程序可分爲二，一爲散客之遷入，另爲團體之遷入，茲說明如下：

一、散客之遷入

辦理散客之遷入事宜，其流程與確認事項茲如下說明：

(一)微笑地向客人問候

當客人來到櫃檯時，應需微笑地向客人問候，例如：Good Afternoon／Evening, Mr. XXX Welcome to Our Hotel.

(二)詢問客人並取出訂房資料

若爲安排接機之旅客，立即將準備好的訂房資料取出；若是無安排接機之旅客，先詢問旅客之姓名以利查詢，並取出訂房資料。在顧客資料夾中，內含住房登記表以及外客給住客的資料，例如信件、留言或傳眞等。此時，可先將外客轉交住客之資料直接交給住客，以免住客感覺辦理遷入時等候過久。

(三)住客登記卡

若無事先訂房者，則以W/I方式處理；若有訂房但找不到登記卡時，則以電腦尋找客人之訂房代號，找到後以一般方式處理。假如電腦中仍無法發現該客人資料，應以W/I方式處理，切勿讓客人久候，待C/I完畢後再報告主管此一狀況。

(四)確認住客登記卡資料

1. 預先準備的登記卡上若已列印有客人的歷史資料，則請客人核對資料是否有誤，若核對無誤則請客人簽名。
2. 登記卡上若爲空白無任何資料時，表示客人是第一次光臨旅館，此時應請客人出示身分證或護照，登記時須塡寫之內容包括姓名（中英文全名）、身分證字號或護照號碼、出生年月日、國籍和地址，登記後應請客人簽字。如客人同意，可向其索取一張名片，以便做更詳細之資料登錄。

(五)住宿時間之確認

詢問住客正確退房日期，住客住宿之天數有時會比預訂之天數縮短或延長，假如客人要求延後退房日期，須注意房間狀況是否允許。

若狀況允許之情況下，只要更改住客登記表及鑰匙卡上的日期，並將電腦資料更正即可；若遇客滿狀態，應委婉向其解釋並記錄於候補名單（Waiting List）上。

(六)以禮貌誠懇的態度問客人之付款方式為何

1.現金付款

若客人有訂房時，請向客人預收保證金，並在電腦作業上輸入預付金額，且開立收據給予客人。

若客人無訂房時，則必先預收超過客人房租的金額，告知客人退房結帳會以多退少補的方式與客人結算。

2.信用卡付款

若是爲合作公司行號之顧客，可暫以塡寫卡號作以保證。

若無經由公司行號訂房，先幫客人將信用卡以徵信的方式預刷，之後請客人簽名。其額度以超過其消費爲主，但不要超太多。

3.簽帳付款

如果在住客登記表或訂房單上早已說明，而又經由徵信課的認可，櫃檯接待人員大可不必擔心客人的花費，旅館將可在客人退房後直接將帳單寄給客人或客人的公司。

4.旅行社住宿券付款

此方式須與樣本核對眞僞，以確認收受性。

(七)電腦作業

首先確認客房狀況（Room Status），進入電腦尋找客人的訂房記錄並依預先安排的房號執行"Check-In"手續。若電腦螢幕上出現房間打掃未完成，需立即和房務部聯絡確認房間是否已呈可賣房（Available）的狀態。若非，則另排其它可賣房。

(八)製作鑰匙卡

利用製作鑰匙的機器依客人住宿日數製作鑰匙卡，取出旅館護照（Hotel Passport）塡寫客人之房號、姓名和退房日期，將製好之鑰匙卡裝入旅館護照內轉交給客人，並告知客人有關鑰匙卡之使用說明。若房價內含早餐，此時亦一併將餐券轉交並告知客人用餐地點及時間。

(九)引導至客房

在客人辦完所有住宿手續時，預祝客人住宿愉快，並請行李員引導客人至客房。

二、團體旅客之遷入

辦理團體旅客之遷入事宜，其流程與確認事項茲如下說明：

(一)尋找負責人或導遊

團體一抵達時，先尋找負責人或導遊，並請其他團員至大廳沙發稍坐，勿大聲喧嘩。

(二)向負責人索取名單

拿出該團之資料夾，並向負責人索取名單。名單上需有團員之英文姓名、身分證號碼及地址。

(三)核對訂房資料

與負責人核對退房日期、房間型態、房間數、人數或加床數是否正確無誤，並於名單上註明房號（應特別註明領隊房）。

(四)影印團體名單

應影印團體名單三份。一份櫃檯留存；一份服務中心，以便送發行李；另一份總機，當遇外客來電時以便查詢。

(五)注意是否有含早晚餐

注意該團之帳款是否有含早餐或晚餐。若有，請與負責人詳細核對份數並告知餐券爲有價證券，遺失不補發。如欲補發時，則須請負責人於登記卡上簽認，並將追加此筆費用。

(六)確認各項服務之時間

須向負責人確認晨間喚醒、下行李及退房時間，並請負責人於登記卡上簽名；最後向負責人簡單介紹館內設施。

(七)通知相關部門

將晨間喚醒時間記錄於晨間喚醒登記表後，通知總機晨喚時間；下行李時間則通知服務中心。

(八)電腦作業

將該團所有房間做電腦"Check-In"手續，並輸入客人資料，如遇櫃檯工作繁忙時，輸入手續可留於稍後再做，但切記一定要先確實做好電腦Check-In之動作，以免客人房間之電話無法使用或有外客來電時，總機無法從電腦中找到該房客，抑或是發生該房客至各營業單位消費時，出納同仁無法入帳。

(九)列印客房名單，並影印一份

將原稿置於晨間喚醒登記表下，另一份則送交房務部，方便整理房間。

(十)加床

若有加床，則塡寫加床單，並通知房務部加床。

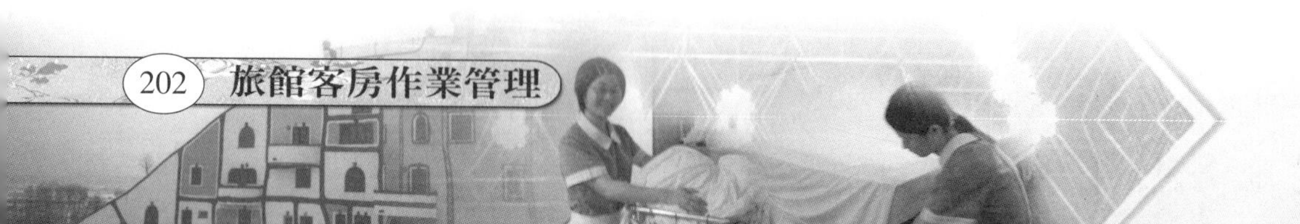

到目前爲止，新進客人遷入過程中的各項活動，其總結如圖7-1及圖7-2。

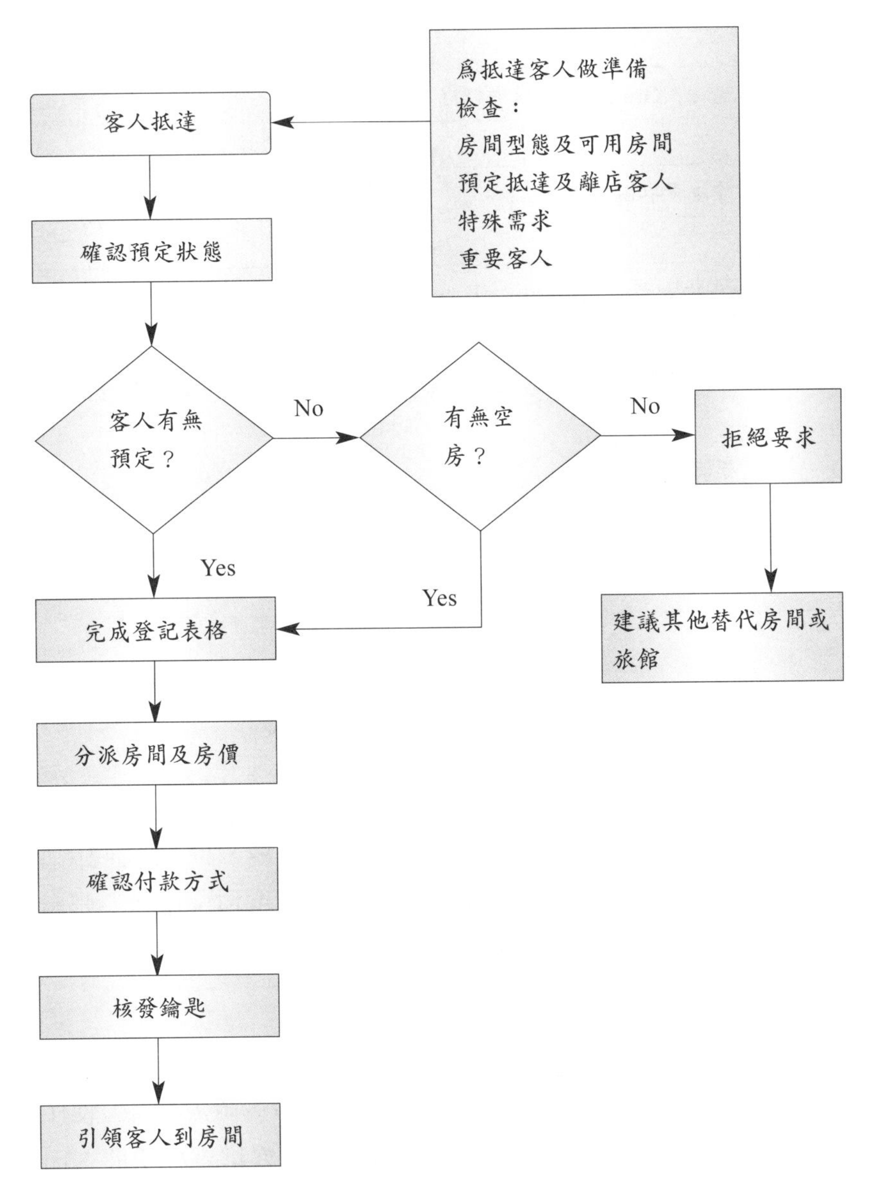

圖7-1　散客遷入程序

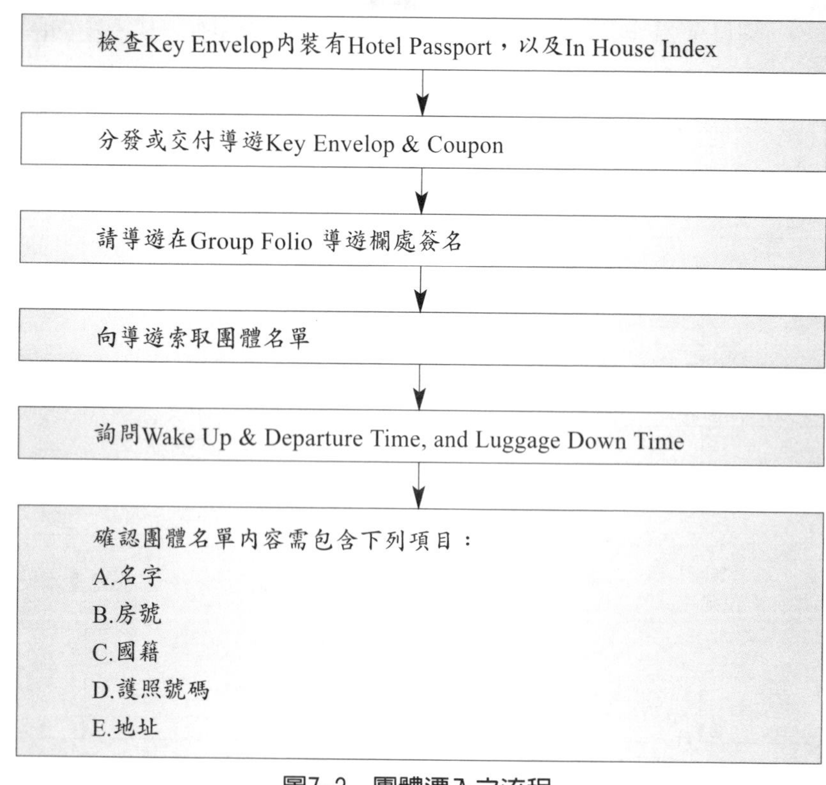

圖7-2　團體遷入之流程

三、遷入時應注意事項

上述爲散客、團體旅客之Check-In流程介紹，以下將針對C/I時排房、鑰匙發放及Vouchers應特別注意之事項，做進一步說明。

(一)排房的原則

爲求縮短旅客抵達後登記作業之時間，減少疏失並且方便作業，通常於旅客到達前已經爲預先訂房之旅客排定好房間，因此，應掌握二重點：

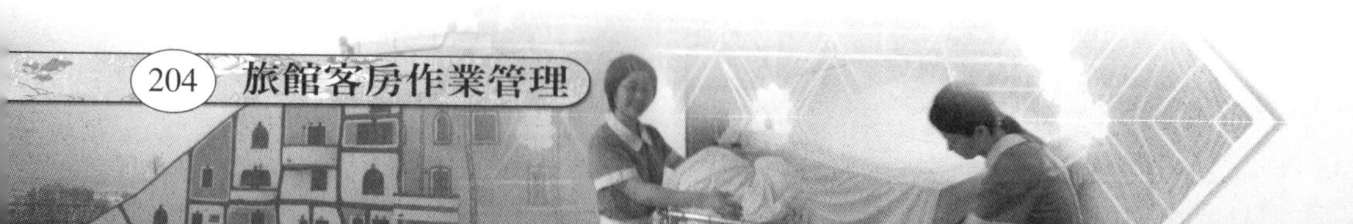

1.排房之時機

原則上客房愈早排定愈佳，但在實際作業時多半於抵達日當天上午進行；遇特殊狀況時可能提前一天或更早。

2.排房之原則

各旅館因其內部格局不同而有所考量之重點，以下為一般性之原則：

(1)散客在高樓，團體客在低樓，因集合時較方便。

(2)同樓層中散客與團體客分處電梯之兩側或走廊之兩旁。

(3)散客遠離電梯，團體客靠近電梯。

(4)同行或同團旅客除另有要求外，應盡量靠近。

(5)除特殊狀況外，盡量不將一層樓房間完全排給一個團體。（避免因工作量完全集中而造成操作上之不便）。

(6)大型團體應適當分布於數個樓層之相同位置房間中。（以免同團旅客因房間大小不同而造成抱怨）。

(7)先排貴賓後排一般旅客。

(8)非第一次住宿之旅客盡量排與上次住宿時，同一間房或不同樓層中相同位置之客房。

(9)先排長期住客後排短期住客。

(10)先排團體後排散客。

(11)團體房一經排定後，即不做任何改變，除非有特殊狀況。

(二)如何拿鑰匙給客人

櫃檯人員應對客房鑰匙嚴格控管，以保障旅館及房客之安全，在轉交鑰匙給予房客時應注意以下事項：

1.櫃檯人員勿將客人之房號大聲喊出，避免不良之徒有機可趁。

2.檢查客人的鑰匙卡（Key Card）必注意日期、姓名。

3.確認該鑰匙是否屬於該房客之鑰匙，應做再次確認。（因有時鑰匙放錯Box或手誤以致拿錯鑰匙給客人）。

4.如客人沒有Key Card時需禮貌地向客人詢問姓名並以電腦查詢該房客基本資料：

(1)確認無誤後再將鑰匙交給客人。

(2)資料有誤時，爲求安全起見，要求客人出示護照或身分證，確認無誤時，再將鑰匙交給客人。

5.當鑰匙不在櫃檯時

(1)確定後，則請客人直接回房並請客人出示證件讓房務人員做再次確認。

(2)立即致電房務辦公室（H/K）告知幾號房客需要開門。

6.特別要注意補Key Card之房客，凡補給客人之Key Card均會在Key Box上，貼條子以便櫃檯人員注意。

7.鑰匙歸回Key Box統一以有房號的面向左。

(三)給予住宿憑證（Vouchers）

1.持Voucher C/I時，務必要看清楚Voucher上的說明及提供的服務。最重要是懂得區分Voucher或是Confirmation。

(1)Voucher有價證件，憑Voucher可向旅行社請款。

(2)Confirmation是無價證件，是證明有訂房而已，是要向客人收現且留用。

2.接受及審核Voucher應注意事項

(1)訂房公司名稱要與Voucher上公司名稱一樣，再Recheck公司印章。

(2)如果Voucher上沒有公司名稱時，會提示付款公司名稱。

(3)客人姓名及人數。

(4)到達日期與離開日期。

(5)房號、房間型態、用餐型態等。

(6)收取Voucher Payment聯。

(7)注意是否需要更換Voucher。

(8)注意該收畫框有效的Hotel聯。

(9)有簽訂收受Voucher合約的旅行社才可收其Voucher。

圖7-3　櫃檯

(攝於圓山飯店)

圖7-4　櫃檯人員

(攝於華國飯店)

圖7-5　櫃檯

(攝於拉斯維加斯希爾頓飯店)

風格旅館——宜蘭廣興農場的鴨母寮民宿

鴨母寮？豬哥寮？乍聽之下有點兒「霧煞煞」的，這是啥玩意兒啊？有聽說這個玩意兒也可以住人嗎？有不少人可能會好奇吧，現在就要爲您介紹一間非常有特色的廣興農場鴨母寮民宿。

台灣曾經以養鴨人家聞名，當年的鴨母寮、養豬場，現在已被改建成民宿，而「鴨母寮」就是往昔養鴨人家爲方便照顧龐大的鴨群，而在河邊臨時搭建之小屋，目的爲遮風避雨及休息小憩用，「豬哥寮」則是取名農村時代很多人家都有豬舍養豬而來的。

廣興農場的鴨母寮民宿座落於羅東運動公園旁，占地約一・七公頃，旁有田園、溪流、房舍、綠樹和家禽家畜等等。簡單的說，鴨母寮、豬哥寮就是以乾稻草搭建而成之民宿，一間稻草搭建的小棚子，看起來並不起眼，但是走進一看卻是麻雀雖小五臟俱全，這些小棚子全都是二十、三十年前的農村產物，有鴨母寮，也有俗稱豬哥寮的養豬場，經過農場主人改良成民宿，住宿費爲每人三百元，男的住鴨母寮，女的就住豬哥寮。爲什麼男的要住鴨母寮呢？女的要住豬哥寮呢？這可是有它的典故的，因爲早期鴨母寮都是男生在照顧的，而鄉下的農村婦女，要照顧小孩、種菜還要養豬，所以都是女生在管理豬哥寮的；而這些有趣的小棚子，還有分成圓頂或尖頂的呢！這是因爲早期養鴨都是在户外的溪床，不能蓋固定形狀，所以用蒙古包形式的蓋法，比較不用怕風，所以鴨母寮屬圓的；而豬哥寮的情形是因爲豬寮是蓋在房子的旁邊，所以就比照房子型體去蓋的，所以豬哥寮屬於尖頂的，是這樣來區分的。

目前農場內有共有十間鴨母寮、九間豬哥寮，每間約四坪大小，最多可住宿四人，有棉被、蚊帳還有電風扇，環境冬暖夏涼，又不時散發出稻草味，而由於是稻草搭蓋而成，住起來冬暖夏涼且通風性佳，不過就是隔音效果弱了些，所以夫妻檔、情侶檔要辦事的，避免太過激烈，且要小心隔牆有耳。

住在廣興農場的鴨母寮民宿，不僅回到古早農畜業時期的時光，還可體驗鄉下農村風情，享受蟲鳴蛙叫的另類原始住宿感受，大家有機會一定要去住住看。

資料來源：1.http://home.kimo.com.tw/ilanfarm/room.htm
2.http://ettvs.ettoday.com/ettvs/article/17-11418.htm

第二節　旅客遷出事宜

旅館櫃檯的出納人員必須要相當細心且頭腦清晰，因爲旅館常於遷入（出）顚峰時間湧進大量的旅客，因此旅館出納人員常承受比一般公司行號之出納人員大的壓力，而如何在顚峰時段正確又迅速地爲客人服務，是出納人員應努力達到的目標。一般而言，旅館出納職務中，以散客（FIT）及團體客（GIT）爲大宗，以下將進一步介紹辦理旅客遷出事宜的步驟及應注意事項：

一、客房入帳處理

1.先向客人問好，並問明房號。

2.印出帳單給客人，並稱呼客人姓氏。

3.收回鑰匙。

4.若鑰匙未歸還，應問明鑰匙之去向或預定離開時間，在登記卡背面打O記號，註明欲歸還時間。

5.取出房客資料（登記卡、消費明細單據等）。

6.詢問客人有無其它消費（譬如：早餐）。

7.問明付款方式及統一編號，按C/O鍵，結掉該房帳後，將帳單正本與所有發票遞給客人。

8.一切手續完成後向客人道謝，並祝旅途愉快。

9.帳單裝訂法依續如下：信用卡、帳單、發票、C/I單、訂房單。

10.登記卡第一聯，放入盒子，由Key Control的同仁收回。

二、房客結帳之基本概要

1.現金付款：若爲外幣付款，須先兌現成台幣，再以台幣結帳。

2.信用卡結帳，應注意：

(1)核對名字、卡號及有效日期是否清晰。

(2)注意是否爲超額或過期卡。

(3)使用機器入帳，並列印帳單。

(4)請客人簽名於E.D.C.帳單及帳單上。

(5)核對客人簽字（不可塗改）。

(6)E.D.C.第一聯撕下裝訂在帳單上交給客人。

(7)E.D.C.第二聯裝訂在帳單存底上。

(8)E.D.C.第三聯爲報帳用。

3.支票付款，應注意：

(1)按規定不收受支票，除非經徵信課核准。

(2)收受支票須注意日期、抬頭、金額、簽章不可塗改。

(3)本票（銀行爲指定付款人）可以收。

三、團體C/O注意事項

1.檢查團帳、付款（Payment）額度、通知各部門應立即入帳。

2.是否全部客房均C/O，若有續住或晚走之房客要問清楚並在房號下劃方格，註明C/O日期或Late C/O Time，並請領隊與櫃檯確認。

3.印出私帳明細給領隊與櫃檯確認。

4.在團體離開前十五分左右，Group C/O切團帳，在Group Order上註明OK表示該動作結束。

5.結帳後再將所有房號檢查一遍，查看是否均已C/O。

6.抽出所有房間小單據並註明上OK。

四、現金入帳處理

1.打出房號、核對姓名。

2.點收現金金額（務必當面點清，以防事後發現現金短少）。

3.入帳時，房號和姓名要正確，以防現金收入入到別的房客（結帳科目要正確）。

4.金額和Voucher號碼應正確輸入，以示負責，並將點收金額入帳。

5.打入金額和個人ID號碼。

6.列印帳單：帳單一聯交給客人、另一聯交財務部。

五、電話通知入帳處理

1.親切的問候（早安、午安、晚安）（英文），報自己單位名稱。

2.聆聽對方的部門名稱，必須問清楚對方是那一個單位與姓明。

3.聆聽所要入帳的房號。

4.按房號出現，一定要是In House的房號。

5.入帳。

6.報帳的人，若口齒不清楚常常讓出納人員聽錯而入錯房號，所以多問一次予以確認。

六、轉外帳收款處理

1.C/I時登記卡上註明公司付款或確認爲公司帳。

2.將其塡寫於外帳登記本上。

3.隔天把登記的外帳資料交給信用組以便聯絡付款方式，C/O前一定要確認完成。

4.客人前來辦理C/O時，使用City Ledger結帳。

5.帳單列印後請客人簽名，務必請客人簽認，才可請款。

6.整理帳單和單據交財務部。

七、轉2nd Call帳程序

1.先查下一次的訂房號碼，必須要有訂房才可轉。

2.帳單列印請客人簽名（請客人簽名確認所發生的消費）。

3.整理單據排列，單據不可短缺，否則會造成下次回來單據短少而找不到。

4.在登記卡左上方註明下一次的訂房代號和下次回來的日期，務必要將資料寫上，以便下次C/I時能迅速地把舊資料調出。

5.用Folio Transfer轉到下次的訂房的房間號碼，訂房代號要確認清楚。

6.登記卡和客人單據用信封袋裝好訂在櫃子上，務必登記讓稽核知道。

7.應於工作移交表上註明清楚。

八、未解決（Hold A/C）帳處理

1.用電腦列印Individual Check Out帳單並關帳。

2.整理帳單單據。

3.將換房（Room Change）轉帳至Hold A/C再選Hold A/C NO.，檢查所轉Hold A/C是否為空房（Vacancy）。

4.在工作表和交代本上註明。

5.如果客人跑帳或其他原因，要清楚通知接班同仁，並交待應向何單位報告解決。

九、餐廳簽帳和房務部消費單據

1.餐廳和房務部簽帳單據，根據簽帳房號正確放入客人帳單袋內。

2.如客人已退房結帳，在電腦上必須確實是空房。（如客人已退房，將所有單據、Voucher交給財務部）。

3.如房號不清楚，交給相關單位會要求核對客人簽名。

十、Pay for；Pay by

1.所謂Pay for乃是替別的房間付帳，在櫃檯C/I時，櫃檯人員須在C/I單上註明Pay for的房號，並輸入電腦。

2.所謂Pay by則為帳由其他房間代付，其C/I單必須註明由哪一間房代付，並輸入電腦。

3.Pay for Check Out之處理。

(1)先檢查預付之帳款是否都已轉入，如尚未轉入，則同時

印帳單一起付。

(2)將已轉入之帳單第一聯連同小單據、發票交予客人，帳單第二聯與C/I單發票副聯與Pay for之帳單合訂交財務部。

4.Pay by Check Out之處理

(1)請客人檢查帳單無誤後，簽字歸還鑰匙即可離去。

(2)將總金額結帳轉入Pay for房間入帳。

(3)帳單第一聯連同小單據、發票和帳單二聯與C/I單、發票副聯訂一起放入Pay for資料中。

(4)在Pay for C/I單上，將已轉之房號劃掉。

5.Pay for房間比Pay by房間先行結帳

(1)再刷一張卡簽好字，留給Pay by客人之使用。

(2)依客人意願付至何時，餘款由Pay by自付更正C/I單內容。

十一、退款作業

1.客人於C/I時須付清現金，於C/O時發現若尚有餘額，則應退還客人。

2.客人退款時，須收回預付款單紅聯。

3.開立現金退款單（Cash Refund Voucher），詳塡房號、預付金額及退款金額。

4.請客人簽字，並校對簽字是否與收回之預付單紅聯簽字相同。

5.退回現金。

6.現金退款單第一、二聯爲作帳聯，三、四聯與收回之預付單紅聯一起訂在帳單最上面送回財務部。

7.若客人未至櫃檯退款，或簽字不符，或無預付單紅聯時，則無法將現金退還客人，但仍以Refund科目結帳，現金連同現金袋繳出納，並同時在現金袋上特別註明。

8.客人現金未拿走時，將現金放於繳款袋中繳回，將Refund單第二聯連同帳單留在櫃檯備查，待客人日後來退款時，在第二聯上補上簽字，即可退款。

十二、未退房先結帳

1.先輸入當晚房租，印出帳單請客人再次確認。

2.告知房客若事先結帳電腦會鎖帳，故如有其他消費則必須付現，現場結帳，電話則只能播打內線。

3.以「房租科目」入帳再依客人付款方式扣成“0”，並在帳單上註明未C/O繳交財務部。

4.扣回先前人工輸入之房租，並且在電腦上關帳。

5.通知總機、房務部及客房餐飲（Room Service），該房客若有消費須現場付清。

6.確認該房客C/O時間，並註明於交代本上通知隔日早班人員辦理C/O。

7.提醒客人鑰匙於退房時須繳回。

十三、預付結零退房作業

1.先預入當天的房租，Voucher No.打當天的日期。

2.用信用卡或現金入帳，並結清金額。

3.印出帳單、發票。

4.若爲刷卡須請客人簽名，並核對與客人信用卡上之簽名是否相同。

5.帳單交給客人。

6.將電腦關帳（Account Close），不可重複入帳。

7.寫一張Memo註明幾號房，預付結零（用以提醒大夜班通知有關部門）。

8.務必通知總機和房務部以防客人另發生其他消費，而漏帳。

9.工作表註明已先入房租金額，必須確實填寫，讓稽核知道。

第三節　夜間稽核工作

旅館之財務管理始於前檯客務部門，後檯財務部同樣扮演著重要角色，惟整體業務之始，實有賴於客帳登錄的迅速性及正確性。本節將討論每日客帳與旅館財務的整合與平衡。該業務歸屬夜間稽查員的職責，既繁瑣又費時，但是可以明確的提供發生在旅館內各收入以及營業銷售點之顧客及各部門帳務（Departmental Accounts）的借貸情形。

一、夜間稽核重要性

夜間稽核（Night Audit）乃前檯的一項控制作業，用來查核、平衡住客總帳的款項，旨在核對旅館每日借貸發生與各部門支付單據情形。該業務之意義以人工操作查對總收入及支出，促使管理階層深入瞭解帳項的活動，前檯經理因此可將顧客使用信用卡情形與客房銷售狀況做分析，以預測每日現金的流動和各部門營業的預估與實際銷售。從事旅館職業的學員應瞭解夜間稽核業務，俾以體會箇中價值，尤其對旅館當日財務活動，可以提供整體檢閱及評鑑效率的作用，繼而明瞭總經理角色的職務。根據該檢閱結果，總經理便可決定對每日財務應作何種的調整，以達成支出及盈收的指數，並可評斷推廣計畫和各種作業活動，是否達成其預定之營利目標，夜間稽核的作業報告更可顯現各部門營業細節，是否達到營收標準。由前述可見，夜間稽核乃整合每日旅館營業的實施與操作情形，俾使總經理可根據其整理資料，作最佳與最正確的策略判斷。

二、夜間稽核作業程序

夜間稽查之各類報表對旅館的營運不但重要且實際。管理階層須完全仰賴此資料來鑑定客帳的眞實性，和審查業務營運的有效性（Operational Effectiveness），是故協助經理主管人員控制收支及達成獲利目標，而資料的正確性亦具有絕對的影響關鍵。茲以下列基本要點詳述夜間稽核的作業。

(一)登錄日間銷售與稅費

夜間稽查員在過目日班前檯服務員所留下的各種資料後，其首要工作便是登錄所有客帳房租與房稅作業。此項業務對使用人工機器操作方式的夜間稽查員來說，是件相當費時費力的工作。不但房價、房稅和房號須一一登錄在每一顧客之帳卡中，尚須將帳卡下端最後一行之收支款數（Line Balance Pick Up Number）結算清楚，繼而將所有客帳卡依分檔系統歸類。顯而易見，該項作業對大型旅館來說，是件相當費時的業務，帳務錯誤的發生亦會相對提高不少。相反的，使用電腦管理系統處理將大量簡化登帳手續。

(二)整理客帳消費與支付款項

使用傳統式人工作業處理顧客的各種消費與支出款項者，須要求各營業部門將各收據、簽帳單及代支單等，遞交至前檯客務部，屆時前檯亦須有一套完整的分類系統來歸放這些重要文件。

(三)核對各部門財務款項

將各部門財務款項與客帳對帳是一件非常艱辛的業務，其最終目標應是將每一營業部門的登帳與前檯的報帳記錄核對而無差異。因此，即使是一筆小錯帳也將花費多時，由繁多款項中找尋問題發生的所在，其原因也多源於前檯服務員及出納登錄帳款時的筆誤。夜間稽查員若使用人工機器作業，須首先將一組借款與一組貸款對帳，俾以測試收支的平衡（Trail Balance），再一一登錄客帳總數結因在部門帳目報表（D-Report）上。帳務不符的原因有可能緣於各營業部與前檯客務部員工之間溝通不良，和帳款數目的登錄錯誤。基於上述原因，夜間稽核員應謹慎仔細的將各部門發出的收據、簽帳單與代收單與該部門財務帳總數逐項核對，所以夜間稽查員每夜很可能製作三、四次以上的部門帳目平衡報表。

(四)查對收入帳項的平衡

公司機構簽認轉帳乃旅館前檯客務部收入帳項之一種，公司簽認帳卡乃爲合約授權之財務使用帳戶，或預付未來宴會、會議或招待會之訂金的帳戶。夜間稽查員將此種帳項視同爲一般個人簽帳，亦須仔細核對每一項費用的正確性，由此帳戶支用的現金款項亦登列在每日出納報表中。公司簽帳的額度通常高於個人簽帳之額度（Credit Balance），例如，對於合作較佳的公司，旅館可給予一萬至兩萬五千美元的使用額度。旅館依合約同意書亦可先給予某公司信用帳戶，以便先行支付旅館大筆費用，若未來須召開之會議或宴會時，即可由該信用帳戶中支出兩萬五至五萬美元以上的數額以供消費。旅館財務部門對於該帳戶應須嚴密追蹤，並控制結餘以確保現金流通管理的效率。

信用卡主帳戶（Master Credit Card Accounts）乃為另一類櫃檯收入帳項，詳細記錄顧客使用各種信用卡來支付消費帳款，如銀行、大型企業、獨立公司、俱樂部、加油站所發行的信用卡、Visa卡等即為其中一例。信用卡主帳戶的款額可因旅館大小，提供顧客的服務項目多寡，與向各信用卡公司收帳的速度快慢而有所差異。以一般中型旅館而言，可有高達三萬～五萬美元的信用卡結餘款數，直至獲取信用卡公司之付款支票，該數額才得縮減，惟當顧客繼續使用信用卡時，又會提升其結餘總額。

(五)核對收入帳項

採用人工機登帳的夜間稽查員，因須將公司簽帳及信用卡之帳項與各營業部門之帳項比對，以確保無誤。因此，其工作之艱困可想而知。相較之下，使用電腦管理系統之夜間稽查員的工作就來得輕鬆許多。

(六)製作各類稽核報表

因電腦系統中包括了公司簽帳，以及信用卡簽帳款項的登錄與製作報表的功能，只要選取需要的選項，電腦便可迅速完成作業並列印報告。

三、製作夜間稽核報表的目標

爲何夜間稽核需要製作查核結果的報表呢？答案是一該報表可提供日間各部門營業的財務狀況，俾使總經理能迅速對經營上的問題有所瞭解，是而採取因應措施。夜間稽核報表（如**表7-1**）可謂爲提升旅館營業效率的重要資訊，報表提供的每日住宿率、客房銷售率、平均房租數據，給予各部門經理一個機會做即時反應和適當的調整，顧客也因此增加對客帳精確性的信心。由夜間稽核報表的各種統計中，不難發現各營業部門財務活動的重要性，以及對提供最佳服務品質的影響程度，同時，各類統計數字也進一步助益各部門策略的訂定和預算的規劃。

表7-1　製作夜間稽核報表

各部門財務總計	支付信用卡與收入帳現金
各部門客帳總計報表	每日收入帳分析
銀行存款	銀行存款與轉入收入帳的款項
收入帳户	出納報表
出納報表	營業統計數據
營業部門經理報表	禮品中心銷售及稅費
銀行存款總額	販賣機銷售
客房銷售與稅費	健身休閒中心
餐飲銷售總額及稅費	停車費
餐廳、客房服務、宴會及酒吧服務員小費	總收入額與總取消額
客房服務銷售	現金銷售額與收入帳款的平衡
宴會銷售	代客燙洗服務
宴會吧檯與酒廊銷售費用	電話費用
場地租用	

此節展示了正確製作每日旅館財務總結報表的重要性，並且一一敘述夜間稽核作業的要素，其中包括登錄房價與房稅、匯集客帳及支付費用、統合各部門財務活動、進行財務平衡測試、整合收入帳項、製作夜間稽核報表等，更細述使用登帳人工作業與電腦管理系統作業的情形，最後並討論如何製作夜間稽核報表及其解釋意義。因此可知，確實無誤的製作夜間稽核報表以及時常更新各項訊息，實能對旅館管理團隊調整各種財務計畫助以一臂之力。

第四節　櫃檯的各項服務

櫃檯工作項目煩雜，除了須爲旅客辦理住宿登記手續外，另外還有額外的工作需要處理，如換房之處理、房間升等、加床作業處理、留言處理、取消或改變預訂房等工作，皆需由客務部服務人員來爲房客服務。以下將針對客務部之服務工作項目作進一步說明。

一、換房之處理

當旅客住進旅館後會因某種原因而換房，常見的原因諸如：房間設備故障（電視、漏水等）、不滿意前櫃人員排定之客房（太吵或高／低樓層等）、因客房抱怨而要求客房升等以及關樓保養等其他因素，而造成住宿期間內房間有所變更。因此，換房之處理時，應注意下述幾項：

(一)請問客人換房之主要原因，並確認是否有空房可換

若因客滿導致無剩餘空房而無法換房時，須向客人委婉告

知，隔日將為其更換，並記錄在交接本上。

(二)確認房型與房價

依據客人之要求找出適合之客房，並與客人確認欲換之房型及房價。如果客人換房至更高級之客房，需加收房租時，請客人在換房換價欄上簽名。

(三)換房準備

填寫換房單並打印時間於換房單上，並為房客準備新的客房鑰匙（若為卡片式鑰匙，則製作新的鑰匙卡）

(四)詢問客人換房時間

詢問客人何時方便換房，並確認換房時房客是否須留在房內。換房時，客人不一定會在房內，最好先向客人詢問清楚，以利作業。

(五)通知相關部門

通知服務中心客人之行李將由原客房搬移至XXX客房；通知房務部於換房後整理房間，並確認新換之客房是否已為OK房（即可賣房）；通知總機，提醒晨喚與外客的來電。

(六)搬運行李

1.客人不在房內

若客人欲外出而要求代搬時，則請客人於外出前，將行李整理好集中放置，提醒房客取出保險箱內貴重物品，並且告知客人可將貴重物品先行存放於櫃檯保險箱內。行李員須由當班主管陪同將客人之行李搬至新換之房內。

2.客人在房內

若客人在房內時，則請行李員持換房單、新的鑰匙（卡）與客人一起搬運行李到新客房。

(七)將舊鑰匙以及換房通知單交還給櫃檯人員

服務中心回報櫃檯行李員搬運完後，必須將舊鑰匙以及換房通知單（行李員必須簽名）交還給櫃檯人員。

(八)電腦作業

進入電腦執行房間更換（Room Change）之動作，在上面註明原因，並確認客人換房後的所有資料均已修改完成，例如，房價與房價代碼（Rate Code）是否正確。

(九)檢查客人資料是否已更改完成

檢查櫃檯內是否有客人之留言、信件或傳真，若有尚未更改新房號等，應立即送達或將房號更新。

(十)更改登記卡資料

取出原先之帳夾，將登記卡填入新房號並檢查房價是否應做修改，最後再將客人登記卡依新房號放入新的帳夾內。

二、加床作業之處理

旅客在訂房或遷入後會因床位不足或臨時增加住宿人數而要求加床，櫃檯或訂房人員在排房時應盡可能將其安排在備品室附近，以方便房務部人員作業。若客人住宿兩天以上時，必須注意加床是否有中途撤床之情形，如有更動，應在電腦上做修改。一般而言，加床可分爲一般床（Roll Away）與嬰兒床（Baby Crib）兩種，其標準作業程序如下：

(一)訂房時即要求加床

1.開立加床通知單

排房時立即填寫加床通知單，其註明內容有:房號、遷入和退房日期、加床種類、張數以及費用，夾在登記卡上。加床通知單共有三聯，白聯由櫃檯存查；黃聯交至房務部；紅聯交至出納作入帳依據。

2.通知加床

通知房務部某房需要加床，並應在到達旅客名單（Arrival Report）上註明。

3.確認加床等事宜

當客人遷入時，確認加床數、收費等事宜，並請客人於加床通知單上簽名。

4.電腦作業

進入電腦，在房客之帳單上輸入加床費用。

(二)於遷入（Check-In）後要求加床

1.確認加床等事宜

與客人確認加床種類、張數、房號，並告知收費標準。

2.通知加床

客人認可後，通知房務部加床，再開立加床通知單，並請客人於加床通知單上簽名。

3.電腦作業

進入電腦，在客人的帳單上輸入加床費用。

三、留言服務

(一)訪客留言

1.**電話留言**

(1)以親切的口吻回答“Good Morning Reception, May I Help You?”

(2)請求留言者拼出客人姓名，並與電腦核對。

(3)當留言者拼完後，應再次複誦重複一次以確認無誤。

(4)一旦從電腦中查出房客之姓名，應立刻將房號抄下。

(5)詢問留言者姓名，並紀錄之。

(6)記錄留言內容，並覆誦一次，以確認留言內容是否正確。

(7)向留言者致謝，須等對方掛上電話後再掛電話。

2. **口頭留言**

(1)禮貌問候。

(2)請求訪客將房客之姓名拼出，並寫在留言紙上。

(3)務必覆誦一次以確認拼寫無誤。

(4)在訪客留言後，在留言紙上寫下房號、留言者之姓名，並簽上自己的姓名，再打上時間。

3.**原則**

(1)所有留言接收訊息者（接電話者）必須在留言單上簽名並蓋上時間。

(2)住客的房間號碼，不論在任何情況下，不可告訴其他人。

(3)留言單力求清晰整齊。

(4)保密的留言用信封封好，蓋上Confidential印。

(二)留言

1.已住進館內之房客

(1)如果該房客之鑰匙不在鑰匙格內，應按留言燈，並將留言單第一聯放入格內，再將第二聯存檔。

(2)如果該房客之鑰匙在格內，將做法同上述，待客人取鑰匙時，再將留言單交給房客。

2.留言——當天抵達之旅客

當接到之留言為給當日尚未抵達之旅客時，應將留言單放入旅客資料夾內，於客人抵達時能直接送達客人手中。

3.留言——非當日抵達之旅客

(1)若為非當日抵達之旅客留言，則將留言單放進信封裡，信封上註明抵達日期，訂房號碼及旅客姓名，放置於Hold For Arrival抽屜中。

(2)值班人員必須負責查詢Hold For Arrival抽屜中是否有已抵達旅客之留言，以確保留言單能及時送達客人手中。

五、房間升等

(一)當日客人所訂之房間型態客滿時，可由主管安排比原先訂房型態升一級之房間給客人，因應當天情況而安排房間升等，須在旅客登記表中註明F/H UPG（Full House Upgrade）。

(二)當升等之情況發生時，若為一級升等須由經理同意，並須簽字准許；如預升等頂級客房時，則須總經理簽字核准。

六、如何處理白天使用（Day Use）及未事先訂房（Walk-In）之客人

(一)DAY USE(當天C/I、當天C/O)

1.非特殊情況，一般不開Day Use之房間，尤其以Day Use方式W/I之旅客。

2.Day Use之房間須由主管同意，並且收取全租；若有特殊折扣須主管同意（Approved）簽字。

3.須通知櫃檯出納及於客人C/O後，通知房務部清理房間。

(二)Walk-In

1.介紹客人當日可住之客房型態，並試著推銷較高價位之客房。

2.詢問客人是否曾經來過，並請客人出示證件登記，以及於登記卡上簽名。

3.詢問付款方式，若爲現金方式付款，則須收取所住天數多加一日之房租，並開立訂金單給予客人；若爲刷卡方式付款，則須確認是否爲持卡人本人。

4.有選擇性的決定是否接受客人，下列均爲可拒絕接受之W/I客人。

(1)單身女性，神情異常者。

(2)言語不清，嚴重酒醉者。

(3)精神恍惚，疑似吸毒者。

(4)無任何證件並拒絕登記者。

(5)同業之黑名單者。

七、取消或改變預訂房

(一)取消訂房

1.若為辦公時間均交由訂房組人員處理。

2.取出顧客資料夾，於登記卡上加蓋取消（Cancellation，CXNL）章並註明原因。

3.進入電腦做CXNL動作。

4.檢查是否有安排交通車、Tour行程等事項，並通知相關部門。

5.如為保證訂房（Guaranteed Booking，GTD），須向客人解釋，並按公司政策收費。

(二)訂房延期

1.辦公時間均交由訂房同仁處理。

2.先查閱電腦找出客人之訂房資料，如為當日之住房延期，則找出登記卡。

3.檢查客人所延期之期限的住房狀況，如無問題則直接做延期（Postpone），並於登記卡上蓋Postpone章；若為客滿或已無該房間型態，則須立即告知客人。

八、Additional為Arrival Report列印出來後所再增加之訂房

包括：額外訂房、W/I及當日Reservation所通知之訂房。

(一)額外訂房

1.已有訂房，而於C/I時欲加開的房間。

2.手寫C/I單，塡寫時須注意房價及資料是否齊全。

3.使用同一個訂位代碼輸入電腦資料。

(二)W/I

按W/I程序辦理。

(三)當日訂房組（Reservation Department）所通知之訂房

1.由訂房組Pass登記卡至櫃檯。

2.櫃檯同仁做好準備（C/I單，餐券等事項）。

3.將其訂房資料登記於Arrival Report上。

九、鑰匙授權書（Key Authorization Form）

房客可能會指定在自己外出時某位友人可以使用他的房間，此時要請客人簽一張鑰匙授權書通知單（Key Authorization Form）做爲依據，否則房間鑰匙不得交給他人使用。處理步驟如下：

1.先確認客人姓名與房號。

2.請客人塡Key Authorization Form，註明房號、房客姓名、並簽名以示負責。Key Authorization Form放入Key Box內。

3.訪客抵達時，應先核對所提出之客房資料與訪客身分，核對無誤後請訪客簽名，鑰匙交給訪客使用。

4.Key Authorization Form放入Key Box內，至客人退房或指示

取消時再取出。

十、兌換外幣——現金

1.禮貌接待及問候客人。
2.詢問客人房號及名字。
3.操作電腦系統輸入相關資料。
4.檢查並收受外幣。
5.根據當日外幣匯率計算兌換金額。
6.填寫外匯水單或以櫃檯電腦系統印出外匯水單。
7.請客人於水單上簽名確認後，將第一聯交客人留存。
8.當面點清台幣現金交給客人，並向客人道謝。
9.將外幣及水單彙整，交由旅館財務部處理。

十一、兌換外幣——旅行支票

1.詢問房客名字（只限房客兌換，且一天之內只能兌換美金400元之相對外幣的額度）。
2.請該房客出示護照。
3.填寫水單上之房號、幣別、護照、號碼、出納ID NO.，切記幣別不可填寫錯誤，以免導致因匯率不同，而造成損失。
4.核對護照與水單。
5.請房客在旅行支票上簽名。
6.填寫水單，請房客簽名。
7.取出所兌換之台幣和第一聯水單交給房客當面點收，並道謝。

8.把旅行支票訂至水單上，放入抽屜。

十二、兌換外幣應注意事項

1.因台灣爲外匯管制之國家，嚴禁私下兌換外幣。

2.旅館只接受外幣換台幣，客人如須換回其外幣，須保存其水單至機場銀行換回。

3.房客因在餐廳消費而需要兌換外幣，必須影印護照備查。

4.收受現金時須注意不得有破損、塗鴉、沾黏等，且不收受硬幣及外幣找零。

5.客人表明需兌換外幣後，必須確認該客人是否爲旅館內之房客。基於配合銀行外幣管制作業安全性及服務房客，通常旅館只對其房客提供外幣兌換服務，因此櫃檯必須審慎的查詢客人房號及姓名，並進一步以電腦查詢該房客之住房登記資料，同時必須清楚的告知房客，旅館所提供之外幣兌換金額上限，並詢問房客所需兌換之外幣金額。

6.旅館所提供之外幣兌換匯率乃根據銀行之每日兌換匯率表來執行，因此匯率每日都會有不同之波動行情，通常在櫃檯出納處會提供當日匯率表供客人查閱，作爲客人兌幣時之參考依據，當然旅館提供服務時會額外加收一筆手續服務費用（服務費金額多寡由旅館自行決定）。

十三、如何處理客人快捷退房（Executive Check Out）作業

1.請客人簽署快捷退房合約，並且清楚填上客人信用卡資料和通訊地址。

2.於凌晨作業時，印出客人消費帳單，並由服務中心送至客房，帳單放入退房套內，由客人房門下遞入。

3.等客人將快捷退房卡送回後，再由早班出納處理結帳作業。

4.快捷退房是由大夜班和早班出納共同處理，以方便客人不用親自前來結帳退辦。

第五節　個案分析

滋事客人的處理

三位煞氣頗重且一付肥肉橫生的客人進入旅館，天空中劃過幾隻烏鴉地啼叫聲，今天的祈情旅館將會有著不同的一天。

「小姐還有沒有房間？」一位帶著深色墨鏡的小角色說話了。因櫃檯作業程序需要客人出示身分證明，以方便登記訂房，而這幾位客人不願意配合下，櫃檯只好退而求其次地說：「先生，我們今天的房間都客滿了，……」（不等櫃檯人員說完話，那位小角色又再一旁斥責地說著，表示不相信的樣子。）「先生，我們今天的房間都客滿了，但只剩下一間豪華樓中樓套房，那您的意思是如何呢？」櫃檯的Susan佯裝鎮靜地說完這些話，因此這幾位客人遂藉口Susan態度不好、一付瞧不起的人樣子而在大廳大肆喧鬧著。

經過旅館主管與其一番協調後，這幾位客人才同意拿出身分證登記入房，但旅館方面仍畏懼再度與他們有所爭執，就無預收訂金了，卻沒想到他們會在房內開起了Party。

剛在大廳暢談的幾位身形高大的外國男子，已慢慢地從大廳走進右側的上海樓，此時客人的悠哉與前半小時的事件簡直是強烈的對比，依然讓櫃檯心有餘悸地詭異著。

「鈴……」櫃檯傳來清脆地電話聲，

“Good Evening, Front Desk, Mr. Marvin. This is Susan Speaking, How Can I Help You ?”櫃檯流利地說著

「小姐妳好，可不可以麻煩樓上的房客安靜一點，我已經受不了了，他們吵了好些時候了，這樣我無法入睡。」1220號房的Marvin先生婉轉地反映，聽得出來已頗有些怨言了。

「是的，Marvin先生，很抱歉打擾您的休息時間，我們會立即處理，謝謝您的來電。」櫃檯向Marvin先生道完歉後，Susan查看著電腦資料隨即請夜櫃的Mike上樓轉告1320號房，結果上樓之後才發現1320號房在房間內偷偷地開起Party，幸好13樓並無其他住客，夜間櫃檯的Mike鼓起勇氣婉轉地反映給此間房的房客，雖然房客並無太大的情緒變化，但在半小時後，……

「小姐，我是1220號房的，剛才我打了通電話，請妳麻煩樓上的房客安靜一些，他們還是一樣這麼吵，而且還變本加厲，你們旅館是怎麼處理的啊！妳們連管理這種小事都做不好！你們還能做什麼？我明早還要趕到台北去開會。」Marvin先生越說越生氣地責罵起來。

感到無奈的小姐只好悶悶地吃了這趟閉門羹，接到客人反應電話後，知情的大廳副理非常不安下，只好協同安全部人員上樓， 硬著頭皮一同請1320號房能降低音量。

雙方談話過程中，竟然有一位客人情緒失控，突然推開同伴以玻璃瓶向大廳副理的頭上砸去，安全部人員馬上向前制止事件，避免事情不可收拾。

之後通知了警方前來處理作筆錄，但1320號房的住客一點也不在乎、無關緊要地表態，有花錢消災了事的意願，包括房內所

有損耗的設備、副理的醫藥費。

第二天一早將退房的1220號房的Marvin先生，一臉生氣地表示整晚都沒有睡好，他堅持不肯付帳。

個案檢討

1.對於上述鬧事的客人，除櫃檯需要提高警覺之外，櫃檯應通知哪些部門以防範事件的發生？

2.若您今天爲櫃檯的Susan接到有客人抱怨吵鬧聲時，您應如何安撫客人？

3.若您今天爲櫃檯的Susan，接到客人抱怨後，應如何處理製造吵雜聲的客人才不至於得罪之？

4.若您爲櫃檯的出納，若有客人拒付客帳時，因如何處理？

5.請問旅館應如何處理蠻橫無理的客人？

第八章　服務中心作業認識

- 服務中心之工作職掌
- 服務項目之處理
- 大廳副理與夜間經理
- 個案分析

服務中心，法文為Concierge其意為資訊（Information），或稱Service Center。服務中心之服務對象並非只單單針對來館住宿之旅客，而是只要是來館之旅客不論用餐、使用健身房會員等等都是其服務之對象，所以其服務的對象非僅與房客有直接關係，對於來旅館使用公共設施的消費客人也是關係密切。服務中心其職務可分為門衛（Door Attendant／Door Man）、機場代表（Airline Represent）、行李員（Bell Man）及停車員（Parking Attendant）。現代旅館的行李組及門衛服務，已不作嚴格區分；他們是旅客來館住宿期間第一位和最後一位接觸的服務人員，可說是站在業務的最前線，其言行舉止都代表著旅館，關係著客人對旅館的評價。服務中心人員的制服華麗而筆挺，在大廳中穿梭往來，十分引人注目，是旅館形象的代表，所以在執行服務工作時，應符合旅館的要求，任勞任怨、發揮同舟共濟、同理心的精神。

本章首先介紹服務中心人員之工作守則與各階層之職掌；其次為服務項目之處理；此外亦介紹大廳副理與夜間經理。

第一節　服務中心之工作職掌

服務中心是由機場接待、司機、門衛、行李員等職員組織而成的。當旅客抵達旅館首先為他們服務的便是服務中心的門衛；當客人辦理退房離開旅館時亦須由服務中心人員服務。

服務中心依據不同階層之服務人員各司其職，為來館之旅客，提供完善的服務。以下將針對服務中心人員之工作守則與各階層之職掌進一步說明如下：

一、服務中心人員工作守則

1.微笑、專注目視客人。

2.盡可能稱呼客人的姓名，並以標準語向客人問候。

3.行李車用於搬運多件行李，若僅有一件時，應以手提方式送至客房。

4.以右手開門。

5.指示客人時，須用手掌而非用手指。

6.上班時務必保持服裝儀容整潔，並遵從公司規定之衣著準則，頭髮亦須梳理整齊。

7.上班時應堅守工作崗位，嚴禁私自離開崗位，若遇事須暫時離開，應向當班同仁交待，並且盡快回到工作崗位。

8.嚴禁上班時和路邊排班司機在泊車台聊天。

9.嚴禁與計程車司機有私下交易行為。

10.嚴禁向客人索取小費。

11.嚴禁介紹顧客前往不當場所消費，以及仲介客戶從事不法情事。

12.嚴禁圖謀私利與旅館附近停車場業者勾結，藉宴會之便，向公司申請不實金額。

13.司機、門衛上班時，請穿戴白手套，若遇下雨時，則可不需穿戴。

14.當車輛還在行駛中，請勿開啓車門。

15.若發現行李有破損之處，應先告知客人。

16.適切的詢問客人是否應協助搬運行李。

二、服務中心各階層職員工作職掌

(一)服務中心經理

1.瞭解服務中心工作職掌及服務流程。

2.瞭解員工的需求，設立訓練計畫以教育部屬。

3.負責服務中心管理之責。

4.維持顧客、員工及部屬良好友善之關係。

5.瞭解緊急事件的處理流程。

6.隨時訓練部屬，使其瞭解工作流程。

7.確保部屬親切有禮，並提供最佳服務。

8.填寫交接本（Log Book），促使交辦事項完成。

9.督導部屬傳遞留言、信件處理、包裏運送之責。

10.確保大廳及工作區域整齊清潔。

11.維護旅客寄存行李之安全。

12.維護門廳外之交通順暢。

13.督導每日旅客搭乘之交通工具是否正常發車。

14.確實控制行李員上下班打卡、調假及加班之情況。

15.督導部屬隨時保持服裝儀容整潔。

(二)服務中心主任

1.接受經理的監督。

2.協調管理行李員、門衛與機場代表每日工作。

3.制定部門同仁之勤務表、班次與檢查每日出勤狀況。

4.在交接班時，檢查部屬的服裝儀容，並指示當天應注意事項。

5.督導機場接待、門衛、行李員與該部門其他同仁每日工作流程是否正常運作。

6.查看交班日誌與其各項登記簿。

7.處理客人的抱怨投訴和其他緊急情況。

8.隨時巡視大廳、門口。

9.定期評估員工績效並進行獎懲。

10.常與其它部門進行溝通、協調，保持良好關係。

11.參與館內每周之會議，並將訊息告知同仁。

12.培訓部門之新進人員。

(三)服務中心領班

1.保管旅客寄存在行李間之行李。

2.分配行李員工作，安排班次。

3.記載每日的工作日誌。

4.檢查行李房與維持內部的清潔。

5.確保服務中心使用的工具齊備完好。

6.掌握客房狀況與其他資訊。

7.確認客人行李的接送記錄。

8.維護服務中心各項生財器具。

(四)門衛

若問來到旅館的客人，哪一位服務人員給予他們「第一印象」最深刻，絕大多數的人會告訴你「門衛」。門衛親切地問候剛下車的旅客，忙進忙出的卸下大小行李，帶領每位旅客進入館內，或許是些稀鬆平常的動作，但卻能讓旅客建立對旅館之良好印象。對於初到此地、人生地不熟的旅客而言，在住宿期間也能藉此得到門衛多方協助。舉凡提供有關當地用餐、休閒、觀光、娛樂的資訊，客人外出之際，招呼計程車，並清楚記下車號等等。其職責如下：

1.維護大門四周的安全

爲維護館內人員之安全，門衛是第一線，應隨時注意是否有可疑人物在附近徘徊，必要時應通知旅館安全室或警衛做進一步處理。

2.疏導、指揮交通

隨時掌握停車狀況和周遭道路交通，避免大廳前車道擁塞，應保持暢通。

3.大廳前的整理

由於門衛的工作地點多在大門前，人群的來來往往，多少造成髒亂，所以，大門前四周清潔的維持，也在工作責任之一。

(五)行李員

即有時推著載滿行李的推車，有時雙手提著大包小包的行李，來往穿梭在旅館大廳與客房之間的服務員，現今，也有不少女性加入這個部門，擔任此項工作。

其工作職掌如下：

1.瞭解公司各項產品設施、所在位置、營業時間及旅館附近的周邊環境，例：風景名勝、小吃美食。
2.主動向客人招呼。
3.搬運旅客的大小行李。
4.引導客人至櫃檯和客房。
5.向住宿旅客介紹房內設備。
6.客人行李的保管、寄存。
7.維護大廳及環境的清潔，需注意每個角落，如有紙屑或煙灰等，應拾起或擦拭清潔。

8.爲客人遞送信件、報紙、傳真、留言等。

9.完成客人交代辦理的事項。

10.協助其他部門同仁。

11.留意客人動態，隨時注意大廳安全，如遇可疑人物應立刻報告主管。

專欄8-1　服務中心趣聞

1.某天一群團體客來旅館，當大車開到門口時，身爲Bell的我們早就蓄勢待發，車門一開（樓下的行李門也開了），客人陸陸續續下車，你等我我等你的，我們則開始猛搬行李，放上推車，才一下子，行李就全搬出來了，等待客人進旅館，誰知導遊下車，看了臉都綠了，搞了半天，他們是來吃飯的，不是來住房的……。

2.有一次來了一部計程車，客人下車，同事就幫忙搬行李，打開後車廂，同事就猛搬，客人直接進旅館Check-In，後來我們送行李到客房時，發現一件袋子不是房客的，我們也嚇了一跳，結果：想不到是同事搬的太高興，連計程車司機的東西也搬了下來……呵呵！眞的被打敗……，只有等司機看他會不會回來找囉！

3.某天旅館大廳很忙，當時只剩一個Bell在大廳忙的不可開交，外面有行李，裡面又有電話，當同事跑來跑去的時候，有一位女客人問他「請問廁所在哪裡？」我同事忙到也神智不清，急忙的邊走邊比邊回答她說：「妳要尿尿是吧？廁所在那裡！」…呃…。

(六)機場接待

很多旅客會利用搭乘飛機的方式，來到旅館所在的城市，此時，提供快速便捷的服務，就是機場接待的工作了，將旅客接回旅館內，並且盡可能的在機場候客時，爲旅館招攬更多的生意。

1.查閱訂房報告。

2.一切就序後，準時前往機場接待來館旅客。

3.爲客人處理隨身行李。

4.在機場積極宣傳，為旅館爭取更多旅客。

5.與接泊車司機互相協調配合。

6.遇有貴賓（VIP），應特別注意接機時間與其他需求。

7.即使應該多為旅館爭取更多旅客，但仍應與其他旅館的接機代表維持良好關係。

8.掌握旅館訊息，包括住房率、房價與各項新的資訊。

專欄8-2　金鑰匙的由來

金鑰匙服務在國際上的發展已有近百年的歷史，並且深為世界各國旅客熟知和推崇，被譽為服務項目中的極至。金鑰匙的國際性標誌是兩把金光閃閃、垂直相交的金鑰匙，其意味著為世界各地的旅遊者提供滿意＋驚喜的個性化服務，並在為他人服務中找到自己富有的人生。

還有一句話，正如業內人士所言，一個旅館擁有「金鑰匙」，相當於給旅館增加了一顆星；一座城市擁有「金鑰匙」，則呈現出城市的綜合服務水平向國際水平靠近。

金鑰匙的服務哲學，即是在不違反法律的前提下，使客人獲得滿意加驚喜的服務，要考慮到客人的吃、住、行、娛、遊、購六大內容：從接客人訂房，安排車到機場、車站、碼頭接客人；根據客人要求介紹特色餐廳，為其預訂座位，為客人在地圖上標明購物點等等；當客人要離開時，在旅館幫助客人買好車、船、機票，並幫助客人托運行李物品，如果客人需要的話，還可以訂好下一站的旅館並與下一城市旅館的金鑰匙落實好客人所需的相應服務；還要熟悉本市主要旅遊景點，包括地點、特色、開放時間和價格；能幫助客人購買各種交通票據，瞭解售票處的服務時間、業務範圍和聯繫人；甚至要能幫助客人修補包括手錶、眼鏡、小電器、鞋等物品，掌握這些維修處的地點、服務時間；能幫助外籍客人解決辦理簽證延期問題等相關服務，讓客人自始至終都感受到旅館無微不至的關懷。

透過在旅館裡推廣金鑰匙理念，以及旅館推出的一系列「滿意＋驚喜」的主題活動，國際旅館的很多員工能像「金鑰匙」一樣，時時、處處表現出對客人的細微關心和體貼，當客人生病了，禮賓部員工會及時地將病人送到醫院；當見到年老體弱者行動不便時，保安員會主動上前攙扶。至於下雨天主動為客人撐傘、代沖軟片、郵寄包裹信件、購買東西、修理皮箱等小事，員工們都積極主動地為客人辦理。正是這些閃閃發光的「金鑰匙」，用細心、體貼入微的服務，大大地提升了旅館的管理水準和服務品質，讓客人享受到「滿意＋驚喜」的優質服務。

第二節　服務項目之處理

每位旅客在一進大門與離館前，都會接觸到的旅館部門，當屬服務中心。服務中心乃旅館的門面，是顧客接觸旅館的第一線，客人對旅館印象的優劣，它占有舉足輕重的地位，其重要性可想而知，不單單只服務來旅館住宿的客人，相對地，對於來用餐或者會議等，所有來館的客人，皆有機會享受到服務中心人員提供的服務，因此，端莊的儀態、得體的應對及親切迅速的服務，是每位服務中心人員應具備的。服務中心提供的服務是很重要的，而且需要慎重的處理，本節將針對這些服務項目介紹如下。

一、服務項目之介紹

服務項目的介紹包括有接機服務、行李保管與寄存、館內外資訊服務、代客攔車、傳眞和旅遊服務等各項服務，茲說明如下：

(一)接機服務

1. 領取接機名單：每天上班後，至訂房組拿當日需接機服務的旅客名單、班機號碼與舉牌名單，團體、個人的名單，確認抵達日期、班機、人數應看清楚，以避免有遺漏（圖8-1）。

敏蒂天堂飯店
Mindy Paradise Hotel
Limousine Transfer

Guest Name	Pax	Bags	Room No.

Arrival

Date	Time	Car No.	Arranged By

Departure

Date	Flight No.	E.T.D.	Departure Time
Confirmed By	Time	Car No.	Bellman

Destination			Charge
Hotel	Airport	Others	$
Remarks			

Guest Signature

圖8-1 接機服務訂單

2.戴上員工名牌，整理服裝儀容，安排前往接泊的車輛。

3.依照接機時間，填寫機場接載預約旅客名單。

4.在機場接載預約旅客名單上註明旅客姓名、當天日期、抵達時間、班機號碼、人數、車號、車型與司機姓名，一輛接泊專車需填寫一張，再送至警局簽章。

5.另外填寫車單，註明旅客姓名、當天日期、班機號碼、人數、車號、司機姓名和經手人姓名，以作爲廠商請款與入帳時使用。

6.等待班機抵達後，在入境旅客大廳出口，手持旅客姓名的接待牌，務必耐心等候，以免遺漏客人。

7.發現要迎接的客人時，應主動上前招呼。

8.向客人表明自己的身分，並告知車資，請客人在車單上簽名。

9.請客人至接載旅客上車處搭車，送客人回旅館。

10.將機場接載預約旅客名單及車單交給司機，以備警察臨檢與旅館入帳使用。

11.若旅館無專車時，則送客人至計程車招呼站，告知司機客人的目的地，記下車號，目送客人離開。

12.在旅客乘車離開後，馬上回報旅館旅客姓名、特徵、車號、人數、行李件數及大約抵達時間，讓旅館能預先做接待的準備工作。

(二)歡迎來館旅客

1.迎接團體旅客

團體的客人，多爲搭乘大型的巴士前來住宿，此時應示意巴士停靠在距離大門不遠之處。一方面不會造成車道的堵塞，另一方面下車的旅客也不必走上一大段路進入旅館。

2.迎接住宿旅客

當旅客的座車抵達時，主動上前，帶著親切的微笑爲客人開門，並用手擋住車沿，以避免客人起身站立時，不小心去碰撞到頭部。請行李員爲客人卸下行李並清點行李件數，而自己再重新檢查一遍是否有任何遺漏物品。然而，爲免百密總有一疏，所以如果來車爲計程車時，應登記車牌號碼與時間備查。

3.歡迎前來用餐、會議的客人

外來的客人多開自用轎車，在川流不息的車道上，動作應迅速、熟練地指揮著所有來車，開往停車場；搭乘計程車前來之顧客，也需記下車牌號碼與時間，把握住招呼客人、車道的暢通、秩序維持這三大原則。

(三)接待客人之標準作業程序

1.接待個別住宿旅客

很多旅客不會參加團體旅遊，像是很多以商務或自助旅行爲目的的客人，都會自行搭乘交通工具前往旅館，因此，無法預知抵達時間，以下分作二點說明：

(1)旅客抵達旅館

a.旅客乘車抵達時，協助將行李卸下，仔細檢查車廂、座位底下，有無遺漏行李。

b.詢問客人行李件數，確認無誤後，一邊爲客人提行李，一邊引導客人至櫃檯辦理登記手續。行李應放在其右後方一公尺處，以方便客人拿取物品。

c.引導客人至櫃檯時，腳步不可太快，以免客人跟不上，兩人距離約二至三步。

d.客人辦理登記手續的同時，應小心看管行李，隨時注意客人的動態及櫃檯服務人員的指示，當客人完成手續後，領取鑰匙核對房號後，再帶客人至客房。

e.對於旅客的行李要特別注意，易碎物品需要小心搬運、輕放，如果行李太多，則應使用行李推車來搬運。

f.搭乘電梯時，應把握一原則，客人後進後出，行李員（如圖8-2）先進先出。行李員先進電梯後，再請客人入內；到達該樓層時，行李員離開電梯的同時，扶住電梯門，再請客人先出來。

g.與客人在電梯內避免沉默，應與客人交談，例：介紹館內用餐設施等。

h.到客房時，應先敲門或按門鈴，如無任何反應時，方可開門入內。

i.打開房門後，開啓電源開關，行李員先退至一旁讓客人進入房內。

j.將客人的行李放在行李架上或客人指定的地方。

k.若一時遷入（C/I）的客人過多，忙不過來時，可請客人先進房間，並告知客人在多久後行李會送達，以避免客人著急。行李送達的同時，必須向客人道聲「對不起，讓您久等了」。

l.爲客人介紹旅館設施與客房設備的使用方法，並告知安全門的正確位置，萬一有什麼狀況應如何逃生，以利緊急狀況時能迅速逃生。

m.告知客人貴重物品可放置於房內之保險箱內。如客人無其它吩咐，向客人道聲「午／晚安，祝您有個愉快的假期」，輕輕的關上房門，離開房間。

n.返回工作崗位，並填妥遷入行李登記表（如表8-1）。

(2)旅客離開旅館

a.客人要離開時，會以電話通知櫃檯，要求行李搬運服務。

b.行李員詳細記錄下旅客大名、房號、行李件數及何時客人需要行李搬運的服務後，告知客人多久後會將行李行達客房。

c.行李員除了與客人同行時才可搭客用電梯外，其他時候只可乘員工電梯。

d.到達客房時，先按門鈴，再敲門，報上Bell Service（行李員服務），等待客人開門才可入內。

e.與客人清點行李件數，仔細檢查有無破損情形，並提

表8-1 遷入／遷出行李登記表

敏蒂天堂飯店

Mindy Paradise Hotel

Luggage Receipt In/out

Guest Name	Room No.	No. of Luggage	Date

醒客人是否有遺忘任何東西，如一切皆已檢查完成，將房門關上，引導客人至櫃檯辦理退房手續。

f.若客人不在房內時，可請該樓層的房務員開門，以收取客人的行李。

g.若客人要求先將行李送至大廳，清點行李件數，全數確認後，記錄在旅客遷出記錄卡（如表8-2）（記錄：房號、件數、房客姓名），請房客憑此卡領取行李。

h.客人完成退房手續後，帶領客人至大門搭車，並請客人清點行李數量，且再次提醒客人，保險箱內之物品是否已取出。

i.爲客人招呼車輛，並爲其開上車門，請客人上車，向

表8-2　旅客遷出記錄卡

敏蒂天堂飯店

Mindy Paradise Hotel

旅客遷出記錄卡			
日期		房號	
旅客姓名			
帳目			
鑰匙			
行李件數			
行李員			

客人道別，目送客人離開。

j.在遷出行李登記表上（見**表8-1**），記載客人離開時間及車號。

2.**接待團體旅客**

對於團體旅遊而言，常會安排緊湊的行程，所以抵達旅館的時間，多在晚餐或晚餐過後。由於行李的數量多，此時，就會需要行李推車（如**圖8-3**、**圖8-4**）的協助，快速將行李卸下，一一掛上行李牌（如**圖8-5**），依照上面的房號，將每一件行李送至房內。

圖8-2 行李員

（攝於華國飯店）

圖8-3 行李推車

（攝於華國飯店）

圖8-4 行李推車

敏蒂天堂飯店 Mindy Paradise Hotel 姓名 NAME 房號 ROOM NO.	敏蒂天堂飯店 Mindy Paradise Hotel 姓名 NAME 房號 ROOM NO.

圖8-5 行李牌

(1)在團體旅客抵達旅館前

a.接到電話時詢問清楚旅行社或團體名稱與訂房數。

b.電話通知櫃檯的團體接待人員。

(2)團體旅客抵達旅館

a.在入門處迎接旅客的光臨。

b.由服務人員引導客人至團體遷入區辦理手續，全部行李集中在大廳一處，不可影響大廳其他客人的出入。

c.旅客下車的同時，迅速將車上的行李卸下。

d.清點行李的總數，逐一掛上寫有房號的行李名牌。

e.填寫團體旅客行李搬運記錄表，記錄表上登記日期、團體名稱、房號、行李件數（每間客房與所有行李的總數）、服務人員簽名。

f.利用行李推車，將不同樓層的旅客行李送至客房裡。

g.每間客房送交的行李數確認無誤後，則要在記錄表上的確認欄上打勾。

g.所有行李運送完成後，親自在表上簽名，再交給部門主管。

(3)團體旅客離開旅館

a.請該團的導遊或領隊告知旅行團的成員，在退房前先將整理好的行李，放置在客房前面，以利於行李員的作業。

b.搬送每間客房行李時，應先登記該房行李數。

c.重新檢查是否有該團行李遺漏的情形。

d.所有運送下來的行李，全部集中在大廳一處，並告知該團導遊或領隊行李總數。

e.在檢查無誤後，將行李運送至大巴士上。

f.向旅客揮手道別，並說「謝謝光臨」、「旅途愉快」。

(四)行李保管與寄存

除了平常爲旅客搬運行李之外，也須負責行李部分的看管。很多旅客會將住宿期間內一些用不到的行李，寄存在服務中心，避免占用客房的其它空間，或是已經辦理退房的客人，爲方便前往他處也會先將行李寄存於此。

1.行李的寄存

(1)先告知旅客行李寄存之情形，詢問是否爲貴重物、易碎物、冷藏品或易腐爛的物品。

(2)貴重物品請客人寄存於櫃檯的保險櫃內，避免遺失。

(3)易碎物，應放在行李明顯的地方，貼上易碎的標籤，藉以提醒注意。

(4)冷藏品或易腐爛的物品，寄存在冰庫之中以免腐爛。

(5)行李寄存時，應檢查行李，如發現有任何破損的情形，要向客人告知。

(6)詢問客人姓名、房號以及提領時間，以便於填寫物品寄存卡，且應詳細記錄，以防事後爭執之情事發生。

(7)物品寄存卡（如圖8-6）的上下聯註明當天日期、客人姓名、房號、提領時間、經辦人簽名。上聯繫在行李上，以方便行李員辨識行李；下聯交由客人留存，以便提領行李。

(8)如客人的行李件數爲兩件以上，用繩子繫好，避免將不同旅客的行李弄錯。

(9)若寄存的行李屆時要由他人來代領時，務必請客人將代領人的姓名、地址等資料填寫清楚，前來提領行李時，必須持身分證與物品寄存卡下聯。

敏蒂天堂飯店
Mindy Paradise Hotel

CONCIERGE DEPOSIT

DATE: ______________________
NAME: ______________________
ROOM NO.: ______________________
NO. OF ITEMS: ______________________
RECEIVED BY: ______________________
NO. ______________________

圖8-6　物品寄存卡

2.行李的提領

(1)請客人出示身分證及物品寄存卡下聯。

(2)爲客人找尋行李的同時，聯絡櫃檯，查詢客人的帳目是否結清。

(3)客人清點行李件數無誤後，爲客人將行李搬運上車，並在存放行李的登記簿上，附上物品寄存卡上下聯，並予以註銷。

(4)如客人將物品寄存卡下聯遺失，則請客人告知姓名、房號、行李件數、特徵，並出示身分證將此與上聯影印，請客人在上面簽名後，再將行李交由客人。

(5)代領行李的客人須出示身分證及物品寄存卡下聯，而行李員須將身分證影印存檔，再請代領的客人簽寫收據。

(6)若客人無相關的證明文件或物品寄存卡下聯簽名，而與上聯不符時，勿將行李交給前來提領的客人。

(五)館內外資訊服務

無論是住宿或來旅館的客人，對於旅館設施不熟悉的情形下，通常會向相關的服務人員詢問，此時服務中心人員就必須清楚的知道所有館內外資訊，而對於旅館周邊的用餐地點、藝文場所、觀光景點的資訊亦應有所瞭解，以便提供客人完善且全方位的服務。

1.**介紹旅館內的設施、地點**

尤其在會議與宴會舉辦之際，很多客人都會向門衛詢問各項相關資訊，所以要清楚地知道館內的活動訊息、地點和附屬設施使用情形，才能詳盡的告知客人。

2.**介紹旅館四周的設施、地點**

旅館四周的交通路線、搭乘方式、主要觀光景點位置等，都是旅客常會詢問的問題。

專欄8-3　台北市觀光交通地點中英對照表

觀光地點中文名稱	觀光地點英文名稱
國立故宮博物院	National Palace Museum
國立歷史博物館	National Museum of History
省立博物館	Provincial Museum
中華工藝館	Chinese Handicraft Mart
中正紀念堂	Chiang Kai-Shek Memorial Hall
台北世界貿易中心	Taipei World Trade Center
台北市立美術館	Taipei Fine Arts Museum
台北海洋生活館	The Sealife Taipei
國家音樂廳	National Concert Hall
國家戲劇院	National Theater
植物園	Botanical Garden
兒童樂園	Children's Playground
天文科學教育館	Taipei Astronomical Museum
忠烈祠	Martyrs Shrine

觀光地點中文名稱	觀光地點英文名稱
士林官邸	Chiang Kai-Shek Residence
孔子廟	Confucius Temple
行天宮	Hsingtien Temple
龍山寺	Lungshan Temple
林安泰古厝	Lin An-Tai Homestead (Mansion)
建國假日花市	Weekend Flower Market
建國假日玉市	Weekend Jade Market
士林夜市	Shilin Night Market
華西街夜市	Huashi St. Night Market
松山機場	Taipei Sungshan Airport (Domestic Airport)
台北火車站	Taipei Train Station
大眾捷運系統	Mass Rapid Transit (M.R.T)
新光三越百貨	Shin Kong Mitsukoshi Department Store
新光摩天展望台	Topview Taipei Observatory
太平洋崇光百貨	Pacific Sogo Department Store
大葉高島屋	Dayeh Takashimaya

(六)傳眞、留言送至客房

一般而言，客人之傳眞是由商務中心以電話通知服務中心人員至商務中心拿取；訪客留言則是由櫃檯或總機人員取得資料後轉出，但若是由總機透過電話取得留言，則會先送至櫃檯，再由服務中心人員前往櫃檯拿取。旅館要求不論多麼忙碌，一定要在十五分鐘內送至客房。

1.先以電話通知客人，再將傳眞或留言送至房間。

2.送至房間時，先按門鈴，會有兩種情況：

(1)若客人在房內時，直接交給客人。

(2)若客人不在房內時，傳真或留言可從門縫塞入房內。但務必全部塞入，以避免其他被人取走。

(七)物品轉交

1.**外客轉交房客**

(1)確認電腦。

確認客人是否住在旅館內或近日將住進旅館，再接受物品，日後才不會造成困擾。

a.若客人住於旅館內，則註明房號。

b.若客人近日將住進旅館，則註明訂房代號。

c.若客人已退房，則婉拒收下物品，除非客人交代會特地回來拿取。

(2)請問外客姓名、電話，以便有任何問題時，方可聯絡。

(3)填寫寄交房客物品卡（如圖8-7），且必須將所有事項都

敏蒂天堂飯店

Mindy Paradise Hotel

寄交房客物品卡

房號	旅客姓名
來訪者姓名	電話
項目	
留話	
簽名	值勤者

圖8-7　寄交房客物品卡

註明清楚，方便日後查詢。其註明內容有：時間、外客姓名和電話、客人姓名和房號、物品名稱以及經手人。

(4)直接送至客房或由櫃檯轉交，須立即送至房內，以避免遺漏。

a.直接送至客房之前，可先電話聯絡客人，如果客人不在時，可請房務員開門將物品送入房內。

b.若客人尚未遷入時，可在櫃檯留言或請櫃檯人員等候客人遷入時，將寄交房客物品卡聯轉交客人。

2.房客轉交外客

(1)詢問房客的姓名和房號、外客的姓名和電話以及是否已經與外客聯絡何時來拿取。

(2)填寫轉交物品記錄本，且須將所有事項都註明清楚，方便日後查詢。其內容有：時間、客人姓名和房號、外客姓名和電話、物品名稱以及經手人。

(3)填寫物品寄存卡，且註明清楚，以便提領。其內容有：日期、房號、姓名、物品名稱以及經手人。

(4)上聯繫在物品上，以便查詢及提領，將物品寄存卡下聯訂在登記本上。

(5)將繫好寄存卡的物品，送入庫房，並按旅館規定位子放置，以免混亂。

(八)住宿旅客之換房

有些旅客因爲房間設備故障、噪音太大，或其它原因，會向櫃檯要求更換房間，此時，行李員需將房客的行李移至另一間客房，但有時候客人會在房內，而有時客人會剛好外出，所以會有兩種換房情形發生。

1.房客不在房內

有些客人會事先告知何時會外出，再要求服務人員在這段時間內，作客房的更換。所以，當櫃檯人員得知後，會先請客人將行李整理完成，屆時行李員再將客人所有物品搬至新的房間。如遇到客人物品尚未整理者，不得換房，除非由當班主管陪同，並且注意換房前，客人物品擺放的位置，換至新客房時，仍依原房間之擺設排列。換房時需知會房務領班及櫃檯人員才可換房。行李員前往客房時，先領取新鑰匙／卡，推著行李車，會同該樓層的房務領班或房務員，進行換房工作，同時，仔細檢查客人有無遺留下任何物品在抽屜、浴室、床上等地方，如有拾獲則記錄下來再收拾整齊。整個換房作業完成後，行李員要做換房記錄，詳細記錄著時間、房號、行李件數與是否有其它遺留物品。

2.房客在房內

接到房客換房要求時，請行李員持換房單與領取新房號的鑰匙／卡，再推著行李車前往載運所有行李，並引領客人前往新的客房。到達時，禮讓客人先行進入房內，行李置於行李架上，收回客人原住房的鑰匙（若爲鑰匙卡就不用收回），再將新的客房鑰匙／卡交給客人。離開時，將房門輕輕關上，收回的鑰匙交還給櫃檯人員。

(九)旅遊安排

客人想參加市區觀光、郊區、名勝觀光景點旅遊時，必須拿出簡介詳細介紹，並爲其安排適當的景點。

1.詢問客人房號、姓名、旅遊行程，旅遊行程必須確認清楚。

2.告知客人單價。

3.電至旅行社，告知客人房號、姓名、人數、旅遊行程以及所使用之語言，並詢問接送客人之時間。

4.填寫四聯單，並應註明清楚。其內容有：日期、姓名、房號、使用項目、旅行社名稱、旅遊行程、接送客人時間以及旅遊費用。

5.請客人簽名，並告知旅行社接送時間。

6.拿旅行社標籤貼紙（Sticker）給客人，並請客人於當日貼在胸前，以利辨認。

7.填寫旅遊券。一聯存底，另一聯與四聯單之廠商聯訂一起，是當日要交給導遊的。

8.請櫃檯出納入帳，且必須馬上入帳，以免漏帳。

9.將此單存放於櫃檯。

10.旅遊當日櫃檯會連同車單，一起給服務中心。

(十)代客安排車輛

1.先詢問客人是否搭乘計程車與目的地爲何處，以便告知司機及登記在乘車的記錄表（車號、目的地、時間、人數、國籍）上。

2.爲旅客招攬車輛，如有行李時，主動幫客人提行李。

3.爲保護每位旅客的權益，須清楚記下客人搭乘的車號。

4.打開車門請客人上車，告知司機，客人的目的地，再將車號的登記卡交給客人。

5.爲客人關上車門，站在原地目送客人離開。

(十一)引導大門口的車輛

1.車輛進入大門時，爲旅客開車門，並且幫忙卸下行李。

2.詢問司機停留時間，可藉此決定是否請司機停於停車場。

3.如果司機將停留旅館用餐、住宿時，則引導車輛停於停車場，反之，則請司機停於車道兩旁或騎樓邊，以不防礙行車動線爲原則。

4.車輛離開時，如需倒車，應幫忙引導，避免車輛撞上後方的來車、行人或其他建築物。

敏蒂天堂飯店
Mindy Paradise Hotel

代客停車服務卡
Valet Parking Claim Card

車　號
Plate No. ____________________

停車位置
Car Location：____________________

停車時間　　　停車人
Time Parked：________　Attendant：________

貴賓姓名
Name of Guest：____________________

All vehicles parked at owner's risk. The Mindy Paradise Hotel will not accept any responsibility for loss or damage Incurred whilst vehicles are Parked at the Hotel.

所有代泊之車輛，若發生任何損傷或遺失，概由車主自行負責。

圖8-8　代客停車服務卡

表8-3　停車記錄表

DAILY PARKING RECORD

GUEST			GUEST			GUEST		
NAME	ROOM#	HR（S）	NAME	ROOM#	HR（S）	NAME	ROOM#	HR（S）

	O / N	HR（S）		O / N	HR（S）		O / N	HR（S）
TOTAL			TOTAL			TOTAL		

	O / N	HR（S）
GRAND TOTAL		

圖8-9　代客停車櫃檯

（攝於圓山飯店）

(十二)歡送旅客

1.歡送個別住宿、團體旅客

協助行李員，將客人的行李搬運上車，清點數量是否正確。爲客人招呼計程車，在上車時，用手擋住車沿，待客人入坐車內後，輕輕的將車門關上，注意不要夾住旅客外套、裙子的下擺。當車輛離開時，記下車牌號碼與時間，向旅客行禮，揮手致謝。

2.歡送用餐、會議的客人

通常此刻的大門，會頓時湧出相當多的人潮和車潮，造成較爲混亂的場面，此時一位專業的門衛更應保有冷靜和有禮的態度來面對，指導車道交通及疏導行車。

專欄8-4　交鎖匙

您知道在旅館業中，有個交鎖匙的儀式嗎？爲什麼要交鎖匙呢？它的意義何在？這就是英國旅館開幕的傳統儀式，在英國，旅館要開幕的時候，都會舉行交鎖匙的儀式。這儀式主要是董事長要把鎖匙交給總經理，意思就是告訴總經理「我把旅館裡所有的事情，全部都交給你了」，也就是負全責之意；而交完鎖匙，還要把鎖匙擲開，也就是說這一家旅館沒有鎖匙了，也就是要永遠開著，永續經營之意。而在台灣地區，永豐棧麗緻酒店的開幕典禮就曾舉行過交鑰匙的儀式。

第三節　大廳副理與夜間經理

大廳副理與夜間經理主要職責爲處理來館消費客人之疑難雜症、顧客抱怨，故大廳副理亦稱爲抱怨經理（Complain Manager），而獲得此項殊榮擔任者，皆由資深之客務工作者擔任。此外，夜間經理於夜間代表總經理處理一切接待作業，因此它是旅館裡夜間最高主管，擔任此職的，除了要有相當的應變處理能力外，還要有過人的體力，以應付這種日夜顚倒的工作性質。以下將針對大廳副理與夜間經理的工作職掌作進一步說明。

一、大廳副理

在大廳一隅會發現大廳副理存在，這份工作多是由櫃檯的資深人員，榮任此職，處理一切顧客的疑難，需要的是靈敏的反應、果斷的判斷力，並且清楚地瞭解整個旅館。其工作要點在處理至旅館消費客人之疑難雜症和各種抱怨，故又稱爲抱怨經理（Complain Manager）、大廳經理（Lobby Manager）以及値班經理（Duty Manager）。他的管理方式跟客務專員一樣，也採走動管理的方式，但其範圍更爲廣泛，全館裡外的一切皆由他來負責。其大廳副理之工作職掌，茲說明如下：

1.直接監督、管理旅館與員工。
2.針對不同客源的需求，來推廣旅館設施，藉以吸引客人前來旅館舉辦宴會與大小型會議。
3.培訓新進的工作同仁。

4.處理與協調顧客抱怨。

5.採購儲備物資與設備。

6.處理顧客特別的需求。

7.給予客人訊息的服務。

8.爲客人展示及銷售住宿設備。

9.巡視客房的狀態。

10.安排會議、宴會所需的人力與設備。

11.掌握最新的趨勢與動態。

二、夜間經理

旅館提供二十四小時的服務，即使夜晚、凌晨都會有各部門的服務人員，堅守著工作崗位，爲每一位住宿的客人服務。「夜晚是寧靜的」這句話聽在夜間經理的耳裡，想必他會給您一個否定的答案。因爲在夜晚的突發狀況，發生的機率比白天來的高，所以，不能因此鬆懈了旅館的安全管理。整個夜間事務的運作仍照常進行，並且由夜間經理坐陣指揮，他是旅館裡夜間最高的主管。所以擔任此職務除了要有相當的應變處理能力外，還要有過人的體力，以應付這種日夜顛倒的工作性質。夜間經理於夜間代表總經理處理一切接待作業，及其他客務作業事宜，是旅館夜間作業的最高指揮官。與夜班（Night Shift）大廳副理共同協調處理旅館夜間的一切事務，其工作職掌，茲說明如下：

(一)處理突發安全的狀況。

1.發生天災、火災的情形，應保持冷靜，指揮各部門做應變措施。

2.遇有住宿旅客或員工，身體病痛難受時，應盡速送醫治療。

3.爲維護旅館內外安靜的環境，對大聲的喧嘩者應予以勸止。

4.如發生館內設備有損壞或故障情形，應請負責的部門同仁前往修復。

5.協助喝醉酒的旅客回房休息，以維護其安全。

6.防止有不法情事的發生，隨時注意是否有可疑人物逗留館內。

(二)巡視館內環境

1.對夜晚進出旅館的旅客，予以管制和過濾。

2.指揮安全人員及警衛，加強館內設施環境的巡邏。

3.特別留意晚間未訂房直接至櫃檯辦理遷入的客人，即爲預先無訂房的客人（Walk-In）。

(三)協助各部門工作的完成

1.處理客帳上的各種問題。

2.對於館內的貴賓（VIP），應隨時留意其所需的服務。

3.接到客人抱怨時，要盡速處理。

專欄8-5　小費

小費，含有一定的禮節性，它在一定程度上表示著顧客對服務人員的愛護與尊重。相傳「付小費」之風源於十八世紀的倫敦，當時，有些酒店的餐桌上擺著寫有「保證服務迅速」的碗，當顧客將零錢投入碗中後，必得到服務員迅速而周到的服務，久而久之，遂形成「小費」之風。但有些國家禁行小費，許多官方服務人員遂在私下進行收費或收禮，以免有損於「文明」。這種私下收費或收禮，其價值往往高於公開的小費。由於各國各地的旅館業小費的數額沒有統一規定，所以顧客宜入境隨俗，酌情而付，在此介紹各國家（洲）的小費標準，以供參考。

職員名稱	服務原由	小費標準
門僮	委託安排計程車時，在上車前	（美國）1美元、（歐洲）1美元、（亞洲）1美元
搬運行李員	搬完時	（美國）每件行李1美元 （歐洲）每件行李1美元 （亞洲）每件行李1美元
客房女服務生	早上放置於枕頭下	（美國）1美元 （歐洲）1美元 （亞洲）1美元
服務生	值班託辦特別的事情在完成後時	（美國）1美元 （歐洲）1美元 （亞洲）1美元
服務上	如叫到房內服務，東西放好後，臨走前	（美國）1美元 （歐洲）1美元 （亞洲）1美元
寄物處	取回寄放品時	（美國）1美元 （歐洲）1美元 （亞洲）1美元
餐廳	把帳單外多給的錢放在桌上	（美國）帳單的10～15% （歐洲）帳單的10～15% （亞洲）帳單的10～15%

亞洲	
日本	當進入旅館大門時，顧客可付給女招待員一些小費，而對於其他人員可不必付。
泰國	顧客所付的小費，無論多少，都是需要的。
新加坡	付小費是被禁止的，如若付小費，則會被認爲服務品質差。
歐洲	
法國	付小費是公開的，服務性的行業可收不低於價款10%的小費，財政稅收也將小費計入。

歐洲	
瑞士	旅館餐館，不公開收取小費，而司機則可按明文規定收取車費10％小費。
義大利	收小費屬於「猶抱琵琶半掩面」的半公開現象。當遇到「拒收」的示意時，你最好是乘送帳單的機會遞上小費。
美洲	
美國	小費現象是極普通而自然的禮節性行爲。
墨西哥	將付小費與收小費視爲一種感謝與感激的行爲。
非洲	
北非及中東地區	收取小費是「理所當然」的事。因爲，許多從事服務性活動的老人與孩子，小費是其全部收入。如遇顧客忘卻付小費，他們會追上去索取的。

第四節　個案分析

Walk-In客人與旅館啪啪事件

櫃檯電話響起……

「祈情飯店櫃檯您好，我是Monica很高興爲您服務」櫃檯員Monica迅速的接起電話後，不慌不忙而又溫吞地說著。

「我是機代老吳，Monica嗎？請問今天到後天還有房間嗎？我「不小心」多接高善飯店（同等級）的客人了，他們是一對來台灣度假的歐洲夫婦，他們本來住高善旅館，但是他們太喜歡我們旅館了，看到我們旅館的員工制服實在是一見如故有夠熱情的，盛情難卻之下我就先接他們回來了，現在大概半小時後到達旅館，今天還有房間吧？」機代老吳尷尬的猛爲自己的一時大意，忘了先問今天的住客率。

「老吳哦！等一下我查一下，……是有啦！剛好有一間客人臨時退房了，你知不知道最近旅館很滿嗎！萬一沒房間我看你要去哪生出來給他們！他們要Double Room嗎？」

「好啦！下次不敢啦！就這樣囉！待會見」

（半小時後）

櫃檯員Vicky正在辦理挪調幾位散客的事務當時，一旁由Bell Man帶來了一對穿著休閒襯衫的歐洲人——Backhand以及他的妻子Iran。

“Good Evening, I am Vicky, Welcome to祈情Hotel, May I Have a Willing to Help You?”

Vicky放下手邊的工作，向前來的Backhand以及他的妻子Iran柔細地說著（後頭跟著機代老吳與行李員Win）。Vicky爲兩位歐洲客做好C/I手續後，於是行李員Win帶領他們入房，並將他們的行李送入。爾後等他們走遠後，Vicky便對著機代說：「下次你先確認有沒有房間再接客人好嗎？怎麼你老是喜歡作事情那麼隨性啊！」

「Oh！Baby. 聽我說嘛！Mr. Backhandg跟說前幾天他們打電話來訂房，因爲臨時決定回到台灣來度假，又剛好我們旅館這幾天大多都已經客滿了，所以才改定高善旅館，結果在機場的路上見到旅館的員工制服，又過來碰碰運氣，Come On，別這樣排擠我啦！下次我會留意啦！」

外頭陽光漸漸微弱，此時的鏡頭慢慢拉遠到大廳落地窗外。

向晚時分，池畔傳來的鋼琴三重奏，樂音躍升舞動著。由祈情飯店向山腳望去即是高雄的廣大夜景，人們以各種姿態躍入游泳池、池畔旁漫舞著。這寂靜炫麗的黑夜是爲這場宴會而升起的，知名的Beatles Jazz樂團爲這一切的美好撼動在場每位客人。不遠處的賣場從眼尾傳來一聲巨響，而後所有聲光夜影全都銷聲匿跡於這場突如其來的意外了，無法倖免地旅館內的電源也跟著熄滅。

倏地，在大廳櫃檯的Vicky正與機代老吳正在說話的同時，這場意外的發生，使他們嚇了一大跳。

「完了！他們剛上電梯」二人異口同聲的互看一秒後，於是機代老吳迅速離開櫃檯，急忙前往服務中心，而旅館大廳留下熱鬧的電話聲響……

Vicky趕緊撥了通電話到工務部門：「大哥，我們的忠實顧客剛才C/I完，進了電梯沒兩下子，現在和行李員Win被關在裡面了，麻煩你們趕緊搶修！」

「什麼！有客人的車子卡住了，可是負責電梯和車梯的人今天都休假了，好，我們當然會盡力搶修，可是我們已經不是一天兩天的人手不足了，去那裡這裡缺的，你們要我怎麼辦啦！」工程部的小P氣急敗壞地忍不住抱怨了，還沒說完另外一頭的電話又不停的響起，工程部頓時間一片混亂相較於平常的悠哉眞是天壤之別。

此時的大廳櫃檯

「櫃檯您好！我……」

「喂！櫃檯嗎？怎麼搞的！我正在洗澡，怎麼突然斷電！現在烏漆抹黑地又沒有熱水，我才剛抹上沐浴精洗了一半了，現在是冷水怎麼洗呀！」來自客房1314號房的抱怨電話，Monica話還沒說完，客人早已開火怒罵起來，硬生生的話又吞了回去，只能好好的安撫客人爲先。。

「搞什麼鬼呀！小姐怎麼會突然停電勒！我才剛剛C/I耶！再十分鐘，電源再不來我告訴你，我要馬上退房！聽到沒有！」這是剛剛遷入的苦先生，他從電梯處走出到櫃檯便開始吆喝著，見到兩位櫃檯員忙著接電話更是氣勢高燄。

「是的，眞的很抱歉。目前旅館已請工程部進行維修與瞭解了，……是的，馬上就可以恢復正常運作了，眞的很抱歉造成您的不便。」櫃檯內頻頻地道歉聲不斷，又加上來吆喝的苦先生實在令人無法來得及處理。

此時的服務中心

行李員神色緊急地向大廳副理說：「有客人的車被卡在B1與B2的車梯裡了，怎麼辦突然的停電，車梯也突然不能運作了，怎麼辦副理？」

隨即機代老吳也趕緊走向大廳副理說：「剛剛接回來的客人C/I後，現在連同行李員Win關在電梯裡，Vicky已經通知工務部了，但是工務部今天負責電梯跟車梯的人不是都休假嗎？副理現在該怎麼辦？」

旅館大廳櫃檯員對値班經理緊張地說「經理，等一下甌悠TA要C/I，現在停電了該怎麼辦？待會會被客人罵死啦！」

此時的電梯裡

停電的剎那間，電梯箱中的行李員Win與Backhand夫婦三人因電梯箱電燈即滅並且稍有晃動而嚇了一大跳，只聽到電梯外的旅館充斥著喧嚷的咆哮聲。

個案檢討

1.試問機場接代的工作職責爲何？試說明工作流程。

2.此個案中，試問機場接待老吳的工作態度應予以檢討處爲何？就客人觀點與旅館人員觀點，討論機場接待人員應注意之事項。

3.假若您爲機場接待，在機場時遇到如個案中W/I客人時，您

的處理爲何？若討論時間充裕，請提出機場接待，常遇到的突發事件有哪些？並試著以二人爲一組角色扮演，提出應對方案。

4.就上述個案中，若您爲此旅館人員，就上述客人反應、突發事件以及對話中的問題，設身處地爲旅館提出您最好的處理方法。

5.若旅館突然停電，除以上所述案例外，當時客人會有哪些反應？旅館人員應如何處理與適當應對以安撫客人情緒？

第九章　顧客抱怨處理

- 顧客抱怨種類
- 顧客抱怨之處理原則
- 顧客抱怨的改善方針
- 個案分析

藉由時代的變遷，在二十一世紀的今天，產品導向轉變為客戶導向，瞬時之間，顧客關係管理成了炙手可熱的話題，企業都想瞭解並同時兼顧到客戶的感覺，因為大家都知道，這是一個以需求為導向的市場，只要能夠提高客戶滿意度，可能就掌握了一大半的商機，然而在眾所皆談提升所謂的顧客滿意度的同時，別忘了，其實顧客的抱怨也是客戶關係管理中須正視的一環。

旅館管理無論在服務素質上下了多少功夫，總還會接到顧客的抱怨。但是當顧客願意對旅館的服務提出抱怨、意見時，其實這也表示顧客願意再給旅館一次機會，讓我們再次服務。因此抱怨發生後，顧客資料的建檔非常重要，除了不讓顧客抱怨再次發生之外，也代表著旅館非常重視顧客感受，所以在瞭解了當時抱怨處理之情況及該顧客習性後，才能將顧客的資料完整建檔，以利日後查詢，並藉由顧客抱怨進而改善服務缺失，提供更貼心、更人性化的服務。

第一節　顧客抱怨種類

一、顧客抱怨種類

顧客抱怨種類，茲說明如下：

(一)服務的品質

1.專業訓練不足。

2.未以客人立場考量。

3.讓顧客等待時間過長。

4.行李遺失。

5.房務清潔工作不徹底。

6.住客受到館內服務人員或其它房客騷擾、噪音問題等等。

7.房間用品不足夠。

8.住客的遺失物無法領回。

9.房務人員遲遲未整理客房。

(二)硬體方面

1.房間設備故障，如電視、廁所、電梯等。

2.旅館維修工程。

3.旅館景觀、動線設計方面。

二、抱怨投訴方式

投訴的方式可分電話投訴、函件投訴和住客面對面的向大廳副理、客務主任或房務領班投訴，茲說明如下：

(一)電話投訴

每當接到電話投訴時，應該注意以下幾點，茲說明如下：

1.要表達對問題的重視關，並心告訴顧客他們的寶貴意見會向管理當局匯報。

2.要友善，熱誠及有禮貌。

3.保持客觀的態度。

4.應細聲說話並保持鎮靜。

5.應注意時間、姓名、房號、投訴內容及處理方式。

(二)函件投訴

當我們接到函件的投訴時，應注意以下幾點，茲說明如下：

1.首先看清楚來函的投訴內容。

2.尋找該住客的入住資料。

3.找出被投訴的有關工作人員及設備。

4.與被投訴之員工面談。

5.查明眞相後，如果是員工失職，須作出適當的紀律處分。

6.通知客房部回覆信函，向顧客道歉。

7.記錄時間、姓名、房號、投訴的內容及處理方法。

(三)面對面投訴

當房客向旅館面對面投訴時，應該注意以下幾點，茲說明如下：

1.首先我們應瞭解顧客都希望在離開旅館前，問題能夠得到解決。

2.專心聆聽，留意顧客的表情及所投訴的事情。

3.須表現熱忱、友善、關心及願意協助。

4.記錄投訴的內容。

5.勿胡亂解釋，或當顧客陳述整事件時，切勿中途打斷。

6.留下顧客的姓名、電話號碼，令他更爲安心。

7.誠心誠意的向顧客解決問題。

8.切忌在公眾場合處理投訴問題，應引領顧客到寧靜舒適的地方。

二、抱怨處理的態度

抱怨處理的態度有以下之要點，茲說明如下：

1.保持冷靜的態度，不要將聲音提高。

2.表現關切之態度，願意幫助顧客。

3.表現瞭解顧客之困難，讓顧客知道你會處理。

4.不論顧客對錯，永遠不要與顧客爭議。

第二節　顧客抱怨處理原則

一、顧客抱怨的處理原則

1.時效的重要性

(1)必須搶在尚可補救的時效內處理

許多錯誤在發生後至造成傷害前，仍有機會補救，故愈早發現愈早處理愈好。

(2)最好在顧客離開前

多數之抱怨以當面解決最佳，許多從業人員認爲旅客離開，抱怨即隨之結束，其實不然，相反地持續的發展可能更難掌握。

2.人選的適當性

(1)必須有完全的授權

除非必要，否則不再向上呈報，並擅自更改處理人員已答應之事項。

(2)必須爲顧客願意信任者。

(3)必須有充分的專業知識與行政經驗。

3.不管事情大小，必須調查清楚

有抱怨必有原因，不論事情大小都可以成爲日後教育訓練最具說服力之教材，並從調查中最容易發現管理訓練上之盲點。

4.避免不必要的媒體曝光。

5.當涉及其他單位時，處理者亦須先擔下責任。

6.只要有錯永不辯解，不必強調誰是誰非，只尋求補救。

7.必須顧及員工及旅客的隱私，爲雙方預留台階下。

8.必須依法、理、情的順序處理。

9.不可同意職權外之賠償或讓步。

10.法律問題

(1)不具執法者的身分

故在形式上、實質上皆不可訊問或偵查，例如房內的物品遺失時，要求旅客開箱等，僅可在旅客同意時瞭解狀況。

(2)必須熟悉法令

a.夜間訪客之管制與旅客登記。

b.旅客財物遺失時旅館應負之責任。

c.保持現場完整。

d.旅館的保險。

e.報警之時機。

(3)不可命令當事者直接道歉賠償了事

員工受雇於公司去服務旅客，故任何服務上之疏失必須由公司承擔，員工道歉並不能免去公司法律上之責任，並且將造成員工對公司之疏離感。

11.永遠別讓顧客感到難堪

顧及顧客的面子，不管他（她）的抱怨多麼的激烈或是要求多麼無理，留意我們的處理態度，千萬別讓顧客感覺我們在指責他（她）「無理取鬧」。

二、抱怨處理程序

(一)關心的聆聽，通盤瞭解來龍去脈

我們必須先對整件事件發生時之人、事、地、物作通盤瞭解，切忌讓客人一再重複講述抱怨內容，盡可能一人處理到底。若自己眞的無法處理，也必須將事情經過清楚的交待給下一位處理者，以免更添顧客怒氣，如圖9-1爲顧客抱怨處理程序。下列爲抱怨分析的注意事項：

1.顧客在抱怨的時候，常是情緒激昂、失去理性的，這時可能會將事實誇大。

2.顧客是站在自己的立場去講述整起事件的發生經過，顧客會挑著自認爲重要的細節予以講述，所以內容會偏向主觀，同時也可能遺漏某些重要訊息。

3.處理顧客抱怨時，應多方聽取在場者（顧客、員工）的說法，從中瞭解客觀事實。

4.針對抱怨內容，瞭解顧客最在意的問題並對症下藥。

(二)保持冷靜

1.假使需要的話，將客人帶離現場，以免影響其他的客人。

2.避免防禦性與富攻擊性的對答，保持冷靜，千萬不可與客

人爭執，記住「客人永遠是客人」。

(三)移情設想

1.認同客人的感覺，站在客人的立場瞭解其感受。

2.使用以下語句緩和客人感受：「我知道你的感受，以前我也有相同的經驗……」。

3.注意：你不是去指責是公司的錯，而是讓客人瞭解你知道他的抱怨內容及發生問題的原因。

(四)尊重客人的感受

1.盡可能維持客人的自尊，像「眞是抱歉，這種事發生在您身上」等語句，可顯示你個人對客人的關心。

2.對答中應稱呼客人的姓氏。

3.千萬不可低估顧客之抱怨，顧客已對旅館之觀感產生了影響，否則客人不會說出來。

(五)集中全力處理抱怨

1.針對事情而非針對個人，針對問題解決。

2.注意：告訴客人是哪個班或部門的人所犯的錯誤，並不能解決問題。

3.謹愼言行，不能因衝動而污辱客人。

(六)記錄顧客之抱怨內容

1.寫下問題的重點，可節省參與處理者之時間，也可緩和客人的情緒。

2.客人瞭解講話的速度比寫字快，他自然而然的就會緩和下來。更重要的是客人信賴我們對抱怨的關心，因爲我們把

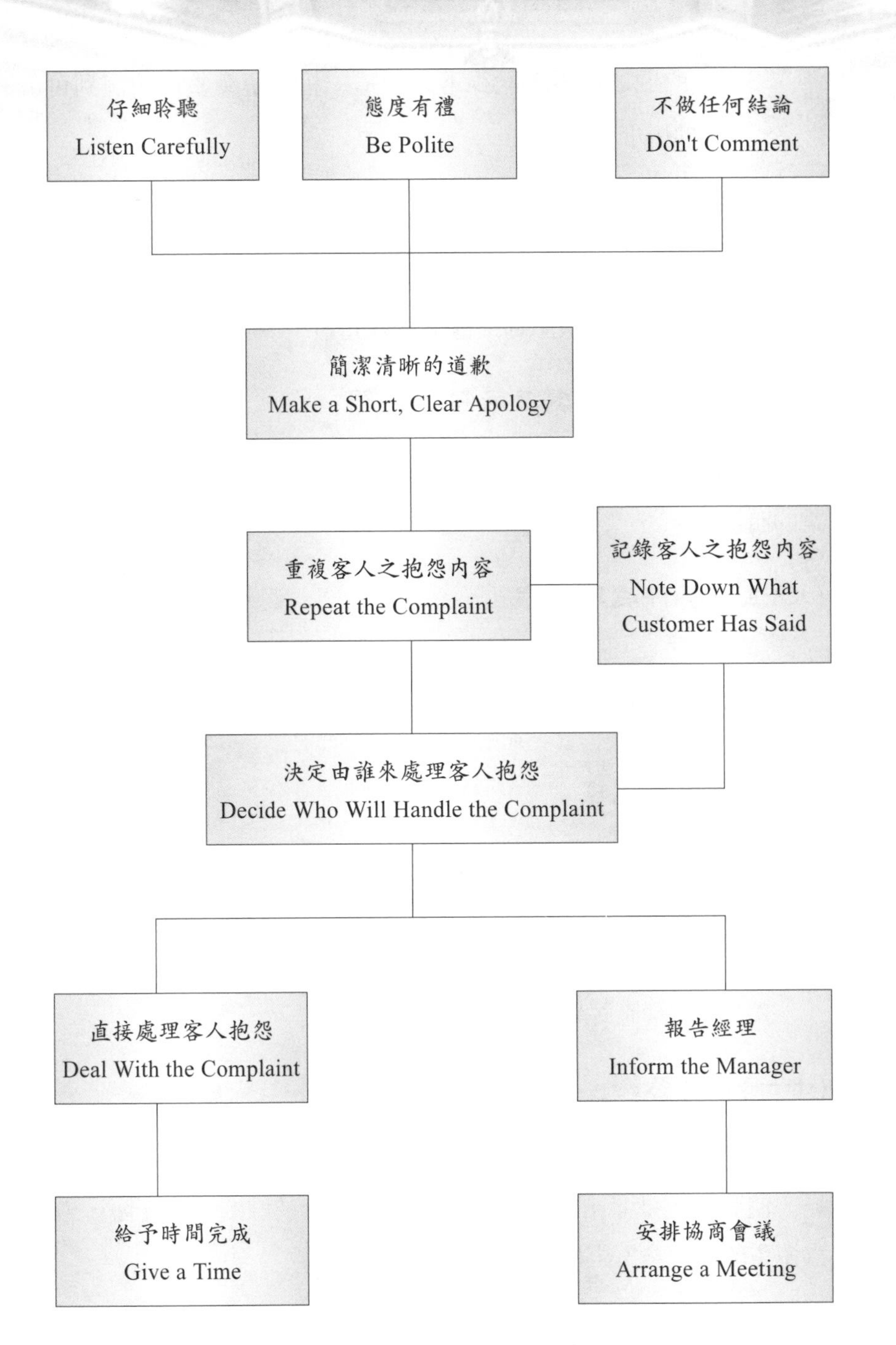

圖9-1　顧客抱怨處理程序

客人的問題用紙筆記錄下來，這一招可扭轉整個情況到可控制的場面。

(七)告知客人處理方式

1.提供幾種解決的方式讓客人選擇。

2.不承諾客人你做不到或權限以外的事。

(八)告訴客人事情處理所需的時間

告訴客人多久可以處理好，要給確切的時間，但不可低估所需的時間。

(九)注意事件處理過程

一旦客人選好瞭解決方式，注意整個處理過程，假如有不可預期的延遲處理，一定要通知客人。

(十)追蹤抱怨處理

1.追蹤抱怨處理過程及客人對處理過程的反應，如果是別人幫忙解決的，也應主動聯絡客人對處理方式是否感到滿意。

2.完整記錄整起事件經過及處理方式。

(十一)表示感謝

感謝客人讓我們知道旅館的缺失，感謝他（她）的寶貴意見，使我們更進步，也希望他（她）能不計前嫌的再度光臨，較爲慎重的旅館會寄上感謝函，感謝顧客的指教。

(十二)建立完整的顧客抱怨記錄及處理方針

讓每位服務人員都能清楚瞭解如何處理突如其來的顧客抱怨，更重要的是，完整的建立資料庫，一能針對旅館的缺點日後做進一步的改善、二能方便做有效的事後追蹤。

(十三)記取教訓，立即改善

不二過，是指不要讓同樣的事件重複發生，此不只造成旅館成本浪費，假若再讓顧客遇到同樣的問題，就算我們有多大誠意想解決問題，顧客也會對我們失去信心及耐心。

專欄9-1　如何提高客服人員的EQ

「EQ」與「IQ」一個很大的不同點，就是「IQ」事先天遺傳的基因，因此改變不易。但是，「EQ」卻可以經由我們後天的訓練而有所提升。

1.察覺自己的情緒

提升EQ的第一步，就是當事者要能察覺到自己的情緒。例如，當顧客提出一些不甚合理的要求時，你心中難免會有不愉快的情緒產生。此時，你應該要能洞悉自己的情緒反應。但是，一些相關的研究指出，當人在生氣時，往往不能察覺到「我在生氣」，因爲，情緒變化時，注意力往往只放在引起情緒反應的事物上，致使自己陷入情緒的迷惘中，無法「跳出來」看到當下的情緒。往往在事後，才察覺到「我剛才很生氣」。因此當我們在情緒來襲時，除了注意到引起情緒的事件之外，亦應該分些注意力去體察自己「內心的情緒狀態」。否則，連自己情緒都無法掌握的你，更遑論做好下一步的情緒管理。因此，一些情緒管理專家建議我們，在脾氣上來時，能「在心中默數一到十」，其主要目的就是希望我們在這冷靜下來的片刻，能充份地體會到自己的情緒。

2.理性的面對問題

當你能夠察覺自己的情緒之後，接下來你應該問問自己爲什麼生氣？爲什麼難過了？如果是你的想法引起不快，再問問自己，有沒有其它替代想法？例如，當接到顧客抱怨產品容易故障的電話時，很多客服人員第一個情緒就是：「麻煩事又上門了！眞倒楣！」但是你仔細想想，顧客對品質的不滿有錯嗎？要知道，一般顧客不會無聊的想跟你故意作對，而且，這個產品的容易故障又不是你的錯。只是你扮演的角色就是要處理顧客的抱怨，解決他們的難題。所以，一些情緒在你理性的思考後，你會發現眞的沒有必要在情緒上起這麼大的漣漪。所以，在處理好自己的情緒，又理性的分析問題之後，你才能以心平氣和的態度，解決面對的難題。

3.處理對方的情緒

情緒管理的另一項重要工作，就是要能妥善的處理對方的情緒。我們常常埋怨別人「其實你不懂我的心」。但是捫心自問，對於別人的心，你又瞭解多少？因此，提升自己EQ，除了要瞭解自己的情緒外，也要瞭解並且接納別人的情緒。當然，接納對方的情緒，並不是要你同意他的情緒，重點是你要允許對方有產生情緒的權利，而且你可以同理他的情緒，並從他的立場去體會他的感受。

4.表達自己的情緒

表達自己的情緒，最重要的就是要懂得一些社會技巧。但要知道，社交技巧首重眞誠，沒有了眞誠，就只剩下玩弄手腕了。情緒管理，並非要你壓抑自己的情緒，做一個「沒有脾氣的人」，或成爲個見人說人話，見鬼說鬼話「變色龍」。因此，做到了前三項，接下來要學習的就是如何適切地表達自己的感受，瞭解用陳述自己感受的方式來表達比指責對方讓人更能夠接受。想想看，當你輕聲細語向顧客訴說「對於你對我的抱怨，我感到很難過，因爲這個問題實在沒有辦法立即給你答案。」他（她）的反應會是如何？當你情緒激動的告訴他「跟你說過，這個問題我沒有辦法回答」顧客的感覺又是怎樣？

當然了，EQ的提升不是讀完上面的文章馬上就可以做到。上述的技巧，一定要在平常的工作中多加練習與親身體會，如此才能發展出一套適合你的情緒管理模式。

最近市面上開始也有一些類似情緒管理的課程（例如，EQ探索營、EQ成長團體），有機會的話，你可以花點銀子和時間參加這種「速成班」，幫助自己成爲情緒管理的高手。

資料來源：王榮春。《文化交流道》，第63期。

第三節　顧客抱怨的改善方針

除了瞭解顧客抱怨時應如何面對，再進一步來探討如何藉由顧客抱怨找出改善的方針，說明如下：

一、不要害怕顧客抱怨

通常一般人都深怕接到抱怨申訴，因此，不管對方是否是眞的因公司提供的服務感於不滿，所以產生了抱怨，當一旦接到抱怨，總是急於撇清與自己的關係，或無法立即給予解決方案，有時反而導致於顧客產生了對人不對事的更多抱怨。但是仔細想想，若是當顧客不抱怨時，也就馬上喪失了一個很直接了當知道服務的優劣、顧客對產品或服務的實質感受的管道。由此可知，其實不要害怕顧客抱怨，藉由顧客的抱怨才能針對公司所提供的產品或服務來改善，唯有如此，同樣的抱怨才不會愈來愈多，而且有時當同樣的困擾一直重複出現時，最後，可能顧客就眞的不會再來抱怨了，反而直接轉向另一項替代品了。

二、顧客抱怨的問題點

當您聆聽顧客的抱怨時，在對方宣洩情緒之餘，一定要釐清問題產生的原因，是在何種狀況中所引起的，並且試著從對方的言談中去判斷事情的問題點。因爲有時不全然一定就是旅館本身所引發出的問題，或許是顧客本身對產品或服務性質不瞭解，因而產生了抱怨，這時也千萬別把所有的過錯往對方身上推，應運用委婉的語氣，並且很清楚但極為禮貌的告知對方，問題的眞正產生原因，並且一同來為其解決，此時也同時教育顧客，別讓他們養成壞習慣，隨時只要產品或服務覺得有問題，就怪罪於供應者。然而，也藉由這樣的經驗得知，在未來可特別提醒顧客那些可能較易忽略之處，需要特別注意的。但是不管問題點是由那一方而產生，最重要的還是要瞭解眞正的問題點為何？才不會重蹈覆轍，並且進而找出更好的解決方式。

正視顧客抱怨，藉由顧客抱怨找出另一商機，其實顧客的抱怨一定難免都會有，既然如此，不妨想想，如何能夠從顧客的抱怨申訴中，適時的去轉換顧客的想法及觀念，正視他們所提及的問題抱怨，並且能夠以明確的態度及解決方式來回應，藉著這樣的機會，讓顧客感受到尊重及被重視，反而能夠提高客戶的滿意度，進而促使顧客再度光臨本旅館。

專欄9-2　什麼是服務？服務是什麼？

由於旅館業是服務（Service）業的重要一環，因此，旅館人員如何服務才能讓顧客滿意且減少顧客抱怨？以下將針對Service在旅館業所代表的涵義做進一步解釋：

1.Smile：微笑，其涵義是服務人員要對每一位顧客提供微笑的服務，使顧客產生良好的感受。

2.Excellent：出色，其涵義是要服務人員將每一項微小的服務工作都能夠作的很出色，令顧客有倍受禮遇的感受。

3.Ready：準備好，其涵義是服務人員要隨時準備好為賓客服務。

4.Viewing：看待照顧，其涵義是服務人員將每一位顧客都看作是需要給予特殊照顧的人。

5.Inviting：引人動心，其涵義是每一位服務人員要能事先替賓客設想，使賓客對服務感到動心。

6.Creating：創造，其涵義是每一位服務人員要精心創造使賓客能享受其熱情服務的氣氛。

7.Eye：眼光，其涵義是每一位服務人員要用熱情好客的眼光關注賓客，預測賓客的需求，並即時提供服務，使顧客時刻感受到服務人員的關心。

三、提供優質服務

用最簡單的話說，服務就是以你自己希望被對待的方式來對待別人。服務就是普通的人把普通的事情做得非常不普通。服務是提供顧客所期待的服務，如何讓服務成爲一種樂趣，讓被服務成爲一種享受。服務要走在顧客的需求之前，傾聽顧客的心聲，好的服務不只是取悅顧客，更要用心用腦，「用心明天才會更新」，在服務業中，隨時隨地都有創新表現的機會。你永遠有機會使用各種的方法去關心去取悅顧客心，只要你用心去瞭解到顧客的需求，提供驚讚的服務，讓顧客既「驚」且「喜」，你就抓住了顧客心。以下提供一些方法與麗池．卡爾登連鎖飯店的例子。

提供優質服務（Good Service）的七個致勝方法：

1.S：自我尊重（Self-Esteem），服務的心態是，服務是種榮譽。

2.E：超越期待（Exceed Expectation），提供比顧客預期的要好的服務。

3.R：補救（Recovery），爲你的顧客負起責任。

4.V：願景（Vision），以客爲尊，顧客至上。

5.I：提升品質（Improvement），顧客買的是享受，不是產品。

6.C：關懷（Care），站在顧客的立場去服務、去傾聽。

7.E：授權（Empowerment），讓員工善用判斷去做對的事情。

而服務的英文字"Service"，除了字面上的意思外，還有下面的意義：

1.S：表示臉要以微笑待客（S：Smile for Eeryone）。

2.E：要專精職務上的工作（E：Excellence in Everything You Do）。

3.R：對顧客的服務態度要親切友善（R：Reaching Out to Every Customer With Hospitality）。

4.V：要將每一位顧客都視爲特殊獨特的大人物（V：Viewing Every Customer As Special）。

5.I：要邀請每一位顧客下次再度光臨（Inviting Your Customer to Return）。

6.C：要爲顧客營造一個溫暖貼心的服務環境（C：Creating a Warm Atmosphere）。

7.E：要以眼神來表示對顧客的關心（E：Eye Contact That Shows We Care）。

服務應該是眞誠（Sincerity）、同理心（Empathy）、值得信賴（Reliability）、有價值感（Value）、彼此互動（Interaction）、完美演出（Completeness）、充分授權（Empowerment）。這個則是從顧客的角度來觀察的結果，當然顧客要的不只是這些，他還要有服務保證、服務補救、安全保障、快速與效率等。像是麗池．卡爾登連鎖飯店（Ritz-Carlton）不但要求員工關懷客戶的細節，還善用科技的力量建立起顧客關係，因而在同業及顧客間得到良好的聲譽。旅館業者運用資料庫來提高顧客滿意度，如果某位麗池飯店的顧客要求一杯睡前飲料，還要求多幾個枕頭或其他東西和服務的話，旅館服務員會先把這些登錄在「顧客喜好表」裡。每天結束前，所有的喜好全被輸入公司的資料庫裡，如此一來，顧客只要住進全世界任何一家麗池連鎖飯店裡，便會發覺客房和服務都已經知道他的偏好，讓顧客感到更加舒適。多數的顧客還會再度光臨，並非因爲麗池飯店的客房設備比其他高級旅館更好，而是因爲他們在麗池所受到的招待，以及有人肯花時間記下他們所需。

專欄9-3 感謝函 (Letters of Gratitude)

Dear Y-Y

On behalf of my WIFE and I, we would like to sincerely thank you allowing us to have our weeding in your Presidential Suite. I must say the evening was absolutely amazing for both Jo-Anne and all our guests. Your hotel as expected was the most perfect venue for our wedding to give us a truly Asian theme which is exactly what we wanted.

We would like to commend all the staff and thank them very much for an extremely professional and helpful job in making our special day run so smoothly. Ms Yang and her team were absolutely brilliant in ensuring that all details were attended to and were happy to comply with all of our special requests where possible.

All of our guests both local and international commented on the high quality service and amazing quality and selection of food. We did make special requests for specific foods any your staff happily complied and I am sure everyone will agree the evening was a true success. The flexibility in changing some of your standard food& beverage formats helped to make our event a much greater success.

I know this was the first time you have opened the suite to this kind of event and I hope seeing the success of our wedding that you will allow others to experience this amazing room in a similar manner in the future. The size of the room and balconies provide a spectacular venue for a cocktail style reception to showcase both the hotel and the city.

Once again Y-Y our sincere thank you and appreciation in your generosity for our very special occasion. We will give you a call next time we are in the hotel to say hello.

Kind regards
Philp

第四節　個案分析

顧客抱怨

Mindy天堂旅館是一間很有名的五星級旅館，它的客源遍布全球，通常接待電影明星、皇室、總統、國內外名人等。

房務部主管，劉經理接到一封來自總經理送來的副本信函。

Mindy天堂旅館　房號4803

致Mindy天堂旅館總經理

日期：六月十一日

敬啓者：

我們之前曾在你們的旅館住宿半個月，在我們停留的時間內，對於你們的忽視，我們感到驚訝及厭惡。

我們，至少在世界各地旅行超過三十年，但從未住過這樣不歡迎客人的旅館。

幫我們打掃房間的女士非常無禮，從不曾跟我們問早，在整理好房間後，總會大聲甩門，這讓我和我先生都很震驚。且在我們住宿期間，肥皂從來沒有更新，而舊的早已不堪使用。在房間內有三個洗衣袋，我從來沒有使用過，有一天我再額外要求一個洗衣袋以便送洗，他們卻說沒空。另外我們的水果籃裡放的是蘋果，我要求旅館提供多樣當季的水果，眞是令人不敢相信的是，我發現你們竟將這些水果費用附加在客房用餐的餐點費內。這種情況持續三天，後來又發現我們的水壺接連兩天都沒有水。

我們是到此旅行的人，相信你可以瞭解在國外生活的困難，但是你們的旅館已經讓我們經歷了這些困難，更別說是我們第一次拜訪這個國家，我們還是特地挑選這間旅館作爲落腳處，這眞是一個錯誤的決定。

我們並不是以抱怨爲樂的人，我只是要強調我們的感受。我們在這裡感到你們的歡迎之意，只有在住宿前面幾天，向旅館叫了一瓶酒和兩件浴袍時得到妳們的服務此外，房間桌上的信紙文具在我們住進來之後也從未補足。更別提你們選擇性的忽視客人，我們絕對不會推薦朋友來你們這裡投宿。

祝好

Alice Lin

個案檢討

1.假設您是客房經理，您要如何處理這個問題？

2.您如何與這位客人交涉？

3.客人在哪些地方可能有錯誤產生？

4.請您利用空白處，擬一封寫給林太太的致歉信。

第十章　電腦管理系統

- 旅館商品特性與資訊在觀光旅館應用
- 電腦管理系統
- 個案分析

根據James（1996）指出在現代化的旅館，客務部運用電腦作業已是必然趨向。對新企業體而言，電腦本來就是公司標準配備，對現行的旅館作業中，電腦已整合成為每日的作業工具，協助員工給予客人提供最佳的服務。旅館電腦的運用範圍包括處理訂房、住宿登記、客帳登錄、退房遷出以及夜間稽核。旅館各部門的電子資料，可以處理餐廳、藝品店、溫泉浴室、停車場等銷售點（Point-Of-Sale）的營運，也可監控鍋爐、空調系統處理工程的維護，以及安全的問題，如客房鑰匙的控管。當你從事旅館行業的工作時，你會很想徹底的瞭解，到底旅館客務部是如何運用電腦。

本書並不論及電腦硬體或軟體的原理，因你在旅館服務時所受的訓練和操作程序中，都有包括各項報表或各種資料的解讀。本章將提供各種資料讓你瞭解客務部的電腦運用情形。電腦的運用涵蓋旅館電腦管理系統（Property Management Systems，PMS），此為通常使用的術語，用以描述旅館業所使用的電腦硬體和軟體。你會注意到旅館電腦管理系統的應用範圍並不僅局限於客務部而已，尚且能夠連線房務、餐飲、行銷業務、藝品、財務、工程維修、安全等部門，構成整個旅館的服務網絡。每一個部門都能在客人住宿之前、當中、之後，與客務部相輔相成扮演好自身的角色。客務部本來就應協調好對客人的溝通聯繫、會計帳目和安全管理的責任，客務部既然是旅館的中樞神經，透過電腦化操作系統，對於各種作業詳實的記錄，才能有利於整體的運作。

台灣目前各大旅館的電腦系統作業情形，雖然可能因為業務所需或是其他種種因素有所差異，但是對資訊科技的高度依賴性是一致的，其透過引進科技資訊（Information Technology，簡稱I.T.）的應用，來蒐集、整理、分析與整合商業資源洞悉所面對的市場環境，以精準的科學技術爲基礎來協助業者有效地發展目標市場，創造競爭優勢（林東清，1995）。透過資訊科技的進步及刺激，大大地顚覆了一成不變的管理模式，使得國際觀光旅館經營管理業者從以往著重於傳統的作業性事務型態，轉而投注更多的心力於創造競爭優勢及策略。經營管理者面臨的是一個變化多端的經營挑戰、不確定的環境變數、短促的產品生命周期、全球化的商品趨勢、競爭的白熱化，除了需要有靈敏的市場反應、快速的效率要求與掌握顧客的喜好之外，維持及創造永續的競爭優勢更是企業長期生存發展的關鍵所在，而資訊科技（I.T.）正是扮演此一關鍵時刻的致勝武器（李岳貞，1998）。西元1994年Bernard亦提出因應全球性的競爭，企業應該採用資訊科技（I.T.）來建立、維持及擴張競爭優勢之主張。在美國有愈來愈多旅館尤其是連鎖旅館願意投下大筆的費用，使用資訊科技來增加住房人數，順便在網頁上介紹連鎖餐廳的服務。資訊科技在旅館業的應用未來將是大勢所趨（張玉欣，1999）。目前國外的國際觀光旅館業者常用的資訊科技種類有：全球配銷系統（Globe Distribution System，GDS）、線上銷售系統（Point-Of-Sales，POS）、管理資訊作業系統（Management Information System，MIS）、資產管理系（Property Management System，PMS）、高階主管決策資訊系統（Executive Information Management System，PMS）、網際網路通訊傳輸系統（Internet）等（廖怡華，1999）。

根據廖怡華（1999）在影響國際觀光旅館業引進資訊科技之組織因素之研究中表示，有鑑於國際觀光旅館業對資訊科技之需求日益增加，其對資訊科技的依賴也愈顯得重要。一個符合組織需求的資訊系統在國際觀光旅館業競爭中扮演非常重要的角色。西元一九九八年李岳貞提到在過去六年來所接觸到的企業當中，大約只有10%的企業高階主管對資訊科技（I.T.）有相當的認識，其餘90%的企業主管都是將資訊科技的認識、發展由層級相當低的單位來負責。資訊科技是企業邁入二十一世紀的競爭利器之一，企業必須選擇主流的資訊科技，以免在短時間內遭受淘汰，因此必須不斷地投資以獲得更佳的效益。資訊科技系統的應用是全體企業主管的責任，與資訊科技相關的部門層級越高越好，以減少科技與業務功能的差距，同時也能縮短企業主管間認知的差距。毫無疑問地，資訊科技之應用如流水之載舟，操作得當可加速企業的速度，反之雖不至於顚覆企業，但也會造成投資不佳，遲滯成長的反效果。本章首先介紹旅館商品特性與資訊在觀光旅館應用；其次說明電腦管理系統；最後爲個案探討與問題分析。

第一節　旅館商品特性與資訊在觀光旅館應用

旅館商品之特性可分爲一般性與經濟性。前者如舒適性、安全系、服務性與高級性等；後者如產品不可儲存性、搬移性、標準化等無形性。由於旅館商品有上述等特性，因此旅館管理者無不努力使其旅館的住房率達到最高，且其每日的收入極大化。如何讓管理者能更有效的達到上述之目的，目前很多旅館皆借用科技電腦資訊等工具，使其管理更有效率與彈性等，因此本節將進一步介紹旅館商品特性與資訊在觀光旅館應用。

一、旅館商品的特性

旅館商品（Products）即是出售空間（Space）、時間（Time）與服務（Service）。它的特性分爲一般性與經濟性，茲說明如下：

(一)一般性

1.舒適性：舒暢愉悅的氣氛，且尊重個人隱私。

2.禮節性：顧客與旅館員工有需遵守的社交禮儀。

3.服務性：注重人的因素，款待殷勤，個性化服務。

4.安全性：保障顧客生命和財產全，注重安全措施。

5.合理性：按設施與服務分等級，物與值相稱。

6.持續性：全天候提供服務，沒有間歇。

7.高級性：華麗氣派，社經地位的表徵。

8.確實性：能迎合客人的要求，迅速完成履行之事。

9.流行性：新的生活價值、經驗、領導時尚。

10.話題性：社會關心的焦點，確保資訊的流通。

(二)經濟性

1.產品不可儲存及高廢棄性

旅館基本上是一種勞務提供之事業，勞務的報酬以次數或是時間計算，時間一過則原本可有之收益，因爲有人使用其提供之勞務而不能實現。

2.受地理區位的影響

無法隨著住宿人數之多寡而移動其立地位置，旅客要投宿便要到有旅館的地方，受地理上的限制很大。

3.短期供給不彈性

興建旅館需要龐大的資金，由於資金籌措不易，且施工期長，短期內客房供應量無法很快地適應需求的變動，因此短期供給是無彈性的。

4.資本密集且固定成本高

國際觀光旅館往往興建在交通方便、繁榮的市區，建築物又講究富麗堂皇，因此於開幕前必耗費鉅資，這些固定資產的投入占總投資額八至九成，而在開業後尚有其他固定及變動成本之支出，因此提高其設備的使用率是必要的。

5.**需求的多重性**

旅館住宿之旅客有本國籍旅客，也有外國籍旅客，其旅遊的動機不同，經濟、文化、社會、心理、背景亦各有異，故旅館業所面臨之需求市場遠較一般的商品複雜。

6.**需求的波動性**

旅館的需求受到外在環境如政治動盪、經濟景氣、國際情勢、航運便捷等因素影響很大。來台旅客不僅有季節性也有區域性。

二、資訊科技在觀光旅館之應用

台灣地區的國際觀光旅館業在資訊科技方面的應用，普遍說來，在創新以及引進新資訊科技的程度，較不像其他先進國家那樣的積極。由於國內引進高科技應用於服務業經營管理的風氣較其他許多先進國家要來的保守，於是對於資訊科技的要求仍屬於電腦化階段；利用電腦執行儲存、計算或是印帳單的階段。值得特別注意的是，多位國際觀光旅館業資訊科技相關部門主管，以及旅館資訊科技供應商皆表示，儘管資訊科技的變化與創新日新月異，每年都以驚人的速度在創新，但是對於許許多多在台灣的國際觀光旅館業者而言，對於資訊科技方面的使用，大部分屬於停留在最基本的，對於資訊科技方面的使用，大部分屬於停留在最基本的營運功能需求階段。固守著傳統的資訊科技，不容易考慮引進新的資訊科技，甚或有時候是提案的雷聲大，最後落實更新現有電腦資訊系統的雨點小，有的半途而廢的情形非常普遍。

據業者表示，一般說來觀光旅館業者因考量一旦引進新資訊科技，花費會平均高達千萬元，且資訊科技對於觀光旅館者來說，只要能維持基本的營運功能，就不需花費如此高的費用去引進新的資訊科技。根據與業者訪談資料顯示，國際觀光旅館業者對引進新資訊科技的頻率和速度平均爲五～十年左右，規模愈大者並不表示其引進的資訊科技較先進。

表10-1整理的資料爲目前台灣觀光旅館業者在資訊科技方面所應用的範圍、供應廠商、現在系統使用的年數以及對於現在所正在使用的資訊科技系統及設備是否有更新計劃。

表10-1　台灣國際觀光旅館業之資訊科技應用

台灣國際觀光旅館業之資訊科技系統說明	
前檯作業系統（Front Office）	1.客務管理作業系統 ・業務管理 ・旅客歷史作業系統 ・會員及簽約公司管理系統 ・訂房系統 ・接待管理系統 ・總機作業系統 ・外幣匯兌作業系統 ・出納管理系統 ・夜間稽核作業管理系統 ・服務中心作業系統…等系統 2.房務管理作業系統（Housekeeping） ・洗衣中心作業系統…等系統 3.餐飲管理作業系統（F & B） ・餐廳出納作業系統 ・線上連線銷售系統，簡稱P.O.S. ・發票管理系統…等系統

（續）表10-1　台灣國際觀光旅館業之資訊科技應用

台灣國際觀光旅館業之資訊科技系統說明	
後檯作業系統（Back Office）	1.財務管理系統 ·總帳管理系統 ·應收、應付帳款管理系統 ·固定資產管理系統 ·成本控制管理系統 ·票據管理系統…等系統 2.會計管理系統 3.採購管理系統 4.庫存管理系統 5.人事、薪資、行政管理系統…系統

※資料來源：廖怡華（1999）。《影響國際觀光旅館業引進資訊科技之組織之研究》。中國文化大學觀光事業研究所，未出版之碩士論文。台北。

目前台灣國際觀光旅館業中，普遍被採用的資訊科技系統供應商，在國內部分有金旭資訊、亞美資訊、德安資訊、陽明資訊、全程資訊以及內部資訊科技相關之關係企業。在國際部分之資訊系統供應商，主要以Fidelio為主，占有大部分觀光旅遊業資訊科技市場，由於產品功能的完整性及創新性，近年來在台灣觀光業界的地位愈來愈受重視，隨著多家國際連鎖性旅館，例如：台北希爾頓大旅館（現改為台北凱撒大旅館）、台北遠東大旅館、台北西華大旅館的陸續採用，提高其在業界應用的知名度外，更有著銳不可擋的進攻趨勢。

專欄10-1搭電梯測試你的心理空間

假設你是一位服務人員，若你和旅館住客一同搭電梯時，你會有下列何種反應：

1.雙手抱胸，臉朝下看著地板

2.面無表情，盯著電梯樓層燈

3.保持微笑，等顧客開口，再跟他講話

4.和顧客搭訕

結果分析

1.雙手抱胸，頭朝下看著地板

你是個私人心理空間極端狹小的人，也就是説在公眾場所，你是個對自己極端沒有信心的人。而且是有很大的不安和恐懼，甚至有點自我封閉的傾向。所以你才會雙手抱胸，流露一副急於保護自己的下意識動作。而你的低頭動作，更是暗示了你不想和外界溝通，也不想和任何人面對面，是個封閉在自己個人世界的自閉心態。這些心態和心理對你來講，是非常不利的，因爲你愈是退縮、封閉，就會招來更多的危機，一有危機，你就更封閉，誰也不相信。這樣下去，只有惡性回圈，到最後很有可能你就要進精神病院了。

2.面無表情，盯著電梯樓層燈

你的私人心理空間比較狹窄一點，這裡的心理空間和另一派心理學家所主張的心理距離不一樣；所謂的心理距離是每個人都有自己的防衛距離，這個距離也是有大有小，因人而異。如果不熟的人太接近你超過了你的安全距離，你就會感到不舒服。而這裡的個人領域，是指個人的自信心所開拓與擴展出來的範圍，是代表自己可以掌握的領域。而你之所以會選這個答案，很有可能是防衛距離比一般人大，而個人領域卻比一般人來得小的緣故。總之，你是一個自我安全領域很窄，自我防衛系統比較強烈和敏感的人，即使這個人躲在角落，你也會覺得很不安，自己的安全受到威脅，所以你會擺出一副很嚴肅的姿態，警告別人不要亂來。

3.保持微笑，等顧客開口，再跟他講話

你的私人心理空間是屬於比較正常的範圍，大概是自己身體周圍五十公分左右的圓區。你不會擴展自己的心理空間，因此顧客如果是在你的私人熟悉領域外，你就會覺得不太敢去招惹顧客。因爲，在你的個人領域内的空間，你會覺得很有信心，一旦超出了這個範圍，你就會覺得力有未逮，自信心也相對減低；不過，這是很正常的現象，因爲你覺得個人領域之外的空間，是屬於他人的空間或是公共空間，所以，不會主動去侵入別人的身體領域，主動地去和別人搭訕。但是，你也不排除和別人對話的可能，只要有人主動和你説話，你也會跟顧客應對的。

4.和顧客搭訕

在封閉的空間，會和顧客搭訕的人，在個人的心理空間上要比一般人來得大，對人的恐懼度也比較小。所謂心理空間就是一個人覺得自己身體周圍的空間，有一定的範圍是屬於你自己的個人領域，說白一點就是自己覺得舒服的空間。因爲你的私人心理空間要比一般人大，或許整個電梯都是你的個人領域，所以你會覺得很舒坦，很有安全感，像是在自己的家裡一樣。因此，你會把顧客當作是客人一樣地招待。像你這種人對人的信心總是比較多一點，是個很適合公關人員的性格。不過，萬一遇到悶不吭聲的人就難看了，或許別人會以爲你是神經病。

風格旅館——島嶼旅館（水上屋）

綠中海島嶼度假村（Pangkor Laut Resort）位於馬麻甲霹靂州西南方（距邦喀島西南方1.6公里)的私人小島，距馬來半島約4.8公里，是標榜一島一度假村的隱密海角樂園。據說在馬來文裡，Pangkor的意思是「斷掉的旗桿」，Laut則是「島」，原來在古老傳說中，皇室王子搭船至此小島擱淺，船上旗竿折斷的原因雖不得而知，卻因此發現島上的美景。

Pangkor Laut的海水顏色像翡翠一般碧綠，所以又被稱爲「翡翠帝王島」。擁有難得一見的原始景觀和豐沛的生態資源，占地300英畝、125間房的綠中海度假村雖不大，卻獲得"Small Luxury Hotels of the World"（世界頂級小型豪華旅館）雜誌的鄭重推薦，與新加坡的萊佛士酒店、普吉島的悅榕度假村、日本豪斯登堡的歐洲大旅館等同享齊名。

度假村內的客房，採用馬來西亞的傳統建築形式，以木頭爲主要建材，每個客房均有不同的風味，若以客房所在位置來區分，共有水景別墅、皇家沙灘別墅。皇家沙丘別墅、丘陵珊瑚別墅、山間別墅等種類。最特別的建築便是建築在碧綠海水間的水景別墅（Water and Sea Villas)。度假村用有三座網球場、三座游泳池及冷熱水按摩池、二座壁球場、三溫暖、健身房、圖書館及一間二十四小時開放的視聽間，島上有三處海灘可供戲水及日光浴，珊瑚灣設有水上活動中心，免費提供獨木舟、浴巾、風浪板、釣具，需水費的有潛水、深潛：此外有慢跑及散步習慣的旅客，亦可利用島上四條森林小徑來一段叢林探險。

資料來源：

http：//www.longwaytour.com.tw/Hotel/malaysia/pangkor_laut.htm

第二節　電腦管理系統

由於旅館之電腦化，讓旅館與客人間獲得更多利益與方便。因有電腦輔助使旅客遷入登記與退房遷出更快速有效率，亦可節省客人等候之時間。旅館之電腦管理系統（Property Management System，PMS）可分為兩部分：前檯電腦管理系統與後檯電腦管理系統。前者包括前檯遷入登記、客房預訂、電子化定點銷售系統（Electric Point-of-Sales， EPOS）、夜間稽核、查詢各項報表、電話帳單、退房遷出等系統；後者包括房務作業管理、營收管理、能源管理、安全系統、行銷業務及電子郵件等，因此本節將針對電腦管理系統作進一步之介紹說明如下。

一、前檯電腦管理系統

此一系統包括七部分，即前檯遷入登記、客房預訂、電子化定點銷售系統、夜間稽核、查詢各項報表、退房遷出、電話帳單等系統，茲說明如下：

(一)登記（Registration）

前檯電腦化對櫃檯接待人員幫客人作遷入（Check-In）時，即可在電腦螢幕上一目了然的看到其資料。因為訂房員已經將所有的旅客資料登入電腦內，當旅客到達旅館時櫃檯接待員，就可以從前檯電腦系統裡叫出客人的登記卡資料，確認客人的所有明細資料，確認付帳方法以及簡單地獲取客人的簽名型式。這個過程很明顯地可以節省客人遷入的時間，降低繁忙時段的大排長龍。不論是線上預定客房或是使用電話預約中心都不成問題，因這套程式是安裝在電腦系統上，並且在任何時間皆可自由的從旅館電腦中讀取資料。

在電腦化櫃檯，已利用高科技技術，如遠距訂房系統又稱漫遊櫃檯（The Roaming Front Desk），目前已被廣為始用，它是一種小型電腦，附有小型印表機及磁卡型，而且連結到旅館財務管理系統，客人利用觸摸式銀幕下載訂房細節，即可從遙遠的地方預訂客房，此系統有簽名功能，辨別信用卡，及列印客人的登記表給客人使用。

(二)客房預訂

訂房可分散客或團體客資料的次級系統，依可售客房資料檢索客人的訂房要求，並儲存訂房資料。客人詳細資料的取得是透過電話詢問或是連線電腦儲存的資料，無論客房型態和位置、房價以及客人的特殊要求，電腦的客房狀況處理系統均能一一加以配合，使作業順利。大部分的系統裡，這些資料可以儲存五十二個星期或更久。關於以信用卡作為保證訂房的資料，或是經確認無誤的資料，電腦系統即記憶下來。一些細節如預付款、客房鎖定控制報表等，對經理人來說是非常重要的。

(三)電子化定點銷售系統（Electric Point-of-Sales，EPOS）

另一種前檯的作業系統方式是電子化定點銷售系統，這是由數個電子收銀機所結合的系統，一般最為人知是使用在旅館的餐飲部門。餐飲部門所使用的電子化定點銷售系統（EPOS），它能即時的將前檯客人的消費金額單轉載於總帳目內。如房客於館內使用早餐，則這筆餐飲費將在房客尚未離開餐廳或咖啡廳時，記載於他的客房總帳目裡。

(四)夜間稽核

稽核人員的工作通常是在夜間進行的。這項工作必須查核旅館白天所有已入的帳是否正確，即現金收支平衡，此外也和前檯人員一樣須幫忙處理有問題的客房。前檯電腦化藉自動平衡系統（Self Balancing）已經大量的簡化了稽核員的工作，也就是說電腦自動的檢查該客房該入的帳是否已經入了，且核對金額是否正確。每位客人在旅館各個部門消費的現金及簽的信用卡是否正確以及房務部門的客房問題是否與前檯的資料相吻合。稽核員須將上述所提到的項目，一一製成稽核報表，提供各個部門主管審核。

(五)查詢各項報表

櫃檯電腦化最主要的特色就是能印出旅館內各部門相關的報表，如相關部門有房務部、出納、信件和資訊，訂房組等等。而其報表也非常多樣化，如房務部可能需要最新的旅客遷入和遷出的名單或者前檯經理可能需要前檯提供每小時客房的狀態，或者從房務部門的客房狀態的最新動態等報表，此報表可供旅館管理者做決策之參考。

(六)退房遷出

旅館電腦系統對於旅客退房程序這種繁雜工作能有很大的幫助，且可使帳單精準、簡潔、完整地列印出來。例如帳單內的金額錯誤，這將讓旅客對旅館留下不好的印象，甚至誤以為是客人看錯帳單，有時也因此導致客人對旅館有很多抱怨。電腦化的系統，對於客人在辦理退房時，有很大幫助，如其可減少客人排隊等候的狀況，這是一般旅客最常抱怨的，藉由此系統可縮短其處理時間，加快其作業速度。全自動的「房內快速」（In Room）退房系統，其直接連線到信用卡的電腦系統提供旅客立即退房的服務。因旅客能輕易的在房內的電視銀幕上查看其住宿期間的消費金額。因此，有些商務客人，因時間因素他們常寫快速退房單，同意接受他們的帳單，此手續在客房內即可辦理。

(七)電話帳單系統（Call Accounting System，CAS）

電話帳單系統是跟旅館櫃檯電腦連接的，但亦可以作單獨作業系統。電話帳單處理系統，包括所有本地、國際電話及自動付費用電話的客人帳單。這個系統主要的優點包括下列幾項：客人可直接從他們的房內打電話不須透過旅館總機，增加客人使用電話的方便性。此外，此系統可自動記錄客人使用電話的量、時間及細節等，提高旅館的服務品質及客人的滿意度，有助於減少客人的抱怨。且CAS系統，減少了接線總機部門很多麻煩，且節省了許多時間，提高總機人員的工作效率，且讓客人享受更便捷的服務。

二、後檯電腦管理系統

此系統包括六部分，即房務管理作業系統、營收管理、能源管理、安全系統、行銷業務、電子郵件，說明如下：

(一)房務管理作業系統

前檯人員手中現有的客房狀況資料往往會有困擾與問題發生。其原因有可能是客人在住宿登記後，客房尚未整理好，客人不耐久等。前檯人員也相當無奈，無可奈何，因爲一直未接獲整理好客房的通知，只好保持外表冷靜，並設法緩和客人的情緒。旅館若有PMS就能很快得到可銷售客房的訊息，房務員可以很快輸入已完成的客房於電腦系統中，不必再向房務領班報告整理好的客房以供出售。房務領班也不須每天再穿梭於櫃檯提供鎖定的客房以供出售。唯此一組成單元的效率則有賴房務員不斷地輸入最新的客房狀況，才能發揮最大的效益。

(二)營收管理

營收管理是客房管理的一種方法，這方法起源於航空業，亦適用於旅館業。其最主要的目的是使客房占有率極大化，同時得到最好的平均房價。電腦化營收管理系統可使訂房人員銷售客房時能做最佳的選擇，如該幫客人訂怎樣的客房？其價錢爲何？此系統能立即性給予訂房員最佳銷售價建議，此外亦能提供在特定時期（如淡旺季、節慶等）適時調整房價藉由旅客過去資料可知道旅客需求之高低，以俾用來作爲客房需求之評估。此外這些資料也包含有些區域性的活動或節日，有助於旅館客房價格之訂定與提高客房之訂房率，主要目標在於使客房有較佳的收入。

(三)能源管理（Energy Management）

能源管理系統，是一種自動控制旅館內機械設備的系統設施，主要目的是希望旅館內的能源能最有效的運用，如瓦斯及電力冷暖氣空調等設施。當客人進入客房時，只要將鑰匙插入插座，能源管理系統則會自動統籌客房內所有的電力系統開始運作，例如打開客房內的電燈和通風系統等。當客人離開客房時，系統會馬上自動的停止運轉，此方式可節省不必要的浪費，如沒人在房裡燈卻開著，或客房內的冷暖氣依然運轉著。

(四)安全系統

電子鑰匙的產生，增加對客房鑰匙的管制能力。每個客人所拿到的鑰匙都有自己的特殊密碼，因爲前檯服務人員會將鑰匙的數字號碼重新組合，才會交給新來的客人。對於每一重新出售的客房，前檯人員給予鑰匙（Key）或一張鑰匙卡（Key Card），此鑰匙或鑰匙卡片在辦理住宿遷入時已輸進新的密碼。PMS的安全組成單元無時無刻地監控安全事項。在客房裡、公共區域以及工作區域，火警系統經常保持監控狀態中。一旦狀況發生，警鈴或電話語音系統將會在館內任何地方發出警告聲，讓所有的人知道。此時電梯會自動降至主要大廳中，或其他指定樓層，這是一種安全上的設計。

(五)行銷業務

爲客房部門是最經常使用PMS的一個單位。從訂房單和住宿登記單上的客人歷史資料（Guest Histories），如籍貫、公司行號、信用卡使用記錄、住宿習性與偏好等，皆必須一直不斷翻新修改的。訂房者（秘書、社團、旅行社）、住宿客房型態、公司郵遞區號、個人住所等都可從訂房檔案中查出。另外，一些市場資訊（報紙的閱讀、推薦資料或廣播的收聽等）在住宿登記時亦可從客人透露中獲得，可適時提供給多行銷業務部門，針對目標市場，在廣告媒體上發揮。行銷人員對PMS的另一用途，即是可以製作宣傳單直接針對目標客層作廣告宣傳。廣告信函所要廣告的旅館產品與服務，還有姓名、地址貼紙均可加以製作。從一連串餐飲活動中，根據每日宴會安排一覽表，電腦可以製作每周集會日程表，包括會議、宴客等。所有顧客的資料都可儲存，也可做必要的修正；各式的合約格式、內容電腦也可製作與儲存。一些特殊的資料，可能成爲集會的某些活動，電腦亦可儲存，以作爲日後業務競爭的利器。

(六)電子郵件（Electronic Mail，E-Mail）

電子郵件是一種利用電腦的網路設施傳達通訊的一種系統。這種通訊設施對館內爲數眾多的員工傳達公司政策訊息，以及聯繫現有和過去顧客，是相當管用的工具。使用電子郵件時，必須使用安全密碼以確保隱私。員工們在電腦終端機可以查看到電子郵件，電子郵件也可列印出來以供未來參考用。

大型企業及所屬關係企業或連鎖公司，其相互之間均可用電子郵件聯繫。一家旅館如果有很多部門和部門主管，此系統作爲溝通聯繫的工具相當管用。例如，旅館在接受外來傳遞的電子郵件，無論是對旅館服務方面的建議或者對旅館的抱怨等等提出的任何問題，旅館方面的主管則能在短時間內，按對方電子郵件位址回答客人的建議或問題。

第三節　個案分析

黑名單上的客人

有一天晚上，Vickie在旅館接待部值班時，Mr. Morgan和他女友抵達敏蒂天堂旅館。

「晚安。先生，有什麼我能爲您效勞的嗎？」

「我的名字是Rober Morgan，我今天晚上有預定一間豪華雙人房」。Vickie馬上檢查預定抵達客人名單的同時，也將登記單交給

Mr. Morgan填寫。

「Mr. Morgan，歡迎光臨敏蒂天堂旅館，能否將您的信用卡給我一下？」

Vickie話一說完，似乎察覺Morgan的名字有些熟悉，因此當Mr. Morgan將信用卡遞給她後，在Mr. Morgan簽名前，Vickie突然記起這個名字好像爲黑名單上的客人，她馬上進入電腦搜尋，發現Mr. Morgan果然在黑名單上，電腦上顯示Mr. Morgan有破壞設備以及在旅館內攻擊接待員的紀錄。

知道這些資訊後，Vickie馬上告知Mr. Morgan說旅館已經客滿了，建議Mr. Morgan到別的旅館投宿。原本正準備簽名的Mr. Morgan迅速變了臉，大力拍桌，並對Vickie大吼大叫。

他大聲叫道：「妳已經知道我個人及信用卡資料，現在你才告訴我客滿？叫你們經理來，我要跟他講！」

Vickie馬上通知值班副理—Mindy，並向她解釋目前的情況。Mindy冷靜的向Mr. Morgan解釋目前的情況，告訴他目前訂房已滿，旅館接送車會依他的需求送到他其他旅館。

Mr. Morgan仍不悅且狂怒地說：「我不要旅館的接送車，我只要我預定的客房。」

此時，前檯經理Willian經過前檯，想要瞭解發生什麼事。

個案檢討

1.解釋上述事件中，哪一環節出錯？

2.Vickie在處理這件事情上，是否正確？請說明您的理由。

3.如果您是前檯經理，您如何和Mr. Morgan交涉？

第十一章　危機應變管理

- 危機的種類
- 危機的過程
- 危機處理
- 個案分析

從事於旅館的服務工作，每天必須面對形形色色的各式人種，旅客水準良窳不齊，本章將介紹有關旅館各項危機處理，其中亦包括汽車旅館的危機處理。由於大部分旅客住宿的時間短，流動率高，隨時會有突發事件發生的可能，然而身爲旅館從業人員除了應比顧客來的冷靜外，更應有良好的應變能力來協助處理現場，此外，身旁隨時可能發生之危機，亦可透過平日的觀察與專業知識的累積而得以化解，因此旅館從業人員更應用心於平日的訓練課程（如地震、火警等等之課程）以備不時之需。除上述外，對於瞭解危機發生的種類、如何安撫客人的情緒、事故發生時的通報對象、事後的處理等等，都將是本章的介紹重點。本章分三部分說明，首先介紹危機的種類；其次介紹危機的管理；最後爲危機處理。

第一節　危機的種類

旅館爲因應時代變遷，以及旅館生態之變化，其使用需求也逐漸地朝向注重隱私、設計品味、安全性的住宿環境來做爲號召，然而相對地，愈隱私、愈方便就愈容易產生經營管理上的漏洞，促使危機問題隨之而來，因此多一分認識就可多一分預防、少一分傷害，根據郭文顯（2004）指出旅館危機可分爲四種預防性危機、非預防性危機、半預防性危機及利用旅館設備引起危機。

一、預防性危機

能夠預見且可採取預防對策，由旅館本身內部所問題引起的，例如：

1.是否遵照建築法、消防法規定。

2.廣告物之管理。

3.青少年保護之防範。

4.消費者保護。

5.養護設施、鍋爐使用不當發生之意外。

6.人員機具操作不當之發生。

二、非預防性危機

難以預測其發生時間，其所造成的損失不單只對旅館個體本身，當危機發生時，非僅憑旅館個體可獨立對策，如下列因素所造成的非預防性危機：

1.經濟、社會因素：如石油危機、廠商外移、SARS等。

2.國際、政治因素：戰爭、內亂等。

3.天災：如九二一大地震、颱風、水災等。

三、半預防性危機

半預防性危機為能夠預見，但預防對策無法全力發揮，旅館外部問題引起的危機，歸納以下五類：

1.備品與生財器具的竊取，導致旅館營運成本增加，如固定或不固定生財設備等被竊取。

2.偷拍事件（如曝光），導致失去顧客信賴且嚴重影響旅館營運，如無線針孔攝影偷拍或店外偷拍恐嚇等。

3.刑事案件如販毒、藏藥、藏械等不法物品或械鬥、槍擊等。

4.命案如自殺或暴斃，等容易造成顧客恐慌心理。

5.其他性危機，如抓姦、個體戶賣春或性騷擾等，造成旅館負面形象影響。

四、利用旅館設備引起危機

例如針孔裝置、迷姦、捉姦或販毒、槍枝買賣等。

五、其他危機事項

例如住客生病、跑帳、暴斃、酒醉滋事等。

風格旅館——婚禮主題旅館：艾薇卡婚禮渡假旅館

您有聽過專門舉辦婚禮的旅館嗎？在國外的一些旅館就有這種型式的主題旅館，若你想舉辦一場夢幻婚禮，那我們推薦您一定要去一趟澳洲的艾薇卡婚禮度假旅館（Avica Weddings & Resort），現在就趕快爲您介紹這既浪漫又夢幻的艾薇卡婚禮度假旅館囉！

艾薇卡婚禮度假旅館位於黃金海岸中心的位置，占地一百一十六公頃，是由日本一家以製作精緻和服起家的公司所經營的旅館。主要是走精品旅館的路線，只有二十間套房，一眼望去的美麗草坪、人工湖和英式花園，一座琥珀色砂岩砌成的教堂、巨大的哥德式窗户展現以及雙匹白馬皇家馬車，構成了浪漫的基調。新人除了可以選擇在容納九十人的教堂舉行婚禮儀式，如果有宗教的考量，也可以在花園或是觀景亭內，舉辦形式更爲輕鬆的户外花園婚禮。

艾薇卡婚禮度假旅館又號稱爲專業的婚禮旅館，光在禮服展示間裡，就有八、九百款男女婚紗禮服、數百雙純白高跟鞋及發亮的黑皮鞋，令人嘆爲觀止。

在蜜月套房方面，每一個房間都擁有私人陽台，不是面湖，就是面山，景觀十分優美。儘管面積不大，卻精巧溫馨，設備齊全，如數位影音、鮮花、奢侈浴袍和拖鞋、浴室化妝品類和當月雜誌，尤其是心形浴缸，更可以讓新人渡過浪漫與甜蜜的一晚。

隔日睡到自然醒後，去餐廳享用熱騰騰的雙人自助蜜月早餐，下午亦可以去運動，有溫水游泳池、網球場、桌球、撞球、飛鏢室和高爾夫球場等運動設施。此外，還有美容中心，備有各種採用有機植物的SPA、按摩療程，都是值得一試的。

在Avica裡有提供很多服務項目，有二十五年經驗的Manfred Karlhuber專業婚禮攝影師幫你拍婚紗照、婚禮排練、皇家馬車接送、婚禮歌手、風琴演奏者以及高素質的專人服務等，來到Avica，就把一切就交給Avica吧！Avica一定會爲新人安排一場人性化且獨特的夢幻浪漫婚禮。

資料來源：http://www.avica.com.au

第二節　危機的過程

一、危機的過程

危機的過程可分爲四階段如圖11-1所示，並說明如下：

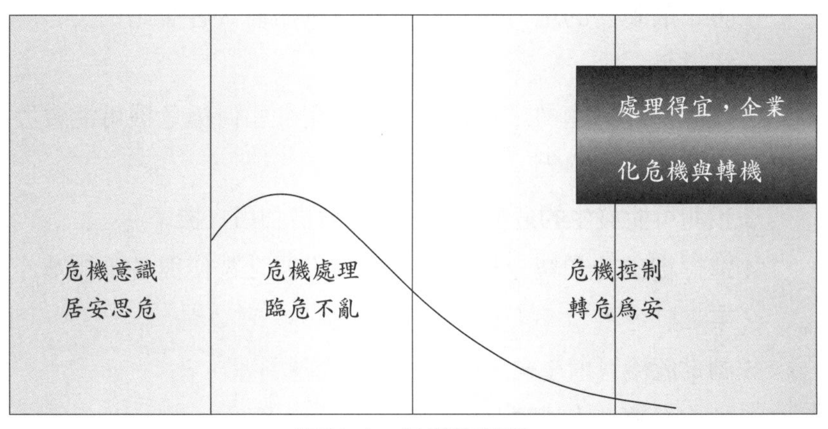

圖11-1　危機的過程

(一)預防勝於治療

要讓一條湍急河流停止是不可能的，我們將計劃如何順流而下並獲得利機。

1.與管區員警保持良好關係，警方仍是你信賴的單位，切忌以黑制黑，以暴制暴，容易形成長期無形被箝制之對象。
2.與醫院保持良好關係，以配合平常旅館傷亡事件之處理。
3.媒體之維繫與運用，良好形象之維護，負面報導衝擊之減低，必須靠平常媒體關係之維護。
4.不要忽視員工的感覺，員工亦須「消毒」，相關負面謠言流傳，有相當比例爲內部員工所流出。
5.作業流程之制定與修正，危機事件之處理並無一定之標準或結果，仍須靠平時不斷的修正。

(二)潛伏期階段

平時就是潛伏期，此階段首重在危機預測及準備。

1.防止最脆弱的地方演變成危機，例如何做客層比例及客層定位？
2.搜尋外界的趨勢，進行環境的偵測，如何種危機可能會發生在我的旅館？
3.預測可能發生的危機種類，例如會被利用之機率。
4.進行細項分類與分析，例如危機手冊之製作與各項標準作業之訂定。
5.制定危機管理小組，例如公關或大廳副理。
6.指定負責與媒體記者聯繫代表（發言人）——形象、能力、平時訓練。

(三)爆發期階段

第二個階段即邁入執行階段。此時指揮組人員在整個危機管

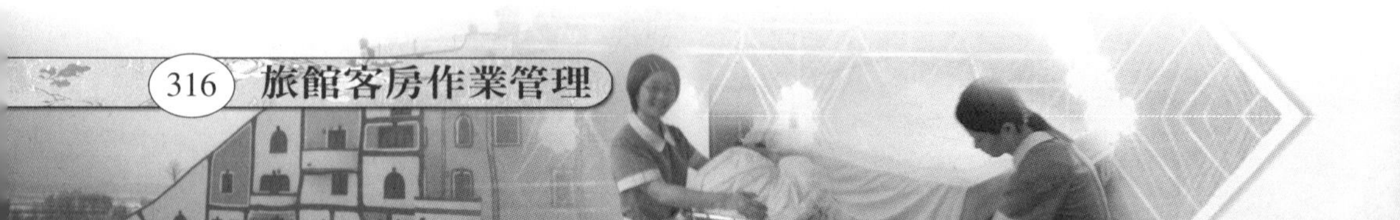

理運作中，扮演核心角色。

1.危機處理小組立即組成

危機處理小組平常就應預備緊急應對小組，針對各種突發狀況預先演練，並製作標準作業流程（Stander Operation Process，S.O.P）。標準處理機制應包含現場拍照、錄影存證、請目擊者作筆錄、寫報告、簽名，若有物品毀損，應列出清單、價值等。有完整的資料，才能確保業者的權益，至於是否依法處裡可另當別論。其應注意事項，茲如下述：

(1)不要介入客人的糾紛，只站在協助的立場，客戶資料絕不外洩，除非是警察機關。

(2)顧客若有抱怨，一般會先向業者反應，因此，申訴管道要明確，以免互推責任。

(3)培養員工察言觀色與應變能力，將危機發生的機率降至最低。

(4)擅用媒體與記者，化危機爲轉機。

2.依小組成員——指定負責與媒體記者聯繫之代表

與媒體溝通要點，茲如下述：

(1)媒體記者統一集中：針對檢查不公開的原則，可拒絕媒體記者進入旅館內採訪，雖然旅館外的拍攝無法禁止，但發現有記者拿著攝影機時，應立即主動前去邀請至預設好的場所，一起聽簡報。

(2)禁止媒體隨意拍攝：不讓媒體記者隨意採訪員工或拍攝畫面。

(3)旅館公關統一對外說詞：遇到新聞性話題時，最好派出共同發言人，對新聞媒體發布訊息，員工切勿擅自發言。

(4)主動邀約媒體：平常與媒體保持良好互動，並以禮相待，可減少不必要的負面形象。

(5)趁勢提升旅館正面形象：增加曝光率或增加品牌，公司知名度，適時提供正面資訊如設備、安全措施、服務品質，化危機爲轉機。

(6)誠懇且專業應對以展現企業領導人魄力與能力，提高公司正面形象，加強公司部門團結合作關係，爲公司日後經營調整，做進一步提升的必要改變。

3.迅速擬定公司基本立場。

4.盡速防堵負面報導，及時主動反應公司正面處理之訊息。

5.尋求第三者之支持。

6.勿忽略公司內部的溝通工作。

(四)後危機階段

1.依事前計畫針對危機原因，予以快速清除。

2.繼續尋求第三者的支持，如公會、觀光局、媒體等。

3.密切監視並評估危機狀況，並做必要調整。

4.持續推動公共關係運作，以維護旅館商譽，防治未來危機的出現。

5.「收尾」工作：注意媒體的可能後續發酵，如有必要應加以適度回應。

6.持續維持公司形象，嚴防危機的張力再度擴大。

7.盡快回到正常運作狀態。

第三節　危機處理

一、火警事件

客房火警往往發生的原因不外乎客人熄煙不當、電源線路、天然災害等引起的問題。所以，房務人員在平時即要有危機意識，多利用機會瞭解消防安全常識及逃生避難方法。當火災發生時，需立即按照通報→滅火→避難引導→安全防護→救護等五種程序來處理。另外，認識消防設施及逃生避難設備，事前擬妥逃生避難之計畫，並加以預習，於狀況發生時，便能從容應付，順利逃生，其處理程序與注意事項茲說明如下：

(一)通報

1.報告事故現場情況。

2.相關部門處置辦法。

當接到任何火警報告時，應立即通知以下各單位及其處置辦法：

(1)房務部

a.房務中心及樓層房務員接到通知後，立刻編組安排救火位置。

b.按下火警報知機按鈕，使警鈴大響。

c.高喊「失火了」，房務人員逐房拍敲各住客房門，引導住客避難，並引導由太平梯疏散，即使有避難救護行動而延誤滅火時機，情非得已，人命應列第一。

d.依起火狀況實施滅火。

e.迅速通知總機通報消防機關及防災中心。

(2)工程部

立即關閉電源及通風設備，並改採緊急照明設備，中控室需現場緊急廣播：「各位貴賓、同仁，請注意即刻由最近的逃生出口疏散，請不要搭乘電梯。」

(3)安全室

盡快趕到事故現場，以瞭解情況。

(4)總機人員

a.立即通報消防機關及防災中心 。

b.通知中控室廣播火警訊息。

c.電話通知失火樓層之住客避難。

(5)大廳人員

a.按工作崗位協助疏導人員撤離現場。

b.攜帶住客資料，於空曠處集合人員實施點名。

c.協助維護秩序，並安撫客人。

(6)值班經理

把火警發生原因、處理過程、結果寫在值班經理本上。

(二)滅火

1.使用滅火器，展開滅火作業：拔安全插梢，噴嘴對準火源，用力壓下握把。

2.使用消防栓，按下啓動開關延伸水帶，打開消防開關放水。

(三)避難引導

1.打開緊急出口（安全門）。

2.指導避難方向，避免發生驚慌。

3.引導人員配置：樓梯出入口、通道轉角。

4.確認所有人員是否已經避難，將結果聯絡隊長。

(四)安全防護

1.關閉防火門、防閘門。

2.停止供應電梯等危險性電源。

3.將機器緊急處置。

4.禁止進入區域。

(五)救護

1.設置緊急救護所，提供熱食、禦寒衣物。

2.緊急處理受傷者並登記其姓名、地址。

3.與消防救護隊聯繫，提供情報。

4.聯絡其他旅館，必要時安排房客住宿。

(六)發生時的注意事項

1.配合值班經理指示行動。

2.對於火警相關訊息不能對外發布，一律交由公關部門處理。

3.凡參與救火之人員需正確使用滅火器材，並依消防安全守則施行。

4.到達安全地點後需協助照顧顧客並撫平情緒。

5.如受傷需立即送醫急救，火撲滅後應協助清點公司及住客財產。

6.迅速恢復原有舊觀。

二、地震

台灣位於一個尚在活動中的斷層帶，並且每年都會有很多規模不等的地震發生，有鑑於九二一大地震中學習到的經驗，台北中和福朋旅館在二〇〇〇年由一群經驗豐富的建築人員建造，建築師們都會特別注重到建築物的防震功能。

目前最新的科技仍無法準確預測地震的時間和強度，一般而言，地震後也可能會有同強度的餘震。除非是超級地震，否則應向顧客解釋本旅館建築物是相當堅固，絕無安全上之顧慮。以下就以發生地震時應有的步驟及注意事項，茲說明如下：

(一)發生地震停電時，應立即通知值班經理

1.停電時，須由工作人員逐一告知客人，並給予手電筒。

2.地震時，現場緊急廣播：「各位房客，請注意，現在發生強烈地震，請立刻由最近的逃生出口疏散，千萬不可搭乘電梯。」

(二)避難引導及供應備品

1.指引避難方向，避免發生意外。

2.地震時確認所有人員是否已經避難。

3.停電時，確認所有房間都拿到手電筒。

(三)救護

1.設置緊急救護所。

2.緊急處理受傷者及登記其姓名、地址。

(四)安全防護

1.工程部盡快查明停電原由。

2.設定禁止進入區域。

(五)注意事項

1.室內或辦公室

(1)保持鎮定，勿慌張地往室外跑。除非是超級地震，否則應向顧客解釋本旅館建築物是相當堅固，絕無安全上之顧慮。

(2)隨手抓個墊子等保護頭部，盡速躲在堅固家具、桌子下，或靠建築物中央橫梁的牆等。

(3)切勿靠近窗戶、玻璃、吊燈、巨大家具等危險墜落物，以防玻璃震碎或被重物壓到。

2.室外

(1)站立於空曠處，不可慌張地往室內衝。

(2)注意頭頂上可能有招牌、花盆等物品掉落。

(3)遠離興建中的建築物，電線桿、圍牆、未經固定的販賣機等。

3.地震後

(1)檢查房屋結構受損情況，儘速將狀況報告上級主管，並打開收音機，收聽緊急情況指示及災情報導。

(2)盡可能穿著皮鞋皮靴，以防震碎玻璃及碎物弄傷。

(3)小心餘震造成的傷害。

三、颱風

颱風是在眾多天然災害中，最能事先預知並提早做好防災準備的。颱風來襲常會造成嚴重災情傳出，雖然天災無可避免，但只要在颱風來臨前防範得宜，必能使災害損失減至最低程度。因此，旅館必須在預防上多下點功夫，所謂「多一分防颱準備，少一分損失」，所以若有颱風接近台灣時，其處理辦法茲說明如下：

(一)颱風來襲前

1.檢查各樓層玻璃窗是否已關緊。

2.檢查各樓層照明設施及緊急照明設備是否良好正常。

3.完成防颱編組。

(二)颱風來襲時

1.隨時待命擔任搶救、指揮疏導作業。

2.應至各責任區巡邏，除瞭解颱風災情外，應作適切處理。

(三)颱風警報解除時

1.就責任區內外迅速檢查，並報告現場颱風損失情形。

2.協助整理復原工作。

3.通知旅館住客颱風現行相關資訊。

(四)注意事項

1.通知顧客在颱風來襲期間，盡量不要外出。

2.隨時與機場聯絡，檢查所有班機時間是否正常。

3.假如顧客在颱風來襲期間離開，須提醒顧客是否更改行程，以免因機場封閉等原因影響顧客行程。

四、備品與生財器具的竊取

(一)一般客人心態

1.蒐集備品做紀念品。

2.表示自己身分尊貴（曾經住宿過此高級旅館）。

3.貪小便宜或順手牽羊的惡習。

(二)一般備品或設備

除部分屬客房耗損成本外另可區分爲：

1.可固定式如衣架、變電插座、吹風機等，盡可能予以固定，不利方便拿取。

2.不可固定如毛巾、浴袍、盥洗備品、咖啡杯盤等，則制定價目表。

(三)於客房內明顯標示價目表

告知客人如欲購買請與旅館櫃台服務人員聯絡；或備品設計式樣，讓客人取走不適用，例如：

1.衣架無掛勾式。

2.上網鍵盤不適用非本旅館之電腦。

3.遙控器不適用非本旅館之電視，或可改爲固定式。

4.多用途插頭固定安裝於牆壁，無法取出帶走。

5.吹風機安裝於牆壁。

6.浴室使用淋浴備品盒安裝於牆上。但所有考量應以旅館客層定位爲基準。

(四)布巾備品之遺失

仍視旅館本身之知名度與形象而有不同，基本上：

1.設計無Logo式樣，節省成本。

2.客人較易帶走，因爲無曝光之虞。

3.有設計Logo式樣，客人較不易帶走，因爲不方便公開使用、不方便攜回。

4.帶走當紀念品較常發生於五星級旅館，當作業務宣傳品或自然耗損。

一般而言，失竊的金額在新台幣一千五百元以下，可以不追究（依旅館立場），若有大件物品，如電視失竊則此情況較有可能事先預謀（汽車旅館爲多）。

爲預防貴重生財設備被客人竊取，除可採用固定式外，另可於設備上黏貼感應條碼，於房門處或車庫處另設感應裝置（汽車旅館），可應用客房內相關訊息禮貌提醒客人，其設施爲連線或感應等（應用於不易防範之設備如DVD Player）。

五、偷拍事件

偷拍是違法的，應用公權力全面制止，但消費者保護意識抬頭，寧可不必「冒險」去可能有偷拍之虞的旅館，甚而客人疑慮，誤以爲偷拍事件爲業者所爲，或與外界勾搭，進而影響旅館之使用率。偷拍之所以大行其道，故如何讓客人在「寬衣解帶」之時，不再顧慮狐疑，是業著經營首要致勝之處。

1.房間內針孔攝影

(1)針孔攝影器材種類或裝設地點

所謂針孔攝影機，其鏡頭細如筆尖，故一般人不易察覺，目前針孔已發展爲移動式，如運動鞋裡、眼鏡、信用卡、手提包、客廳盆栽、鈕扣、螺絲釘、更衣室等更是針孔裝置可能之處。爲預防不肖份子在房間內裝設針孔攝影，「坑坑洞洞」處需特別注意小心，如裂縫、鐵釘釘過的地方都有可能裝針孔，甚至是東西出現在不該出現的地方，如牆上多餘的插座、容易疏忽的火警感應器等也要特別注意。

(2)業主如何防範之處

目前已有許多以休息爲主要客層之旅館，均會於館外加設如「本店均採用電子儀器防範針孔偷拍」等字眼，此舉固然可無形增加客人之信心，仍不免存有疑慮。固然同業仍需共同努力去除此等印象，也須本身實際力行。

指定房號之避免，基於有線針孔偷拍資料之回收，不肖業者必須於一定時間以客人身分返回特定裝設地點去拿取資料；故如櫃檯人員遇有客人非指定此房號進住不可者，則應機警委婉拒絕，可應用某房間目前使用中、排同類型房間替代、故障房等，如三番兩次要求該指定房號，則更應留意並徹底檢視該房狀況。

館外巡視，無線針孔設備之偷拍，其均有一定之有效收攝距離，業者必定於館外有效之訊號距離內停留監控，故必須要求館內安全服務人員，定時或不定時地巡視旅館周遭之環境，此舉將讓不肖業者「不便」行事，進而知難而退，轉移目標。

預防之道如爲同一房間退房後，最好能利用偵測器巡視一下。不論有線或無線針孔攝影機均需利用電源，因此要特別留意插座附近，是否有莫名的電線，尤其是面對床及浴室的角度更要注意。除房務員每於休息客退房整理之際例行檢查外，另應定期利用機器全面偵測。

2.旅館外假偷拍真恐嚇

有些不肖份子在賓館外，記下客戶的車牌，再查出車主姓名及電話，伺機勒索，客戶經常付錢了事，但卻不願再光臨那家賓館，故業主之因應方式可加強旅館外巡邏、注意可疑車輛及人物，最好隨時留意旅館附近，是否有可疑的車輛，車內有人但車子卻長時間停留，可藉機查看裡面是否有攝影機或照相機。「狡兔有三窟、道高一呎，魔高一丈」，不肖歹徒之做法固然防不勝防，然有些旅館業者，在一般旅館入口旁附設代客停車（非一房一車庫）會設法將顧客的車牌遮住，此舉即讓客戶感到非常貼心，進而會對旅館產生信心，而提高其入住率。

若客戶發現房內被裝了針孔攝影機，即使不是業者裝設的，同樣也須負法律責任，因此業者不得不小心防範。房客自保之道——關燈，可減少80%被偷拍的危險。然而此舉並未能讓房客對旅館之信賴度有所助益。偷拍之事件雖然發生機率並非如此高，即使發生後也只限於當事人名譽之受損；唯若消息一旦曝光，客人豈敢冒風險進住旅館。故偷拍之防範絕非僅止於「本館已加裝防針孔偷拍」字眼之裝設而已。

六、刑事案件：販毒、藏藥、藏械等不法物品

一般而言，歹徒於毒品買賣交易之際，為防範人贓俱獲，可能利用旅賓館休息客人不必登記、隱私之漏洞，進行交易買賣之實。其以客人身分住進客房後，即將毒品、贓物、槍枝等藏匿於房間之隱密處，如馬桶水箱內、冷氣迴風網內、角落地毯下、電視機內、黏貼於掛圖後方…等等，可以說是防不勝防（房間設計愈複雜，愈難防範）。而業主之因應方式如下：客人指定房號之避

免、養成房務人員清掃死角之S.O.P。另外長期住宿者，其身爲販毒者，很可能亦爲吸毒者，故往往有些許蛛絲馬跡可尋。例如：

1.隨時掌控住客之動態，應是旅館訓練服務人員之基本要項。
2.客房服務人員，應隨時保持機警狀態，發現客房內可疑之人、事、物應立即紀錄並通報相關主管。例如：垃圾筒有針筒或異樣物品、客人意識模糊、行爲異常，應隨時報備主管處理，因此，旅館應與警察機關或外事組保持必要之聯繫。
3.發現客房內聚眾喧嘩或整日房門深鎖，不讓服務人員清理房間。

房務人員因工作之故，較有機會進入客房，此時，應隨時留意房內是否有任何異狀。如發現房內有異味或吸食毒品之器具時，此房客極有可能吸食毒品或經常掛著「請勿干擾」吊牌，甚至連續一、兩天都不曾外出，此時，應立即通報主管，加強巡視或找藉口進入房內觀察，如有違法之情事發生，立即通報警衛或管區員警。爲了預防不法份子利用旅館從事違法交易，客戶退房後勿立即出租，若客戶指定房號，可委婉拒絕。

七、械鬥、槍擊、打架滋事

械鬥、槍擊其本身事件容易引起警方之重視，不僅隨之而來的可能是命案之發生，更容易招致新聞媒體之報導，現場處理以不被介入爲最高原則，並視情況排解或好言相勸：「此爲公共場所，請勿在此滋事。」如已控制不住現場，盡快報警處理，員工則以維護自身安全爲最高原則。旅館中發生鬥毆鬧事時之處理如下：

1.若為個人事件，應先將雙方當事人予以隔離，現場人員應以和緩態度安撫，以免事件擴大。

2.若屬群架事件，則應報請管區警察或撥一一〇電話報案處理。

3.對不良份子爭風吃醋、尋仇滋事者，應迅速報警，必要時可鳴笛，並高呼警察來了，以嚇阻鬧事者。

4.若有人員受傷，應將傷者盡速送醫急救。

5.掌握現場狀況並向值班主管報告。

6.注意事項：

(1)勿讓旅館成為黑道聚集、惹事生非之代名詞。

(2)當負面形象一旦定型，成為警方巡防重點、媒體焦點時，將如何吸引注重隱私的休息客層上門。

(3)建議不宜以黑抑黑、以暴制暴。

(4)對於平日之客層定位與篩選。

八、命案（自殺或暴斃）

房客企圖自殺前通常在行為上都有跡可尋，可藉由外表形態表現略窺一、二，觀察客人的言行舉止，應可防患於未然。因此，機警的觀察注意或許可避免不幸事件發生；當房務員在整理客房時發現有異，則應盡快處理，其處理方式茲說明如下：

1.住宿前注意事項

(1)行為舉止：客人至旅館櫃台辦理住房登記時，發現顧客舉止行為異常、沮喪、臉色凝重，則櫃檯人員須保持警覺，特別留意，甚至可謝絕單身女子（尤其深夜時刻）之住房，可以客房已滿之理由予以拒絕。

(2)女性穿著簡單家居服，行李簡單，甚至無任何行李時，則要多加留意。

(3)無任何身分證件，不要求房間型態，甚至以大筆現金支付房價並且不計較任何折扣。

(4)不在乎休息或住宿。

2.住宿中注意事項

房務人員在清理客房時、領班巡房時、安全例行巡樓時，均應留意房內狀況，保持停、聽、看之習慣，並確實養成作紀錄之要求。若發覺異狀時，房務部人員應會同副理（ASST. MGR.）瞭解住客遷入情況後予以約談，紓解其情緒，設法請其立即遷出並將該房客姓名輸入電腦之黑名單內，以作爲日後訂房組之參考資料。

3.自殺或暴斃發生較常發生的時間

自殺或暴斃事件易發生在晚上，巡樓時應注意停看聽，例如房內的電視聲及水聲，如有異常即應詳細記明時間。如水聲持續一、兩個小時不斷或者電視機音量持續過大，且爲同一頻道，則應提高警覺以電話聯繫，無人接聽時，不可貿然私自開門，應一面讓電話鈴聲響著，一面開門視察，並且應有兩人同時進入客房。

4.員工切勿自行判斷客人病情

例如顧客出現發高燒、氣喘呼吸困難、咳嗽等，或許是心肌哽塞之前兆。

5.不代客人購買藥物

諸如感冒藥、阿斯匹靈或含類固醇藥物等。

6.Morning Call**無人回應，則應：**

(1)要求相關房務人員前往敲門察視

(2)以Master Key會同安全人員進入

(3)房門反鎖時，更應會同安全人員破門進入

7.**他殺**

如兩人進住，一方先行離開時，即應觀察離去者之神情並禮貌藉詢其是否返回、付款方式、其他交代，並須以電話求證尚留房內之客人，尤其尋芳客、一夜情或嗑藥之休息客人。

8.**不幸事件發生時之處理**

(1)迅速通知相關主管處理。（緊急應變小組隨即成立）

(2)主管查看有無生命跡象並判斷是否須送醫。如須送醫則立即通知櫃檯聯絡救護車前來處理。如無生命跡象，則不可破壞現場之完整性，以利警方蒐證。

(3)當救護車即將到達至員工出入口時，請其將警笛關閉。（聯絡特約醫院救護車時，則可請其配合）。

(4)發生死亡事件，並有住客起疑問時，則以員工或客人意外受傷回應。

(5)整個處理原則，以不驚動其他客人及迅速保密爲最高原則。

(6)警方及媒體尚不知情

a.尚有體溫（死亡三小時內）

聯絡配合的醫院派救護車，利用緊急出口或貨用電梯將屍體載走，勿驚動其他客人及警方，以免對旅館造成負面影響。

b.醫院：平時即應選定配合醫院。

c.警方及媒體已知情，將媒體安置在同一地點，並由旅館指定人選統一對外發言，切勿讓媒體任意拍攝或採

訪，造成旅館負面影響。

d.只要是不在醫院過世的（不論自殺或暴斃），都稱爲非自然死亡，正確的程序是報警處理，依法醫院不可開立死亡證明。尤其是死者有外傷時，若業者沒有報警處理，即是觸犯了隱匿罪，同樣有刑事責任。

e.員工消毒：讓相關的服務人員立即休假，以免在旅館內散布謠言，甚或爲媒體利用採訪對象。（勿須告知客人已死亡之事實，以免員工日後上班情緒受影響。有時旅館負面訊息乃是藉由內部員工傳布散開。）

9.跳樓

第一時間趕至現場之人員，首先應查看對方有無生命跡象。若無則立即蓋上床單，以避免被其他住客看見遺體。且不可移動任何物品及遺體，以維護現場之完整性，並立即通知主管處理。

其過程嚴禁驚慌、鼓譟，以冷靜、迅速爲最高原則。

10.其他：強暴、迷姦、抓姦、個體戶賣春

顧客若有同行女伴，應稍加留意，是否當時即有神智不清、昏迷或須攙扶的情況，若有任何異樣，應通報主管多加留意。

(1)進旅館前，一方（女性居多）即昏迷或意識不清（酒醉居多），進房後發生強暴、迷姦。此類事後糾紛機率高。櫃檯仍有機會判斷來客之狀況，決定是否出售房間。

(2)進旅館後，才發生一方（女性居多）昏迷或意識不清（磕藥居多），繼而發生強暴、迷姦。事後糾紛機率較前者低，但易造成房內喧鬧、備品耗損，甚而提高暴斃於客房之機率。休息時間將到，以電話提醒客人之動作不可忽略，藉機判斷客人之應答口吻，若客人提出休息改住宿之警訊，雖仍屬正常之動作，然登記之必要不可省。

(3)過濾潛在不肖客人，提高客層之素質，減低危機機率之發生。個體戶賣春通常其一般做法乃於別處覓得尋芳客後，再偕同進住旅館。唯仍應留意是否流鶯聚集旅館附近，造成氣候讓尋芳客得知於×××旅館外有此機會，甚或讓尋芳客誤以為×××旅館與此類賣春個體戶有某些程度上之默契。一旦形象造成，則一般情侶為主要市場之休息客層將逐漸流失。

(4)業主因應之道

a.委婉勸離警方巡察為由。

b.技術阻礙：知難而退。

c.安全人員：強制驅離。

(5)對旅館造成之影響

a.容易製造旅館本身負面消息之源頭。

b.造成客人對旅館誤會反感。

c.易造成客人間之桃色糾紛。

d.易造成竊盜／命案 。

e.不確定因素之亂源。

f.旅館本身形象之受損。

11.**抓姦**

徵信社抓姦程序如下：當事人委託徵信社跟蹤蒐證、當事人至管區備案、當配偶及其情人正交歡時，協同管區員警一起抓姦，並拍照或搜集證物。

然而徵信社為了掌握第一時間，往往緊跟著開隔壁的房間，不通知員警，伺機破門而入。不論何者，被抓的一方必定歇斯底里，大吵大鬧，此時，為了不影響其他房客，業者應要求當事人關起房門處理，或盡速帶到管區作筆錄。同時，房內若有任何損壞，也應要求當事人賠償。如何保護客人，亦即保護旅館。

(1)汽車賓館：對於尾隨車輛特別留意前車進後停五分鐘內，前車給予房Key後，勿立即服務後車，試圖暫時以房間型態介紹等理由，委婉技術性拖延。如為徵信尾隨，此時即會顯出時間急迫之焦慮感或擔心跟丟了，不知其為何房號。

(2)假冒前車之友，要求比臨之房間。

(3)留意櫃檯人員或房務人員之操守：如假冒不成，徵信社會另以利誘，以達目的。

(4)給予不同區位房間，或不同樓層房間（如有樓層區分）。通常櫃檯員不知如何判斷，故切忌給予緊鄰前車房號之房間，以降低機率。

(5)前車與後車盡量不安排同一樓層，若後車要求與前車房號相鄰時，可以先知會前車客人。

(6)汽車賓館，清潔通道需隨時上鎖：徵信社基本上喜利用通道溜至當事人之房外，再見機行事，踹門而入，以取得及時證據。（其利用清潔通道，即欲避開車庫之鐵捲門。）

(7)若當事人協同警察要求臨檢時，應站在保護客人的立場，盡量拖延時間並且一面以電話連絡客人。

一般旅館其客層較複雜，且水準參差不齊，故其櫃檯人員之訓練，五星級旅館是否更應重視。

12.酒醉暴力行為

(1)自以為是、耍大牌、炫耀自我、毆打服務人員。

(2)喝酒後意識迷糊，無法自主掌控個人行為。

(3)因應之道

a.客人趁著酒喝多了，或佯稱黑道老大，在櫃檯大聲喧嘩，委婉告知客房已滿。

b.若有不滿甚至對櫃檯人員使用暴力者，則由主管協同警衛帶至隱秘處，加以勸解，若無法圓滿處理，立即通知管區員警。

c.注意：勿引起騷動，或干擾其他顧客。若有値班人員受傷或受驚嚇，立即送往醫療單位。切忌刺激應對、以免更激怒客人。 技巧性應用委婉、安撫、輔以安全人員之應用。

(4)顧客分析處理方式與處理準則

此類顧客，多爲行爲不檢，或具高度危險性。一味接受其入住，確有危及旅館營運之嚴重性。對於此類顧客類型之判定與應變處理方式，必須以極高度之技巧與靈活之應對，才可適切提供服務。

a.委婉應對

前項所提，此類顧客多具程度上之危險性與攻擊傾向，一旦應對失當或有情緒不穩情事，多會讓現場狀況變得更加失控，爲求此類情事發生之可能性降至最低，先行委婉說明旅館之立場與營運方式是必要的，另也可出示製作好之住房須知。

b.機動處理

如遇顧客情緒極度不滿或有失控表現（酒醉、喧嘩、咆嘯等），可換員處理，例用借一步說話，請客人稍坐，奉上茶水或公關煙等方式，以求情緒緩和之效，絕對不與此類顧客在現場發生衝突或爭執。

c.安全防護

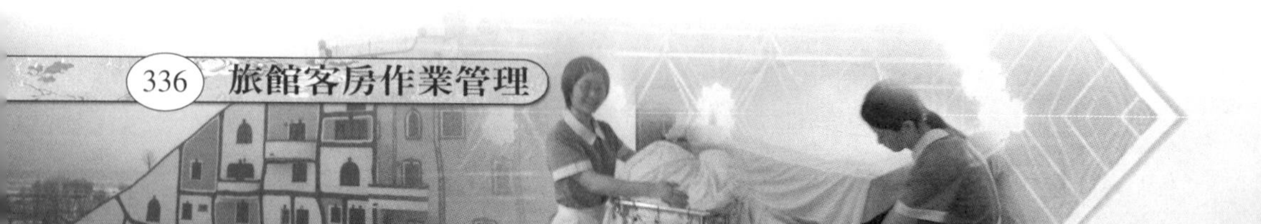

基於安全理由，對於此類顧客之接待，應極力避免做單獨接觸，協同値班人員或主管做接待，另所有接待之行爲應有第三人員知悉其動向。

d.資料匯整

雖說後期資料建檔是屬於非現場工作，但也絕不可輕忽，如有完整之此類顧客資料，値班人員對其行爲，可收先行預期之效，有效予以防範和控管，另對或有破壞本館設備與不法之情事，亦可收追蹤查證之用。

e.強制驅離

經綜合判斷，此顧客確有不法之情事，破壞損傷本館人員或設備，工作人員無法制止或處理時，得協同保全公司與警方人員做強制驅離。

第四節　個案分析

緊急事件：停電時刻

池畔傳來的典雅樂聲，由祈情飯店向山腳望去即是高雄的廣大夜景，人們以各種姿態躍入游泳池的池畔旁漫舞著。這寂靜炫麗的黑夜是爲這場宴會而升起的，知名樂團爲這一切的美好撼動在場每位客人。

不遠處的賣場從眼尾傳來一聲巨響，而後所有聲光夜影全都銷聲匿跡於這場突如其來的意外了，無法倖免地旅館內的電源也跟著熄滅。透過電話的、現場的抱怨，鬱悶氣氛渲染整個旅館每個角落，吵雜聲點點滴滴地逐漸擴大。

大廳櫃檯

「喂！櫃檯嗎？怎麼搞的！我正在洗澡，怎麼突然斷電。現在烏漆抹黑地又沒有熱水，我才剛抹上沐浴精，洗了一半了，現在是冷水怎麼洗呀！」來自客房1314號房的抱怨電話。

「搞什麼鬼呀！小姐怎麼會突然停電勒！我才剛剛C/I耶！在十分鐘，電源再不來我告訴你，我要馬上退房！聽到沒有！！」這是剛剛遷入的苦先生，他從電梯口出來便開始吆喝著櫃檯。

「是的，眞的很抱歉，目前旅館已請工程部進行維修與瞭解了，…是的，馬上就可以恢復正常運作了，眞的很抱歉造成您的不便。」櫃檯內頻頻地道歉聲不斷。

服務中心

「小姐，待會我要開會耶！現在停電，電腦、傳眞機、列表機、影印機全都不能用，妳要我怎麼跟我上司交代！」商務中心裡一位公司總裁的執行秘書一邊說著，一邊緊張著。

行李員神色緊急地向大廳副理說：「有客人的車被卡在B1與B2的車梯裡了，怎麼辦突然的停電，車梯也突然不能運作了，怎麼辦副理？」

工程部

「好，我們當然會盡力搶修，可是我們已經不是一天兩天的人手不足了，去那邊修則這邊就缺人，你們要我怎麼辦啦！」工程部的小城氣急敗壞地忍不住抱怨了。

「什麼！有客人的車子卡住了，可是負責電梯和車梯的人今天都休假了。好，我知道了，我們想辦法…」工程部頓時間一片混亂，相較於平常的悠哉眞是天壤之別。

旅館大廳櫃檯員對值班經理緊張地說「經理，等一下甌悠T/A要C/I，現在停電了該怎麼辦？待會會被客人罵死啦！」

旅館充斥著喧嚷的咆哮聲，大家亂成一片，慌得……

個案檢討

1.請問以上旅館所遇的停電問題，旅館應注意哪些處理流程？

2.請問您如何處理上述所發生的抱怨事件，請進一步說明顧客抱怨之處理。

參考文獻

中文部分

王麗菱（2000）。《國際觀光旅館餐飲外場工作人員應具備專業能力之分析研究》。國立台灣師範大學家政教育研究所，未出版之博士論文，台北。

交通部觀光局（2002, September）。[On line] http://www.tbroc.gov.tw/admn-info。

朱文雄（1999）。《時間管理》。高雄：復文書局。

李明、趙文璋譯（1985）。Robert J. Rossi and Kevin J. Gilmartin原著。《社會指標導論》。台北：明德基金會。

李福登（2000）。《技職體系一貫課程推動期中報告》。台北：教育部技術及職業教育司。

林俊彥（2002）。《技職學校專業能力指標之建構》。九十一年度應用科學學門提升發能量及成果發表研習會（技職教育組）。行政院國家科學委員會科學教育發展處，237-241。

紀潔芳（2001）。餐旅技職教育未來發展趨勢。《技職教育百科全書》，編碼：12.27。

洪有義（1883）。《價值澄清法》。台北：心理出版社。

胡幼慧（1996）。《焦點團體法，質性研究——理論、方法及本土女性研究實例》。台北：巨流圖書公司。

唐學斌（1991）。《觀光事業大專人才培訓之研究》。台北：交通部觀光局。

曹勝雄（1997）。《我國觀光系統發展評估指標建立之研究》。交通部觀光局委託研究案。

孫志麟（2000）。教育指標的概念模式。《教育政策論壇》，3（1），117-135。

黃政傑、李隆盛（1996）。《中小學基本學力指標之綜合規劃研究》。台北：教育部。

黃凱筳（1998）。《台灣國際觀光旅館對觀光教育培育人力需求之研究》。中國文化大學觀光事業研究所，未出版之碩士論文。台北。
陳麗文（1997）。《餐飲管理科及非餐飲管理科畢業生工作表現之比較研究》。中國文化大學生活應用科學研究所，未出版之碩士論文。台北。
陳儀如（1998）。《國民中學學生時間管理、時間壓力與學業成就關係之研究》。國立高雄師範大學教育學系，未出版之碩士論文。高雄。
張佳琳（2000）。從能力指標之建構與評量檢視九年一貫課程基本能力內涵。《國民教育》，40（4），54-61。
劉麗雲（2000）。《教育三明治教學之效能評估研究》。中國文化大學觀光事業研究所，未出版之碩士論文。台北。
蔡蕙如（1994）。《員工工作生涯品質與服務態度之研究——以百貨公司、便利商店、速食店、餐廳之服務人員爲例》。國立中山大學企業管理研究所，未出版之碩士論文。台北。
蕭富峰（1996）。《影響服務品質關鍵因素之研究——服務要素服務力之觀點》。國立政治大學企業管理研究所，未出版之碩士論文。台北。
嚴長壽（2002）。《御風而上》。台北：寶瓶文化。

英文部分

Bach, S. A., and Milman, A. (1996). A Novel Technique for Reviewing a Hospitality Management Curriculum, *Hospitality and Tourism Educator*, 8(1), 37-40.

Bernard, H. R. (1988). *Research Methods in Cultural Anthropology*, 204-205. Sage Publications.

Breet, C. J. (1990). Focus Groups Positioning and Analysis: A company on Adjuncts for Enhancing the Design of Health, *Health Marketing Quarterly*, 153-167.

Britton, B. K., and Glynn, S. M. (1989). Mental management and creativity: A cognitive model of time management for intellectual productivity. In J. A. Glover, R. R. Ronning, & C. R. Reynolds (Eds.), *Handbook of Creativity*, 429-440.

Chase, R.B., & Bowen, B. D. (1987). Where Does the Customer Fit in a Service Operation? *Harvard Business Review*, 56(Nov-Dec), 137-142.

Chung, K. Y. (2000). Hotel Management Curriculum Reform Based on Required Competencies of Hotel Employees and Career Success in the Hotel Industry. *Tourism Management*, 21(5), 473-487.

Fisk, R.P., S.W.Brown & M.J.Bitner(1995). Tracking the Evolution of the Service Marketing Literature, *Journal of Retailing*, 69(1), 61-96.

Geller, A. N., (1985). Tracking the Critical Success Factors for Hotel Companies, *The Connell Hotel and Restaurant Administration Quarterly*, 25, 76-81.

Jaworski, Bernard and Kohli, Ajay. (1993). Market Orientaion: Antecedents and Consequences, *Journal of Marketing*, 52(3), 53-70.

Johnstone, J. N. (1981). *Indicators of Education Systems*. London: Kogan Page Press.

Hwang, Ching-Lai and Kwangsun Yoon (1981). *Multiple Attribute Decision Making : Methods and Application*, New York: Springer-Verlag.

Kriegl, U. (2000). International Hospitality Management. *The Cornell Hotel and Restaurant Administration Quarterly*, 41(2), 64-71.

Lane, A. B., and Stephen, W. B., (1997). Contact Employees : Relatioships Among Workplace Fairness, Job Satisfaction and Proscial Service Behaviors, *Journal of Retailing*, 73(1), 39-61.

McColl-Kennedy, J. R., and Whit, T., (1997). Service Provider Training Programs at Odds with Customer Requirements in Five-Star Hotels, *Journal of Service Marketing*, 11(4), 249-264.

Mikker, J. E. Porter, M., and Drummond K.E. (1998). *Supervision in the Hospitality Industry*, 18-20.

Raths, L.E., Harmin, M. and Simon, S.B. (1978). *Values and Teaching*, 2nd ed. Columbus, Ohio: A Bell & Howell.

Saaty, T. L. (1980). *The Analytic Hierarchy Process*, Mcgraw Hill, Inc.,

Sandwith, P. (1993). A Hierarchy of Management Training Requirements: The Competency Domain Model. *Public Personnel Management*, 22(1), 43-62.

Schumacber, R. E.and Brookshinre, W. K. (1990). *Defining Quality Indicator*. (ERIC Document Reprodcuation Service ED 317 568).

Siu, V. (1998). Managing by Competencies- A Study on the Managerial Competencies of Hotel Middle Managers in Hong Kong. *International*

Journal of Hospitality Management, 17(1), 253-273.

Tas, R. F. (1983). Competencies Important for Hotel Manager Trainees. *The Cornell Hotel and Restaurant Administration Quarterly*, 29(2), 41-43.

Tornow, W. W., & Wiley, J. W. (1991). Service Quality and Management Practice: A Look at Employee Attitude, Customer Satisfaction, and Bottom-Line Consequences, *Human Resource Planning*, 14(2), 105-115.

附錄一　客房部專業單字

房務部專業單字

一、房務部成員 Housekeeping department　ハウスキーピング・デパートメント		
Assistant housekeeper	房務部副理	アシスタント・ハウスキーパー
Bulter	貼身管家	バトラー
Executive housekeeper	房務部經理	エグゼクティブ ハウスキーパー
Floor captain	樓層領班	フロア キャプテン
Floor clerk	樓層服務員	フロア クラーク
Floor housekeeper	樓層房務員	フロア ハウスキーパー
House man	男性清潔員	ハウス マン
House woman	女性清潔員	ハウス ウーマン
Housekeeper	房務員	ハウスキーパー きゃくしつがかり 客 室 係
Room inspector	房務領班	ルーム インスペクター
Room maid	女性房務員	ルーム メイド

二、Room（RM）Types　客房種類　ルーム タイプ		
Budget room	經濟客房	バジェット ルーム
Corner suite	角落套房	コーナー ルーム
Deluxe(DLX) double	豪華雙人房	デラックスツイン ルーム
Deluxe single	豪華單人房	デラックスシングル ルーム
Double(DBL<D/DB>) room	雙人房	ダブル ルーム
Executive (Exe.) twin & double	貴賓樓層雙人房	エグゼクティブ ツイン&ダブル ルーム
Executive deluxe double	貴賓樓層豪華雙人房	エグゼクティブ デラックス ダブル ルーム
Executive deluxe single	貴賓樓層豪華單人房	エグゼクティブ デラックスシングル ルーム
Executive single	貴賓樓層單人房	エグゼクティブ シングル ルーム
Junior suite	商務套房	エグゼクティブ スイート
Pool-side	池畔雙人房	プールサイドダブル ルーム
Presidential suite (Chinese Style)	中式總統套房	プレジデンシャルスイート ルーム
Presidential suite (Western Style)	西式總統套房	ふう プレジデンシャルスイート ルーム(ヨーロッパ風)
Single room	單人房	シングル ルーム ひとりへや 一人部屋
Standard double	標準雙人房	スタンダードツイン ルーム
Standard room	標準套房	スタンダード ルーム
Standard single	標準單人房	スタンダードシングル ルーム
Twin room	雙床房	ツイン ルーム

三、Furniture And Accessories　家具與配件　かぐ 家具とアクセサリー		
Adapter	轉換插頭	アダプター
Armchair	有扶手的椅子	アームチェアー
Chain lock	門鏈	チェーン　ロック
Chair	椅子	いす 椅子
Couch	長沙發	ソファ
Cushion	墊子、跪墊	クッション
Do not disturb	請勿打擾牌	D.N.D.カード
Door bell	門鈴	ベル
Door frame	門框	もんわく 門枠
Door knob menu	門把菜單	ドアノブ　メニュー
Door	門	ドア
Electrical outlet(plug)	插頭、插座	でんき　さしこみ 電気の差込プラグ
Entry lock	門鎖	ドアロック
Fluorescent lamp	日光燈	けいこうとう 蛍光灯
Latch	安全扣	チェーン
Ottoman	沙發型長椅	オットマン あしお 足置き
Peep hole/one way viewer	窺視孔/貓眼	のぞ　あな 覗き穴
Please make up room	整理房間牌	せいり 整理カード
Room number plate	房間隔板	へやばんごう 部屋番号のふだ
Sofa	沙發	ソファ
Sofa table	沙發桌	ソファ　テーブル
Spare pillow	備用枕頭	よび　まくら 予備枕
Transformer	變壓器	へんあつき 変圧器
Wicker laundry basket	客衣藤籃	ランドリー　バスケット
Window sill	窗台	まどわく 窓枠
Window	窗	まど 窓

四、Bedroom And Living Room　臥室與客廳　ベッドルーム と リビング ルーム		
(一)Bedside table/Night table 床頭櫃 ベッドサイド　テーブル/ナイト　テーブル		
Alarm clock	鬧鐘	どけい めざまし時計
Bible	聖經	せいしょ 聖書
Magazine	雜誌	マガジン ざっし 雑誌
Yellow pages	工商分類電話簿	イエロー　ページ

(二)Television cabinet 電視櫃　キャビネット		
Breakfast menu	早餐菜單	ブレイクファースト メニュー
Channel indicator card	電視頻道指示卡	テレビのチャンネル表(ひょう)
Night light	夜燈	ナイト　ライト
Program card	節目表	番組表(ばんぐみひょう)
Television set	電視	テレビ
TV remote control	遙控器	テレビ　リモコン
Video cassette recorder	卡式錄放影機	ビデオ
(三) Dressing table 化妝台 化粧台(けいしょうだい)		
Dressing lamp	化妝檯檯燈	化粧台(けしょうだい)の電灯(でんとう)
Mirror	鏡子	かがみ
Table lamp	檯燈	スタンド
(四)Bed　床 ベッド		
Bed pad	床墊布、保潔墊	ベッド パッド
Bed sheet	床單	シーツ
Bed skirting	床裙	マットレスの下(した)の敷布(しきふ)
Bed cover Bed spread	床罩	ベッド カバー ベッド スプレッド
Bed stand	床腳	ベッドの足(あし)
Blanket	毛毯	毛布(もうふ)
Crib	嬰兒床	クリブ ベビー ベッド
Double bed	雙人床	ダブル ベッド
Down comforter	羽毛被	羽根布団(はねぶとん)
Down pillow	羽毛枕	羽根枕(はねまくら)
Extra bed(EXB) Rollaway Bed	加床	エキストラ　ベッド ローラウェイベッド 簡易(かんい)ベッド 折(お)り畳(たた)み式臨時(しきりんじ)ベッド
Goodnight card	晚安卡	グッドナイト　カード
Headboard	床頭板	ベッド　ボード
Hollywood twin	好萊塢式雙人床	ハリウッド ツイン
King-size bed	特大號床	キングサイズ　ベッド
Linen	布巾	リネン
Mattress	彈簧墊	マットレス
Pillow case	枕頭套	まくらカバー
Pillow Tip	小費	ピローチップ 枕銭(まくらぜに)
Pillow	枕頭	まくら
Queen-size bed	大號床	クィーサイズ　ベッド

Semi double bed	半雙人床	セミ ダブル ベッド
Single bed(S)	單人床	シングル ベッド
Sofa bed Hide a bed Studio	沙發床(日間當沙發晚上當床用之兩用床)	ソファ ベッド ハイダーベッド ステューディオ ベッド スタジオ
Soft pad	軟床墊	やわ 柔らかいマットレス
Twin bed（TWB<TW>）	雙人床(兩張小床)	ツイン ベッド
(五)Others 其他類 その他（ほか）		
Air conditioner control	冷氣控制	エアコンスイッチ
Air Conditioner	冷氣	クーラー れいぼう 冷房
Air freshener	空氣清香器	くうき せいじょう 空気清浄スプレー
Babysitter service	褓姆服務	ベビーシッター サービス
Baggage Luggage	行李	にもつ 荷物
Baggage rack Luggage rack	行李架	バゲージ ラック にもつ 荷物ラック
Bandage	繃帶	ほうたい 包帯
Birthday cake	生日蛋糕	バースデー ケーキ
Broom	掃帚	ほうき
Button	鈕扣	ボタン
Carpet	地毯	じゅうたん カーペット
Ceiling	天井	てんじょう 天井
Complimentary fruit	贈送免費水果	ウェルカム フルーツ かんげい くだもの 歓迎の果物
Control panel	控制面板	コントロール パネル
Corridor Hallway	走廊	ろうか 廊下
Curtain rail	窗簾架	カーテン レール
Curtain	窗簾	カーテン
Dust pan	畚箕	ちりとり
Emergency exit	緊急出口、逃生出口	ひじょうぐち 非常口
Emergency lamp	緊急照明燈	ひじょうとう 非常灯
Emergency phone	緊急電話	きんきゅうでんわ 緊急電話
Extension cord	延長線	えんちょう 延長コード
Extinguisher	滅火器	しょうかき 消火器
Fire alarm	火警鈴	かさいほうちき 火災報知器
Fire fighting chart	火警避難指示圖	ひなんず

		避難図
Fire safety mask	防煙面罩	ぼうえん 防煙マスク
Fruit basket	水果籃	フルーツ　バスケット
Fruit bowl	水果盅	フルーツ　ボウル
Fruit fork	水果叉	フルーツ　フォーク
Fruit knife	水果刀	フルーツ　ナイフ
Heater	暖氣	ヒーター だんぼう 暖房
House laundry	館內洗衣廠	ハウス・ランドリー
Iron	熨斗	アイロン
Iron board Iron stand	熨板	だい アイロン台
Light control	電燈控制	でんとう 電灯スイッチ
Light switch	電燈開關	スイッチ
Maid cart	房務人員工作車	ワゴン
Make bed Fix up bed	鋪床	メイクベッド
Napkin	小口布	ナプキン
Paste Glue	漿糊	のり 糊
Public area	公共區域	こうきょう　ばしょ 公共の場所
Radio	廣播電台	ラジオ
Rug	地毯(小片的地毯)	マット
Safety pin	安全別針	あんぜん 安全ピン
Scissors	剪刀	はさみ
Servant room	隨員、侍從的房間(VIP 房旁服務人員用的房間)	サーヴァント　ルーム
Smoke detector	煙霧偵測器	けむりたんちき 煙探知機
Stairway	樓梯	かいだん 階段
Trash can Waste basket	垃圾桶	ばこ ゴミ箱 ウェイストバスケット くずかご 屑籠
Tray	托盤	ぼん お盆 トレー
Turn Down Service	夜床服務	ターンダウン　サービス ね どこ　し たく 寝床の支度
Vacuum cleaner	吸塵器	そうじき 掃除機
Volume	音量	ボリューム おんりょう 音量
Voltage	電壓、伏特數	ボルト

Wall painting	畫	え 絵
Wall	牆	かべ 壁
Wallpaper	壁紙	かべがみ 壁紙
Watts	瓦特	ワット

五、**Bathroom** 浴室 よくしつ 浴室		
(Tissue paper) dispenser	面紙盒	ティッシュ　ケース
Basin Sink	洗臉槽(安在牆上的)西式臉盆	ベイスン せんめんだい 洗面台 せんめんき 洗面器
Bath Amenity	浴室備品	バスアメニティ
Bath mat	浴墊	バス　マット
Bath salts jar	浴鹽罐	びん ソルト　バスの瓶
Bath towel	浴巾、大毛	バス　タオル
Bathtub hand rail	浴缸的扶手	てすり
Bathtub	浴缸	よくそう 浴槽
Bidet	淨身器、下身盆	ビデ
Boiled water	煮沸的熱水	ゆ 湯ざまし
Bubble bath	泡泡浴精	バブル　バス
Chilled water	冷水	チルドウォーター いんよう　れいきゃくすい 飲用の冷却水
Clothes line	曬衣繩	せんたく 洗濯ひも
Cold water	冷水	つめ　みず 冷たい水 れいすい 冷水
Comb	梳子	くし
Conditioner	潤絲精	コンディショナー
Cotton ball	棉球	コットン わた 綿
Cotton swab Cotton tip, Cotton bud	棉花棒	めんぼう 綿棒
Emery board	指甲銼片	つめあかとり
Face towel Hand towel	小方巾、小毛	フェイス　タオル ハンド　タオル てふ 手拭きタオル
Faucet	水龍頭	じゃぐち 蛇口
Flower	花	はな 花
Flower vase	花瓶	かびん 花瓶

Hair dryer	吹風機	（ヘアー）ドライヤー
Hot water	熱水	ゆ お湯
Jaccuzzi Whirlpool bath	按摩浴缸	ジャクジー ワールプール バス
Nail cutter Nail clipper	指甲刀	つめき 爪切り
Non-slip bathtub mat	止滑浴墊	すべ と 滑り止め バスマット
Oval basket	備品籃	よくしつびひん い 浴室備品入れ
Pipe	水管	パイプ はいすいかん 排水管
Razor	刮鬍刀	シェイビング クリーム
Sanitary bag	衛生袋	えいせいぶくろ 衛生袋
Sanitary napkin Sanitary pad	衛生棉	せいりよう 生理用ナプキン
Scale	磅秤、體重計	たいじゅうけい 体重計
Shampoo	洗髮精	シャンプー
Shaving cream(Form)	刮鬍膏	シェイビング クリーム
Shower cap	浴帽	シャワー キャップ
Shower curtain	浴簾	シャワー カーテン
Shower head	沖浴蓮蓬頭	シャワー
Sink plug Stopper	水塞	せん 栓
Soap dish	肥皂碟	い せっけん入れ
Soap	肥皂	せっけん 石鹸
Sprinkler	蓮蓬灑水器	スプリンクラー
Tile	磁磚	タイル
Toilet	廁所 洗手間	トイレ てあら お手洗い
Toilet articles	衛生用品	えいせいようひん 衛生用品
Toilet bowl	馬桶	べんき 便器
Toilet paper	衛生紙	トイレット ペーパー がみ ちり紙
Toilet seat cover	馬桶蓋	ふた トイレの蓋
Toilet seat	馬桶座	べんざ 便座
Toothbrush	牙刷	は 歯ブラシ
Toothpaste	牙膏	ね はみが 練り歯磨き
Towel rack	毛巾架	か タオル掛け

Ventilator	抽風機	つうふうぐち 通風口 つうきぐち 通気口 かんきそうち 換気装置
Wash towel	毛巾、中毛	ウォッシュ タオル
Water tank	馬桶水箱	タンク

六、Closet（Wardrobe） 衣櫥 クローゼット		
Bathrobe hook	浴袍掛鈎	よくしつ 浴室のハンガーかけ
Bathrobe Wardrobe	浴袍	バスローブ ワードローブ
Closet rods	衣櫃掛桿	ない ぼう クローゼット内にある棒
Closet shelves	衣櫃內格	ない ひ だ クローゼット内にある引き出し
Clothes brush	衣刷	ブラシ
Dry cleaning list (Form)	乾洗單	ようし ドライクリーニングの用紙
Female hanger	女用衣架	じょせいよう ハンガー（女性用）
Flash light Torch	手電筒	かいちゅうでんとう 懐中電灯
Hanger stand	西裝用衣架	せ びろ か 背広掛け
Hanger	衣架	ハンガー
Laundry bag	洗衣袋	ランドリー バッグ せんたくものい 洗濯物入れ
Laundry list (Form)	洗衣單	せんたくもの ようし 洗濯物の用紙
Male hanger	男用衣架	だんせいよう ハンガー（男性用）
Pressing list	燙衣單	ようし プレスの用紙
Safety deposit box	保險箱(飯店的保險箱有分為按鍵式和插卡式)	セイフティー ボックス きゃくしつようきんこ 客室用金庫 きちょうひんばこ 貴重品箱
Shoe basket	鞋籃	くつ お 靴を置く バスケット
Shoe brush	鞋刷	くつ 靴ブラシ
Shoe cloth	擦鞋布	くつみが 靴磨き
Shoe horn	鞋拔	くつ 靴ベラ
Shoe polish sponge	擦鞋盒	くつみが ばこ 靴磨き箱
Shoe polish	擦鞋油	くつみが 靴磨き クリーム

Shoeshine bag	擦鞋袋	くつみが　ぶくろ 靴磨き袋
Slipper	拖鞋	スリッパ
Stain clothes hanger Silk hanger Lady's hanger	緞帶衣架	リボン　ハンガー

七、Laundry Service /Valet service　洗衣服務 せんたくもの **洗濯物サービス/ランドリー サービス/バレット サービス**		
4-hour service	快洗服務	よじかんない 四時間内サービス きんきゅうよう 緊急用のエキスプレスサービス しあ スピード仕上がり
Dry cleaning	乾洗	ドライ　クリーニング
Laundry	水洗	せんたくもの 洗濯物
Pressing	燙衣	プレス
Regular service	普通服務	レギュラー　サービス
だんせい (一)Man 男士　男性		
Coat (Jacket)	外套	コート(ジャケット)
Handkerchief	手帕	ハンカチ
Jean	牛仔褲	ジーンズ
Jogging suit	運動套裝	スポーツ　ウェアー
Morning gown	晨衣	ガウン
Necktie	領帶	ネクタイ
Pajamas- 2 PCS	睡衣	じょうげ パジャマ上下
Shirt	襯衫	シャツ
Shorts	短褲	はん 半ズボン
Sport shirt	運動服	スポーツ シャツ
Suit- 2 pcs	西裝	じょうげ スーツ上下
Sweater	毛衣	セーター
Track suit- 2 pcs	運動裝	うんどうふくじょうげ 運動服上下
Trouser	西褲	ズボン
Underpants	內褲	パンツ したぎ 下着
Undershirt	男士用內衣	したぎ 下着 アンダーシャツ
Underwear	內衣的總稱	アンダーウェアー
Vest	背心	ベスト
じょせい (二)Woman 女士　女性		
Blouse	襯衫	ブラウス
Bras Brassiere	胸罩	ブラジャー

Dress (1-piece)	連身洋裝	ドレス(ワンピース)
Dress-formal	晚禮服	フォーマルドレス
Night gown	睡衣	ナイト　ガウン
Over coat	長大衣	オーバーコート
Scarf	圍巾	スカーフ
Skirt	裙子	スカート
Skirt-full pleated	全摺裙	スカート　フールプリーツ
Socks	襪	くつした 靴下
Slips	襯裙	スリップ
Stockings	絲襪	ストッキング
Suit (2-piece)	套裝	スーツ

か　ものづくえ
八、Writing Desk 書桌 ライティング・デスク/書き物机

(一)Desk 書桌　つくえ

Ashtray	煙灰缸	はいざら 灰皿
Ball point pen	鋼筆	ボールペン
Hotel directory	飯店指南	せつめいしょ 説明書
I.D.D. card	國際直撥卡	こくさいでんわ　せつめいしょ 国際電話の説明書
Matches	火柴	マッチ
Memo(note) pad	便條紙	メモ
Message light	留言燈	じゅわき 受話器のメッセージ ライト
New letter	告知信	ニュース レター し お知らせ
Pencil	鉛筆	えんぴつ 鉛筆
Room service	客房餐飲服務	ルームサービス
Room service menu In-room Dining	客房餐飲服務菜單	ルーム サービス メニュー イン ルーム ダイニング
Service directory	服務指南	サービス ディレクトリー
Telephone	電話	でんわき 電話機
Voice mail	語音留言	ボイスメール るすばんでんわ 留守番電話
Welcome card (letter)	歡迎卡	かんげい 歓迎カード

ひ　だ
(二)Drawer 書桌的抽屜　引き出し

Brochure Pamphlet	小冊子	パンフレット
Cable form Telegram form Telex form	電報紙	でんぽうようし 電報用紙 らいしんし 頼信紙 ようし テレックス用紙

Envelope	信封	ふうとう 封筒
Guest comment	顧客意見卡(書)	いけんしょ ご意見書
Hotel card	飯店名片	ホテル カード
Jogging map	慢跑圖	ジョギング マップ
Needle	針	はり 針
Picture postcard	風景明信片	えはがき 絵葉書
Sewing kit	針線包	ソーイング キット さいほうどうぐ 裁縫道具
Shopping bag	購物袋	か ものふくろ 買い物袋
Stationery folder	文具夾	ステショナリー ホルダー ぶんぼうぐ い 文房具入れ
Tent card	備忘錄	ようし メモ用紙
Thread	線	いと 糸
Writing paper Letter paper	信紙	びんせん 便箋

九、Mini bar 迷你吧台 ミニ バー		
Almonds	杏仁果	アーモンド
Apple juice	蘋果汁	りんご ジュース
Bill	迷你酒吧帳單	かんじょうか 勘定書き
Bill pad	帳單夾	レシート ボード
Can opener Opener	開罐器	せんぬ 栓抜き
Chocolate	巧克力	チョコレート
Coaster	杯墊	コースター
Coca Cola	可口可樂	コーラ
Cocktail stick	雞尾酒調酒棒	ま ぼう かき混ぜ棒
Cup	杯子	コップ
Diet Coke	健怡	ダイエット コーク
Fanta	芬達	ファンタ
Glass	玻璃杯	グラス
Grape fruit juice	葡萄柚汁	グレープフルーツ ジュース
Heineken beer	海尼根啤酒	ハイネケン ビール
Hot water dispenser Thermos bottle	保溫瓶	ポット まほうびん 魔法瓶
Ice	冰	こおり 氷
Ice bucket Ice pail	冰桶	い こおり入れ アイスペール

Ice pick	冰鋤、冰鑽	アイス　ピック
Ice tongs	冰桶夾	こおりばさ 氷鋏み
Jasmine tea	茉香綠茶	ジャスミンティ
Kirin beer	麒麟啤酒	キリン　ビール
Mineral water	礦泉水	ミネラルウォーター
Mini Bar List	迷你酒吧單	ミニバー　リスト
Oolong tea	烏龍茶	ウーロンちゃ
Orange juice	柳橙汁	オレンジ　ジュース
Perrier	沛綠雅	ペリエ
Pot	水壺	ポット
Refrigerator Fridge	電冰箱	れいぞうこ 冷蔵庫
Saucer	茶碟	ぼん お盆
Sprite	雪碧	スプライト
Taiwan beer	台灣啤酒	ビール
Tomato juice	蕃茄汁	トマト　ジュース
Tea bag	茶包	ティバック
Tea cup	中式茶杯	ちゃわん お茶碗
Wine glass	葡萄酒酒杯	ワイン　グラス

十、Key type　鑰匙的種類　キー タイプ		
Emergency key	緊急用鑰匙	エマージェンシー キー
Floor master key（FMK）	樓層通用鑰匙	フロア マスター キー
General master key（GMK）	總經理專用的通用鑰匙 全館通用鑰匙	ジェネラル マスター キー
Guest key	住客的鑰匙	ゲスト キー
Key card	鑰匙卡	キー カード でんししき 電子式のカード
Key	鑰匙	キー
Maid key	清潔員服務鑰匙	メイド キー
Master key Pass key	主鑰匙 通用鑰匙	マスター キー パス キー
Room key	房間鑰匙	ルーム キー

客務部專業單字

一、Front desk/Uniformed service　櫃檯　フロント デスク/ユニフォームド サービス		
Additional charge Supplementary fees	追加費用	アディショナルチャージ ついかりょうきん 追加料金
Adjoining room(AJR)	互相連接的房間	アジョイニングルーム
Advance deposit Deposit	訂房訂金、保證金	まえきん 前金 デポジット あず　きん 預かり金 ほしょうきん 保証金
Arrival and departure lists	到達暨離開旅客名單	アライバル アンド デパーチャー リスト
Arrival slip	旅客到達名單	アライバル スリップ
Arrival(ARR)	到達	アライバル とうちゃく 到着
Average room rate	平均房價	へいきん 平均ルーム レート
Blacklist	黑名單	ブラック リスト
Block booking	鎖住訂房	ブロック ルーム
Butler service	專屬服務員服務	バトラー サービス せんぞくにん 専属人 サービス
Cancellation(CXL)	取消	キャンセル
Cash	現金	キャッシュ げんきん 現金
Cashier's office	出納組	キャッシャー オフィス
Charge(CHRG)	記帳	チャージ きにゅう 記入する
Check(美) Cheque(英)	支票	チェック こきって 小切手
Check-in counter	報到櫃檯	チェックイン カウンター
Check-in	遷入程序	チェックイン
Checkout room	已退房的房間	チェックアウト ルーム
Check-out	遷出程序	チェックアウト
Chit	傳票	チッツ
City ledger	外帳	シティレッジャー としきゃくかんじょうもとちょう 都市客勘定元帳
Commission	佣金	コミッション
Complimentary(COMP)	免費招待	コンプリメンタリー

Connecting room(CNR) Inter-connecting Room	連通房	コネクティングルーム
Coupon(CPN)	餐券、聯券	クーポン
Credit card(C/C)	信用卡	クレジット カード
Day rate	日租	デイ レート
Day use(D/U)	當天遷入又當天遷出，必須付全租	デイ ユース
Departure(DEP)	出發時間	デパーチャー しゅっぱつじかん 出発時間
Discount	折扣	ディスカウント わりびきりょうきん 割引料金 ねび 値引き
Do not disturb(DND)	請勿打擾	ドント ディスターブ じゃま　くだ 邪魔をしないで下さい
Double lock key	反鎖鑰匙	ダブルロック
Duplex	樓中樓	デュプレックス
Early Check In	提早遷入	アーリー チェックイン
Early checkout Curtailment	提早退房	アーリー チェックアウト
Entertainment(ENT)	交際費	エンターテイメント
Exchange rate	兌換率	エクスチェンジ　レート
Exclude(EXC)	不包含	ふく 含まない
Expire date	截止日期	し　き　び 締め切り日
Extend of stay Extention Postpone(PP) Stay-over	延長住宿、延期旅客	エクステンション ステイ でだちよていび　えんちょう 出立予定日の延長
Extra charge	額外費用	エキストラチャージ ちょうかりょうきん 超過料金
Flat rate NET	淨價(針對旅行社給的價格)	フラット レート
Free of charge(FOC)	免費招待	コンプリメンタリー むりょう 無料
Front desk cashier(FDC)	櫃枱出納	フロント キャッシャー かいけい フロント会計 すいとうがかり 出納係
Front of the house	前場	フロント オブ ザ ハウス
Front office manager	櫃檯經理	フロント オフィス マネージャ
Full house Fully booked No vacancy Closed dates	客滿	まんしつ 満室
General master key (GMK)	全館通用鑰匙	ジェネラル マスターキー
Group rate	團體價格	グループ　レート

Group rooming list	團體房號名單	グループ　ルーミング　リスト
Guaranteed(GTD) booking	保證訂房	ギャランティード ブッキング ほしょうつ　　よやく 保証付きの予約
Guest account Folio	帳單	しゅくはくきゃくかんじょう 宿泊客勘定 フォリオ
Guest history(G.H)	旅客歷史資料	ゲスト ヒストリー
Guest relation officer(GRO)	客務專員	ゲスト リレーションズ
Guest title	旅客身分	ゲスト タイトル
High season Peak season Top season	旺季	ハイシーズン ピークシーズン トップシーズン
Hold account	保留帳	ホールド アカウント
Holding time Cut off time	截止時間、訂房保留時間	ホールディング タイム
Hotel account Hotel bill	住宿帳單	ホテル アカウント ホテル ビル かんじょうしょ 勘定書
Hotel coupon	旅館住宿券	ホテル クーポン しゅくはくけん 宿泊券
House use(H/U)	因公使用	ハウス ユース
Identification card	身分證	みぶんしょうめいしょ 身分証明書
Include(INC)	包含	ふく 含む
Key box	鑰匙盒	キー ボックス
Key rack	鑰匙架	キー ラック
Key tag	鑰匙牌	キー タグ
Late charge(L/C) After depature(A/D)	延遲帳	しゅっぱつごせいきゅう 出発後請求
Late check out	延遲退房	レイト チェックアウト
Lock-out Auto lock	自動上鎖，鎖在門外	オート ロック
Loft	頂層房間	ロフト
Lost and found	失物招領	ロスト アンド ファウンド わす　もの　あず　　しょ 忘れ物お預かり所
Lost property book	遺失物登記本	いしつぶつとうろく 遺失物登録
Lounge	接客廳	ラウンジ
Manager's daily report	經理日報表	しはいにん　かんりしゃ　にっぽう 支配人（管理者）日報
Minimum Stay	最少住宿天數	ミニマムステイ
Money change Foreign exchange Foreign currency	外幣兌換	マネー エクスチェンジ りょうがえ 両替
Money order	匯票	マネー　オーダー
Net income	淨收入	じゅんりえき 純利益
Night audit	夜間稽核員	かんさ ナイト　監査

Night manager Duty Manager	夜間經理	ナイト マネージャー デューティ マネジャー
No Show(N/S)	未出現者(已有訂房但並沒有在特定的當天到達旅館)	ノーショー
Nonstop check out Express check out	快捷退房服務	ノンストップ チェックアウト エキスプレス チェックアウト
Occupied(OCC) Stay-on	續住客	オキュパイド たいざいきゃく 滞在客
On change	整理中	そうじちゅう 掃除中
On waiting	候補	ウェイティング よやくま 予約待ち
Out of service (OS)	停賣施做工程的房間	アウト オブ サービス
Out check	退房後房間檢查工作	アウト チェック
Out of order room(OOO)	故障房	アウト オブ オーダー ルーム こしょう　きゃくしつ 故障の客室
Passport	護照	パスポート
Personal account Incidental charge	私人雜費	パーソナル アカウント こじんてきふたんきん 個人的負担金 こじんてきべつりょうきん 個人的別料金
Persons(PAX)	人數	パーソン にんず 人数 めい ～名
Posting	登帳、入帳	てんき 転記
Pre-registration	預先遷入登記	プレ レジストレーション
Profile	檔案	プロフィール
Rack rate	房價、定價	ラック レート きゃくしつりょうきん　ていか 客室料金の定価
Reception	櫃檯接待	レセプション うけつけ 受付
Reception clerk Receptionist	櫃檯接待員	レセプション クラーク うけつけかかり 受付係り
Register	登記簿、收銀機	レジストレーション
Registration card	登記卡	レジ ストレーション カード しゅくはくとうろく 宿泊登録　カード しゅくはくけいやく 宿泊契約カード
Return guest	常客	じょうれん　こきゃく 常連の顧客
Room assignment	排房	ルーム アサインメント ルーム アサイン

Room change	換房	ルーム チェンジ チェンジ ルーム
Room charge Room rate	房價	ルーム チャージ ルーム レート きゃくしつりょうきん 客室料金
Room key	房間鑰匙	ルーム キー
Room number	房間號碼	ルーム ナンバー
Room occupancy percentage	住房率	ルーム オキュパンシー
Room revenue	房間收入	ルーム レベニュー
Room state/ status	房間狀況	ルーム ステータス
Room status report	房間狀況報告表	ルーム ステータス リポート
Rooming guest	安排房間、安頓客人	ルーミング ゲスト
Rooming list	住客房號名單、房號分配表	ルーミング リスト
Run of the House(ROH)	客人到了飯店，飯店才決定給的房間(不能指定房間)	ラン オブ ザ ハウス
Safety box Deposit Box	保險箱	セイフティ ボックス デポジット ボックス きんこ 金庫
Separate check in	個別遷入服務	セパレート チェックイン
Skipper Walk-out	跑帳者	スキッパー
Sleep out(SO)	外宿	スリープ アウト
Space block	事先保留房間	スペース ブロック
Special rate	特別房價	とくべつ 特別レート
Standard room rack rate	標準房價	スタンダード レート
Stay guest	住客	ステイ ゲスト しゅくはくきゃく 宿泊客
Surcharge	額外收費	サーチャージ
Tax	稅金	タックス ぜいきん 税金
Telephone toll	電話費	でんわりょうきん 電話料金
Time difference	時差	じさ 時差
Tour package	全套旅遊	パッケージ ツアー
Tours/GITs	團體旅客	だんたいきゃく 団体客
Travelers cheque(T/C)	旅行支票	トラベラーズ チェック
Turning away Transfer	外送	トランスファー
Up grade(U/G)	升等	アップグレード
Up sale	增加銷售收入	アップ セール
Vacant room Unoccupied	空房	ベイカント ルーム
VIP set-up	貴賓迎賓安排	VIP セット アップ

Very important person(VIP)	重要貴賓	ブイアイピー VIP じゅうようじんぶつ 重要人物
Visa	簽證	ビザ
Voucher(VHR)	住宿憑證	ホテル バウチャー
Wait list	候補名單	ウェイト　リスト
Walk in(W/I) Cash sale Chance guest	臨時抵達沒有訂房的散客	ウォークイン
Welcome drink(W/D)	迎賓飲料	ウェルカム ドリンク
Welcome fruit(W/F)	迎賓水果	ウェルカム フルーツ
Welcome letter	歡迎函	ウェルカム　レター

二、Reservation office　訂房組　リザベーション　オフィス		
(一)Room rack type 房間計價種類　ルーム　チャージ　プラン		
American plan(AP) Full pension plan	美式計價	フル ペンション プラン べいしき 米式 プラン さんしょくつき　しゅくはくりょうきんせいど 3食付の宿泊料金制度
Bermuda plan	百慕達式計價	バミューダ プラン ちょうしょくこ　しゅくはくりょうきんせいど 朝食込みの宿泊料金制度
Continental plan(CP)	大陸式計價	コンチネンタル プラン ちょうしょくつ　しゅくはくりょうきんせいど 朝食付きの宿泊料金制度
European plan(EP)	歐式計價	ヨーロピアン プラン しょくじ　ふく　しゅくはくりょうきんせいど 食事を含まない宿泊料金制度
Modified American Plan (MAP) demi-pension half board	修正美式計價	モディファイド アメリカン プラン デミ ペンション プラン ハーフ ペンション プラン セミ ペンション プラン にしょくつ　しゅくはくりょうきんせいど 二食付きの宿泊料金制度
(二)Room type 房間種類　ルーム タイプ		
City View	面對街道的房間	シティビュー
Garden View	面對花園的房間	ガーデンビュー
Mountain View	面對山的房間	マウンテンビュー
Double room	雙人房(指床的尺寸可睡兩人，而非兩張床)	ダブル ルーム
Double-double	四人房	ダブルダブル
Family room	家庭房	ファミリー ルーム
Handicapped room Accessible room	殘障房	ハンディキャップド ルーム アクセシブル ルーム しんがいしゃよう　きゃくしつ 身障者用の客室
Inside room	內向的房間	インサイド ルーム
Pent house	閣樓	ペントハウス
Ocean Front	面海的房間	オーシャンフロント

Outside room	外向房間	アウトサイド ルーム
Triple (TRP<TR>) room	三人房	トリプル ルーム
Twin double	四人房	ツイン ダブル

(三)Others 其他類　その他（ほか）

American Breakfast	美式早餐	アメリカン ブレックファースト
Breakfast(BF)	早餐	ちょうしょく 朝食
Confirmed booking	確認訂房	コンフォーム ブッキング
Confirmation slip	訂房確認單	コンファメーション スリップ しゅくはくよやくかくにんしょ 宿泊予約確認書
Continental breakfast Room and breakfast	大陸式早餐	コンチネンタル ブレックファースト ルーム アンド ブレックファスト
Contract	合約	コントラクト けいやく 契約
Corporate rate Commercial rate Company rate Contract rate	公司、團體價	コーポレート レート コマーシャル レート カンパニー レート
Double booking	重複訂房	ダブル ブッキング
Double occupancy	雙重訂房	ダブル オキュパンシー
Double up	一房睡兩人	ダブル アップ
Double-bedded room	雙人床	ダブル ベッド ルーム
Future date reservation	預約訂房	フューチャー デイト リザベーション あすいこう（しょうらい）　よやく 明日以降（将来）の予約
King size bed	加大型雙人床	キングサイズ ベッド
Local Breakfast	當地風味早餐	ローカル ブレックファースト
Lunch(LNH)	午餐	ランチ ちゅうしょく 昼食
Off Season Low season	淡季	オフシーズン
Quads	四人床	よにんよう 四人用ベッド
Queen size bed(Q<QSB>)	雙人床	クイーンサイズ ベッド
Reconfirm(CFM)	再確認	リコンファーム さいかくにん 再確認
Reservation(RSVN)	訂房	
Reservation card	訂房卡	リザベーション カード
Reservation clerk	訂房職員	リザベーション クラーク
Reservation confirm	訂房確認	リザベーション コンファーム
Reservation control sheet	訂房控制表	リザベーション コントロール シート
Reservation forecast	訂房預報表	リザベーション フォーキャスト
Reservation form	訂房紀錄表	リザベーション フォーム
Reservation rack	訂房卡架	リザベーション ラック
Room reservation	訂房	ルーム リザベーション しゅくはくよやく 宿泊予約

Run of the house rate	特別單價	ラン オブ ザ ハウス レート
Semi double bed(SM-DBL)	半雙人床	セミ ダブル ベッド
Single room surcharge	單人床追加房租	シングル ルーム サーチャージ
Single(SGL) use	雙人床一人用	シングルユース
Sleeper	逃帳者	スリーパー
Tariff	房價	タリフ しゅくはくりょうきんひょう 宿泊料金表
Tower	高層樓	タワー
Current day's reservation	當日訂房	カレント デイズ リザベーション とうじつ よやく 当日予約
Update reservations	更新訂房資料	アップデート リザベーション
Weekday rate	平日房價	ウィークデイ レート にちよう もくよう しゅくはくりょうきん 日曜から木曜までの宿泊料金
Weekend rate	周末房價	ウィークエンド レート きんよう どよう しゅくはくりょうきん 金曜 土曜の宿泊料金

三、**Concierge（CNG）/Uniform service（SVC）/Bell Service（B/S）　服務中心 コンシェルジュ**		
Assistant manager	大廳副理	アシスタント マネージャー
Atrium lobby	羅馬式方型大廳	アトリウム ロビー
Baggage check	行李存根	バゲージ チェック にもつ あず しょう 荷物の預かり証
Baggage down(B/D)	下行李	バゲージ ダウン
Baggage tag Baggage claim	行李標籤	バゲージ タグ バゲージ クレイム あずか しょう 預り証
Baggage(美) Luggage(英)	行李	バゲージ えいこく ラゲージ（英国/イギリス）
Bell captain	服務中心領班	ベル キャプテン
Bell desk Porter's desk	行李員服務台	ベル デスク
Bell Girl	女性行李員	ベル ガール
Bell man Bell Boy Bell hop Porter	行李員	ベルマン ベルボーイ ポーター
Bell room porter room baggage room	行李間	ベル ルーム ポーター ルーム バゲージ ルーム
Catalog	目錄	カタログ
Checked baggage	託運行李	じゅたくてにもつ 受託手荷物
City tour	市區遊覽	しないけんぶつ 市内見物
Cloak room	行李暫存處	クローク ルーム

Conductor Tour conductor Tour guide Escort	導遊	コンダクター ツアー コンダクター ツアー ガイド てんじょういん 添乗員
Department	百貨公司	デパート
Door man	門衛	ドアマン
Duty-free article Tax-free article	免稅品	めんぜいひん 免税品
Duty-free shop	免稅商店	めんぜいてん 免税店
Easy broken	易碎物品	きそんひん 毀損品 わ　もの 割れ物
Elevator(美) Lift(英)	電梯	エレベーター リフト
Hospitality room Hospitality suite	接待交誼廳	ホスピタリティ ルーム ホスピタリティ スイート
Hotel directory	旅館指南書	ホテル ディレクトリー
House phone	館內電話	ハウス フォーン
Information clerk	服務中心職員	インフォメーション クラーク
Information desk	詢問處	インフォメーション デスク
Light baggage(LB)	簡便的行李	ライト バゲージ
Limousine service(LIMO)	禮車、小型巴士	(エアーポート)リムジン サービス
Lobby	大廳	ロビー
Lobby manager	大廳經理	ロビー マネジャー
Luggage book	行李登記本	ラゲージ ブック
Luggage storage	行李保管間	にもつ　そうこ 荷物の倉庫
No baggage(NB)	沒帶行李的客人	ノー バゲージ
Page boy	傳信員	ページ ボーイ
Package rate	包辦旅遊的價格	パッケージ レート りょうきん パッケージ料金
Package tour(PKG)	套裝旅遊	パッケージ ツアー
Page	旅館內廣播尋人	ページ
Pamphlet/Brochure	簡介	パンフレット
Parcel notice	包裹通知單	こづつみ　あずかりつうちしょ 小包お預かり通知書
Personal luggage	隨身行李	てにもつ 手荷物
Pick up(P/U)	接機	ピック アップ でむか 出迎え
Public telephone	公用電話	こうしゅうでんわ 公衆電話
Rental car	租車	レンタル　カー
Revolving door	旋轉門	リボルビング ドア かいてん 回転ドア

Service charge(S/C)	服務費	サービス チャージ りょう サービス料
Shuttle bus	市內、旅館與機場的專用車	シャトル バス
Sightseeing(S/S)	市內觀光	しないかんこう 市内観光
Souvenir	紀念品	みやげ お土産
Souvenir shop	紀念品商店	みやげぶつや お土産物屋
Sticker	行李標貼	ステッカー
Tag	標籤、籤條	タグ
Taxi	計程車	タクシー
Telephone credit card	電話計費卡	テレフォン クレジット カード
The CKS Memorial Hall	中正紀念堂	ちゅうせいきねんどう 中正紀念堂
The Museum of Modern Art	美術館	びじゅつかん 美術館
The National Palace Museum	故宮博物院	こきゅうはくぶついん 故宮博物院
Tip Gratuity	小費	チップ
Toll free call	免費服務電話	トール フリー フリーサービスダイヤル
Transfer	接送服務	トランスファー そうげい 送迎サービス
Travel agent	旅行社	トラベル エージェント りょこうがいしゃ 旅行会社 りょこうだいりてん 旅行代理店
Tour bus	觀光巴士	はとバス
Valet parking	泊車服務	バレット パーキング
Valuables	貴重品	きちょうひん 貴重品

四、Operator/Central　總機　(電話)オペレーター (でんわ)		
Area code	區域號碼	しがいきょくばん 市外局番 ちいきばんごう 地域番号
Babble Static noise	雜音	ざつおん 雑音
Call back	回電	お　かえ　でんわ 折り返し電話
City call Local call	市內電話	し ないでんわ 市内電話
Collect call	對方付費電話	コレクト コール
Country code	國碼	くにばんごう 国番号
Emergency paging	緊急廣播	きんきゅうれんらく 緊急連絡

Extension	分機	ないせんばんごう 内線番号
Incoming call	來話	がいせん　でんわ 外線からの電話
Intercut Call waiting	插播	キャッチホン
International direct dialing(IDD) ISD	國際長途電話直撥	こくさい　つうわ 国際ダイヤル通話
Long distance call	長途電話	ロング ディスタンス コール ちょうきょりでんわ 長距離電話
Massage(MASG) service	按摩服務	マッサージ サービス
Masseur	男按摩師	だんせい 男性のマッサージ
Masseuse	女按摩師	じょせい 女性のマッサージ
Message(MSG)	留言	メッセージ
Message light(lamp)	留言燈	メッセージ ライト メッセージ ランプ
Message slip	留言單	でんごんようし 伝言用紙 メッセージ スリップ
Morning call(M/C)	晨間喚醒電話	モーニング コール
Operator	總機人員、電話接線員	オペレーター でんわこうかんしゅ 電話交換手
Overseas call International call	越洋電話、國際電話	こくさいでんわ 国際電話
Pay-per-view Pay TV /In-house Movie	付費電視	ペイ テレビ ゆうりょう 有料テレビ イン ハウス ムービー
Person to person call	叫人電話	パーソナル コール しめいつうわ 指名通話
Private branch exchange(PBX) Switch board	總機機台	ピービーエックス でんわこうかんき 電話交換機 スイッチボード
Room-to-room call	客房內線電話	きゃくしつどうし　でんわ 客室同士の電話
Station to station call	叫號電話	ステーション コール
Telephone charge	通話費	つうわりょう 通話料
Wake up call	喚醒電話	ウェイクアップ コール

五、Business center（B/C）　商務中心　ビジネス センター		
Airline rate	航空公司價	エアライン　レート
Airlines	航空公司	エアライン こうくうがいしゃ 航空会社
Board room Conference suite	豪華會議室	ボード ルーム カンファレンス スイート

Business class	商務艙	ビジネス　クラス
Calculator	計算機	でんたく 電卓
Clip	迴紋針	クリップ
Conference room Meeting room	會議室	カンファレンス ルーム ミーティング ルー かいぎしつ 会議室
Correction fluid	修正液	しゅうせいえき 修正液
Economy class	經濟艙	エコノミー　クラス
Elastic	橡皮筋	ゴム
Eraser	橡皮擦	け 消しゴム
Executive service Secretarial service	秘書服務	セクレタリー　サービス ひしょ 秘書サービス
Facsimile service	傳真服務	ファクシミリ サービス
Fax	傳真	ファクス
First class	頭等艙	ファースト　クラス
Flight delay	飛機誤時	ディレイ
Internet	網路	インターネット
Interpretation	口譯	つうやく 通訳
Measuring tape	測量帶	まきじゃく 巻尺
Meter ruler	量尺	じょうぎ 定規
Personal computer	個人電腦	パソコン
Projector	投影機	オーエチピー O.H.P. オーバーヘット　プロジェクター
Rubber ring	橡皮圈	わ 輪ゴム
Scissors	剪刀	はさみ
Scotch tape	透明膠帶	セロハンテープ
Simultaneous translation	同步翻譯	どうじつうやく 同時通訳
Slides	幻燈片	スライト
Slides projector	幻燈機	スライドプロジェクター
Staple	釘書針	はり ホッチキスの針
Stapler	釘書機	ホッチキス
Telegram	電報	でんぽう 電報
Telegram form Telex form Cable form	電報紙	でんぽうようし 電報用紙 らいしんし 頼信紙 ようし テレックス用紙
Translation	翻譯	ほんやく 翻訳
Typewriter	打字機	タイプライター
Whiteboard marker	白板筆	ホクイトボード　ペン

Xerox (Copy machine)	影印機	コピー機（き）

六、Other　其他　その他（ほか）		
Annex	別館、新館	アネックス
Arcade	商店街	アーケード 商店街（しょうてんがい）
Banquet room	宴會廳	バンケット ルーム
Buffet	自助餐	ブッフェ ビュッフェ バフェ
Complaint	抱怨	コンプレイン クレーム
Courtyard	中庭	なかにわ
Dressing room Powder room	(與臥室相連的)梳妝室	ドレッシング ルーム パウダールーム 婦人用化粧室（ふじんようけしょうしつ）
Engineer	工程部人員	保全係（ほぜんがかり）のエンジニア
Fitness club Health club	健身中心	フィットネスクラブ ヘルスクラブ
Housekeeping	房務部	ハウスキーピング
Innovation	設備全部更新	リニューアル
Renovation (RENO/RENOV/RNVN)	更新設備，重新裝潢、改修過房間	改装（かいそう）
Rest room	化妝室	レスト ルーム
Store room	倉庫	ストアルーム

附錄二　客務部專業術語

語文是人類溝通的重要工具，藉由語言這項媒介能與來自不同的國家的旅客形成溝通的橋樑。本附錄將介紹客房部所使用的專業術語。

A

A la carte：單點。

A/D（After departure）：延遲帳，房客已離去，來不及向房客索取的帳款，同Late charge（L/C）。

Accommodation：住宿設備。

Adapter：轉換器、變壓器。

Advance deposit：訂房訂金。

Advance payment：旅客預付房租。

Affiliate reservation system：聯合訂房系統。

Air conditioner control：空調搖控器、冷氣控制。

Air freshener：空氣清香器。

Aircon：冷氣、空調，同Air conditioner。

Airline rate：航空公司價，旅館以較低房價提供給航空公司之空服人員。

Airmail sticker：航空信戳。

Airtel：機場旅館，同Airport hotel。

AJR（Adjoining Room）：兩個房間相連接，但中間無門可以互通。

Alarm clock：鬧鐘。

Allowance sheet：折讓調整單，同Allowance chit。

Almonds：杏仁果。

Amenity：旅館內的各種設備及備品。

American plan：美式早餐，除房價外包含三餐甚至下午茶等。

Annex：別館。

Antenna：天線。

Apple juice：蘋果汁。

Approval code：授權號碼。

Arcade：商店街。

Area code：區域號碼。

Armchair：有扶手的椅子、梳妝椅。

ARR（Arrival）：到達。

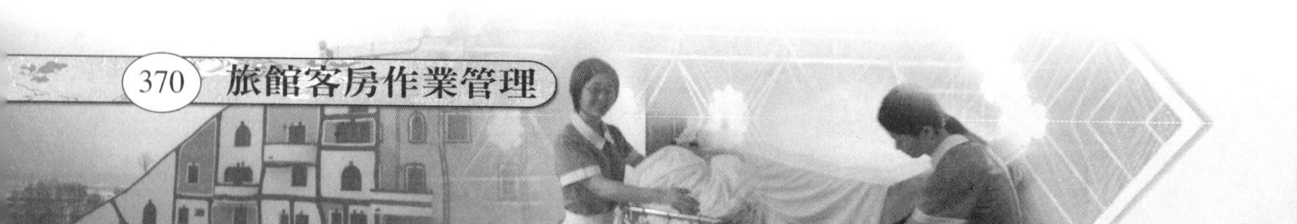

Arrival and departure lists：到達暨離開旅客名單。

Ashtray：煙灰缸。

Assistant manager：副理。

Atrium：中庭式的旅館。

Auberge：以餐廳爲主，附設房間的旅館。

Automatic wake-up system：全自動叫醒系統。

Average room rate：平均房價，每一個房間平均之價錢。

B

B&B（Bed and Breakfast）：民宿旅館，即房租內包含早餐。

B/C（Business center）：商務中心。

B/D（Baggage down）：下行李，團體到達旅館時，必須把旅客行李從車上卸下。

B/S：服務中心。

Baby bed：嬰兒床 ，同Crib。

Baby sitter：看護小孩的人。

Bachelor suite：小型套房或單間套房，同Junior suite

Back to back：連續客人，在同一天內有很繁重之遷出與遷入旅客；亦即一個旅客遷出，則另一旅客馬上遷入。

Back of the house：後場，主要之服務場所比較少與客人直接接觸，如人事、會計與採購等部門。

Bad account：壞帳。

Bag（Baggage）：行李，同Luggage。

Baggage rack：行李架，同Luggage rack。

Baggage（美）：行李，同Luggage（英）。

Balcony：外陽台。

Ball point pen：鋼筆、原子筆。

Barter：交換房間。

Base board：踢腳板。

Basin：洗臉槽。

Bath gel：沐浴精，同Bath powder。

Bath mat：足(踏)布、浴墊。

Bath salts：浴鹽。

Bath salts jar：浴鹽罐。

Bath towel：浴巾、大毛。

Bathrobe hook：浴袍掛鉤。

Bathrobe：浴袍。
Bathroom：浴室。
Bathtub hand rail：浴缸的扶手。
Bathtub：浴缸。
Bay window：向外凸出的窗門。
Bed cover：床罩，同Bedspread。
Bed pad：床墊布、保潔墊。
Bed sheet：床單。
Bed skirting：床裙。
Bed stand：床腳
Bed table：床頭櫃，同Bedside cabinet
Bed-sitter：客廳兼用臥房。
Bedstead：床架。
Bell captain：服務中心領班。
Bell desk：行李員服務台，同Porter desk。
Bell hop：行李員，同Porter。
Bell room：行李間。
Bible：聖經
Bidet：淨身器、下身池，設有調節溫度的水龍頭，可隨時調節溫度和水量，因此要面朝水龍頭的方向坐。
Bill：帳單。
Billings：對帳。
Birthday cake：生日蛋糕。
Black room：準備出租之客房。
Blacklist：黑名單，被旅館列爲不受歡迎的人物名單。
Blanket：毛毯。
Block booking：鎖住訂房，同一天以同樣的價錢訂房，通常因團體或會議等而使得其它客人無法定在當天之房間。
Blouse：襯衫、女短上衣。
Board room：會議室，同Conference suite。
Board room：豪華會議室，同Conference suite。
Body lotion：乳液。
Boiler：熱水瓶。
Boutique hotel：精品旅館。
Box spring：下層床墊，同Inner spring。
Bras（Brassiere）：胸罩。

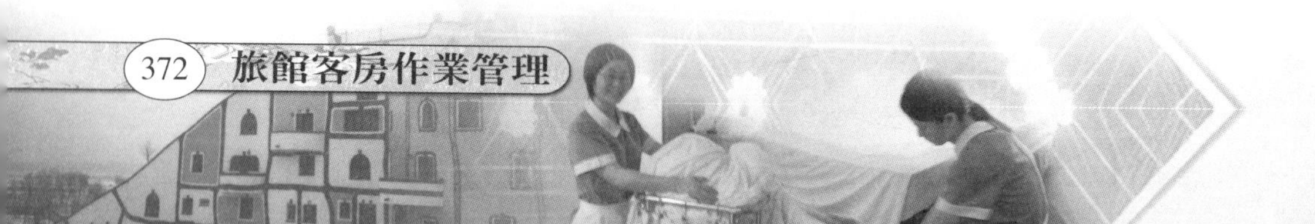

Breakfast menu：早餐菜單。

Brochure：小冊子、簡介，同Pamphlet。

Broom：掃把。

BTC（Bill to company）：公司付帳。

Bubble bath：泡泡浴精。

Budget hotels：經濟旅館，提供較簡單設備之房間，由於房價較便宜，因此大多無餐飲之服務。

Bulbs：燈泡。

Bungalow：別墅式平房。

Bunk bed：雙層床（上下鋪）。

Business class：商務艙。

Business hotel：經濟級商務旅館，同Budget type hotel。

Busy signal：電話占線的忙線信號。

Butler service：專屬服務員服務，高級豪華旅館內所設的專屬服務，服務人員隨時聽候差遣。

Button：鈕扣。

C

4-hour service：快洗服務、快速服務，同Express service。

C/C：信用卡，Credit card信用卡公司或銀行同意旅客握有此卡者能晚一點付款，如Visa卡及American Express等。

Cabana：獨立房，有的獨立房是靠近游泳池旁，有些是設置在沙灘上。

Cabin：小木屋。

Cabinet：櫃子。

Cable form：電纜電線表單。

Calculator：計算機。

Can opener：開瓶器，同Openers。

Capsule hotel：膠囊旅館，又稱棺材酒店，全是一格格的像盒子般的單位。

Carpet sweeper：掃毯器。

Carpet：地毯，它是整片的地毯狀覆蓋物。同Rug，但它是小片的。

Cash sale：無訂房之遷入，客人無訂房遷入，則需付現金。

Cashier's office：出納組，爲客人遷出付賬帳或外幣兌換之地方。

Casino：賭場。

C-cold：冷水（一般國家）同F-froid（法語），法語系國家使用。

Ceiling：天花板。

Central：電話總機、電話接線生，同Operator。

Chain lock：門鏈。

Chair：椅子。

Chaise：貴妃椅。

Chalet：城堡式旅館、民宿農莊，同Chateau hotel。

Chamber maid：客房女清潔員，同Room attendant、maid、Room maid。

Champagne flute：香檳杯。

Chance guest：無訂房遷入之旅客，同Cash sale。

Channel indicator card：電視頻道指示卡。

Charge voucher：對帳單，此帳單詳細記載旅客在本旅館之消費金額，包括住宿費及其他消費。

Charge：記帳。

Check out not ready：已退房，但房間尚未準備好。

Checked baggage：隨機託運之行李。

Check-in counter：報到櫃檯。

Check-in：遷入程序，旅客到達旅館，辨理住宿之遷入登記程序。

Check-out：遷出程序，旅客離開旅館時，所辨理住宿之遷出、結帳程序。

Cheque（英）：支票。

Chest：櫃子（有抽屜）。

Chilled water：冰水。

Chit：傳票，例如：餐飲服務時，不必當場付錢，只要在服務生送來的傳票上簽字，並在退房時付款即可。

Chocolate：巧克力。

CIP（Commercially Important Persons）：商務貴賓，大企業的負責人、旅行社老闆、大眾傳播媒體等有影響力人士，其企業能給旅館帶來很大的利益，一般也是由旅館決策者人員來認定。

City accounts：簽帳轉讓，旅館與個人、公司機構簽訂合約，同意支付住宿者的費用及明訂支付範圍。住客簽帳退房後，帳單轉至財務部，每月與簽約客户結帳。

City ledger：外帳，旅行社或簽約公司之簽帳。

Clip：迴紋針。

Cloak room：行李暫存處。

Close cashier：關帳，交班時，必須把自己的帳關掉。

Closed dates：客滿，旅館房間全部被訂滿。

Closet rods：衣櫃掛桿。

Closet shelves：衣櫃內格。

Closet：衣櫥，同Wardrobe。

Clothes brush：衣刷。

Clothes-line：曬衣繩。

CNG（Concierge）：服務中心，設於大廳專責處理對客服務，協助客人提出的任何問題，其工作亦包括航空機票的代訂、戲院或文藝活動入場券之代購，甚至接受客人的抱怨與投訴等。

CNR（Connecting room）：連通房，兩間房間中間有一共同的門，旅客可以不用經過走廊就可到達另一房間，此型態的房間很適合家庭成員住。

Coaster：杯墊。

Coat：外套，同Jacket。

Coathook：衣鉤。

Cocktail stick：雞尾酒調酒棒，同Stirrer。

Coffee cups：咖啡杯。

Coffee plates：咖啡盤。

Coffee spoons：咖啡匙。

Coke：可樂，同Coca Cola

Collect call：對方付費電話，指定電話費是由收話的人來付，不過要等到收話方同意之後，電話才可以接聽。

Comb：梳子。

Commercial hotel：商務旅館，主要旅客爲商務客。

Commission：佣金，此金額是給介紹旅客至本旅館之旅行社或公司行號。

Commissionable source：旅遊相關來源。

Complaint：抱怨。

Complex：綜合性旅館，有辦公廳、會議廳、商店街等。

Complimentary：免費招待、贈送。

Complimentary fruit：贈送水果。

Conditioner：潤絲精。

Conditioning shampoo：潤絲洗髮精。

Condominium：分户出租的公寓大廈。

Conductor：導遊，同Tour guide。

Conference room：會議室，同Board room。

Confirmation slip：訂房確認單。

Confirmed booking：確認訂房，旅館經由書信、口頭或E-mail等方式確認其訂房資料。

Connecting bathroom：兩間房共用浴室。

Conner room：邊間，位在角落的房間。

Continental plan：大陸式早餐，房價只含早餐，又稱爲Room and breakfast。

Contract：合約，雙方同意依法簽訂契約。

Control panel：控制面板。

Convention hotel：會議旅館，設有會議設備的旅館。

Conventional chart：訂房紀錄合約表，此表記載旅客之房號、房間型態、客人名稱及住宿時間等，此表適用於餐廳或小型旅館。

Cord：電線。

Corner suite：角落套房。

Corporate rate：公司、團體價，同Contract rate/ Commercial rate/ Company rate旅館與公司或團體彼此同意給予特別之房價。

Correction fluid：修正液。

Corridor：走廊、走道。

Cot：帆布床、嬰兒床，美式爲沒有床頭板、床尾板，可折疊攜帶的帆布床；英式爲嬰兒床。

Cotton ball：棉花球。

Cotton pillow：木棉枕。

Cotton tip：棉花棒，同Cotton swab、Cotton Bud、Q-tip。

Couch：長沙發。

Counter：洗臉檯。

Courier service：國際快遞服務。

Courtesy bus：免費提供的交通車。

Courtyard：中庭。

CPN（Coupon）：餐券、聯券。

Crib：嬰兒床，同Baby bed、Cot（英式）。

Curtailment：提早退房，客人提早離開旅館，同early departure。

Curtain rail：窗簾架。

Curtain：窗簾，同Drapes。

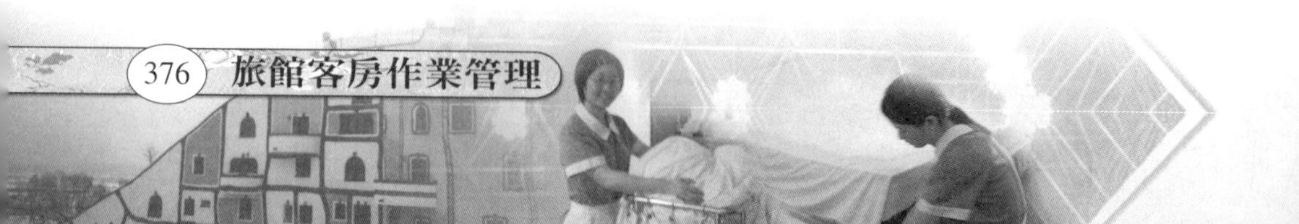

Cushion：椅墊。
Cut off date：截止日期。
Cut out time：保留房間至下午六點。
CXL（Cancellation）：取消旅客取消其訂房。

D

D/I（Due in）：今日預計住房。
D/L（Double lock）：反鎖。
D/U（Day use）：當天遷入又當天遷出，必須付全租。
Daily cleaning：每日清掃。
Daily movement report：每日訂房異動報告。
Day let：白天使用，此種狀況常發生在商務客，如面試等。
Day out：預定當天遷出。
Day rate：日租。
DDD：長途直接撥號
Definite reservations：確實的訂房。
Dehumidifier：除濕機。
Deluxe double： 豪華雙人房。
Deluxe：豪華。
DEP（Departure）：出發時間。
Deposit：訂金，旅客如爲保證訂房，則被要求繳訂金。
Desk table：書桌。
Detergent：洗衣粉。
Diet coke：健怡。
Directory assistance：查號台。
Directory of services：服務指南。
Disabled facilities：殘障人士設備。
Disbursement：預付金，同VPO（Visitors paid out）有時旅客會要求旅館先代付其費用。
Dishonoured cheque：退票，銀行將信用不佳者之支票退還。
Dishwasher：洗碗機。
DIT（Domestic Individual Tour）：本地旅行之散客／國民旅遊。
Diversion：暫留，指短暫停留的旅客，此種狀況常發生在機場旅館。
DND（Do not disturb）：請勿打擾。
DNS（Did not stay）：尚未住宿。客人已訂房但未抵達旅館者。
Door bed：門邊床。

Door chain：房門鎖鏈、反盜鏈。

Door man：門衛，是第一位接待到達旅館客人的從業人員。

Doorknob menu：門把菜單。

Double bed：雙人床，尺寸爲200cm×145cm。

Double booking：重複訂房。

Double C/I（Double check in）：重複辦理遷入手續。

Double lock key：反鎖鑰匙。

Double occupancy：雙重訂房，兩位旅客重複訂相同之房間。

Double room：雙人房，指一張大床的尺寸可睡兩人，而非兩張床。

Double up：一個房間睡兩個人。

Double vanity：浴室內有兩個洗臉台。

Double-bedded room：雙人床，一個大床可容納兩人，在美國亦稱爲twin。

Double-double：四人房。

Down comforter：羽毛被。

Down pillow：羽毛枕，同Feather pillow。

Drapes：窗簾。

Drawee：受票人，支票之付款人。

Drawer：抽屜。

Drawer：開票人，支票之開票人。

Dress（1-Piece）：連身洋裝。

Dressing gown：晨衣。

Dressing lamp：化妝燈。

Dressing mirror：化妝鏡。

Dressing table：化妝台。

Dry cleaning list：乾洗單，同Dry cleaning form。

Dry cleaning service：乾洗服務。

Duo bed：對床。

Duplex：樓中樓。

Dust pan：雞毛撢子。

Duty manager：值勤經理。

Duty-free article：免稅品。

Duty-free shop：免稅商店。

Duvet cover：羽毛被套。

E

Eurotel： 提供給長期客住。

Efficiency apartment：有廚房設備的房間。

E.M.K.（Emergency master key）：緊急鑰匙。

Emergency paging：緊急廣播。

Elevator（美）：電梯，同Lift（英）。

Extension：分機。

Economy class：經濟艙。

Early departure：提早退房，旅客比預定退房時間提早離開，同curtailment、understay、early check out。

Expire date：截止日期。

Express check out：快捷結帳。

ENT（Entertainment）：交際費。

Expected arrival：預計抵達而尚未遷入的客人。

Expected departure： 預計退房。

E.B.S.（Executive business service）：簽約公司服務台。

Extend of stay：延長住宿，同Extension。

Employee ledger：員工掛帳。

Exchange rate：兌換率。

Exchange memo：兌換水單。

Exchange order：旅行服務憑證，同Travel voucher、Service order。

Executive floor：貴賓樓、商務樓層，同VIP floor、Concierge floor。

Executive service：秘書服務，同Secretarial service。

Escort：導遊，同Tour guide。

End of day：關帳清機。

Extra bed：加床。

EMT（Early morning tea）：早上茶，亦可包含咖啡。

European plan：歐式計價，房租不包含餐費在內。

F

Face towel：方巾、小毛，同Hand towel。

Family room：家庭房。

Fanta：芬達，迷你吧內的飲料。

Faucet：水龍頭，同Spigot、tap、bibcock。

Faucet leaking：水龍頭漏水。

FDC（Front desk cashier）：櫃檯出納。

Feather pillow：羽毛枕。
Female hanger：女用衣架。
Fill out：填寫（表格、文件等等）。
Find out：找出、查出。
Fire alarm：火警警報。
Fire escape plan：逃生圖，同Fire notice。
Fire extinguisher：滅火器。
Fire fighting chart：火災避難圖。
Fire hazard：火警。
Fire hydrant：消防栓。
Fire safety mask：防煙面罩。
Fire staircase：安全梯。
First class：頭等艙。
First-aid kit：急救箱。
FIT（Free／foreign independent traveler）：散客，國外旅行之散客。
Flash light：手電筒，同Flash torch。
Flat rate：淨價，同NET。
Flight delay：飛機誤時。
Floor indicator：指示燈。
Floor lamp（英）：立燈、落地燈，同Stardard lamp。
Floor limit：最大信用額度，旅館接受旅客的最大信用額度，同sanction limit。
Flower vase：花瓶。
Fluorescent lamp：日光燈，同Fluorescent bulb。
Flush toilet：沖水馬桶。
Flushing system：沖廁系統。
FMK（Floor master key）：各樓層通用鑰匙。
Foam pillow：海棉枕。
FOC（Free of charge）：免費招待。
Folded：摺疊包裝。
Folded：需折疊 。爲洗衣單上的用語，依客人的喜好選擇所送回衣物的放置方法，例如襯衫、西褲等。
Folio：帳單，旅客在旅館內之所有消費紀錄，同Guest account。
FOM（Front office manager）：客務部經理。
Foot board：床尾板。
Foot mat：夜床巾。

Foreign currency：外幣兌換，同Foreign exchange、Money exchange。
Fourposter：四角有柱的舊式大床。
Foyer：大廳，同 Lobby，休憩處，樓梯或電梯前之寬敞處。
Free sales agreement：授權銷售協議。
Fridge：電冰箱，同Refrigerator。
Front desk：櫃檯，負責旅客住宿登記，分配鑰匙及提供資訊等之地方，爲旅館之中樞神經。
Front of the house：前場。
Fruit basket： 水果籃、水果盅，同Fruit bowl。
Fruit fork：水果叉。
Fruit knife：水果刀。
Full house：客滿，同Fully booked、No vacancy。
Full-length mirror：穿衣鏡。
Full-service：全方位服務，提供旅客廣泛之服務，除了住宿外亦包括餐飲、洗衣及房務服務等。

G

G.H.（Guest history）：旅客歷史資料。
Gallery：走廊。
Garni：不設餐廳的旅館。
Geography report：國籍分析報告。
GIT（Group inclusive tourist）：團體旅客，旅館同意給予團體旅客特殊的房價，同Flat rate。
GL（Glass）：杯子。
Glass cover：杯蓋。
Glove：手套。
Glue：漿糊，同Paste。
GMK（Grand master key）：全館通用鑰匙。
Goggle：護目鏡，在處理大灘血跡或危險化學物品時使用，以保護房務人員的安全，避免被感染。
Goodnight card：晚安卡。
Grape juice：葡萄汁。
Gratuity：小費。
GRO（Guest relation officer）：客務專員。
Gross price： 包括佣金在內的房租。
Group calculation sheet：團體簽認單。

Group rate：團體價格。

Group rooming list：團體房號名單。

GTD（Guaranteed）booking：保證訂房，無論旅客是否到達旅館，旅館皆須保留其房間。

Guest comment：顧客意見卡。

Guest elevator：客梯。

Guest house：美國民宿，歐洲稱Pension或B & B。

Guest ledger：客帳。

Guest location form：住客館內位置所在表。

Guest rest room：客用化妝室。

Guest title：旅客身分。

H

H/U（House use）：旅館內使用。

Hair dryer：吹風機。

Half twin：兩人平分雙人房的房租。

Hall closet：壁櫥。

Hall porter：行李員。

Hand shower：手動淋浴。

Hand towel：方巾、小毛，同Face towel。

Handicapped room：殘障房。

Handicapped：殘障者。

Handkerchief：手帕。

Hanger stand：西裝的衣架。

Hanger：衣架。

Hat rack：帽架。

Head board：床頭板。

Heater：暖氣。

Heineken beer：海尼根啤酒。

H-hot：熱水，同C-Chaud（法文），法語系國家使用。

HI（Hostelling International）：青年旅館，是一個國際性的住宿組織。舊名爲Youth hostel。

Hide-A-bed：隱匿床、雙人床兼沙發用，同Hideaway bed、Murphy隱藏在牆壁內的床。

High season：旺季，旅館旺季時，房價通常是最高。

Highway hotel：公路旅館。

Hold account：保留帳。
Hold for Arrival（Arr.）：保留至客人抵達旅館。
Hold for return：保留至下次返回時歸還。
Holding time：訂房保留時間，通常保留至下午六點。
Hollywood bed：好萊塢式雙人床，白天當沙發晚上當床用，指兩小床合併在一起，可供一人或兩人使用。
Hollywood twin：併床式雙人房，兩側各置放床頭櫃，沒有床架、床頭板及床尾板的床。
Hook：壁鉤。
Hospital hotel：療養旅館。
Hospitality industry：餐旅業，提供住宿及餐飲給予遠離家鄉的旅客或本地的客人。
Hospitality room：接待交誼廳，同Hospitality suite，開會中與會人員可以自由進出的接待室。
Hospitality：舉辦酒會或宴會用房間。
Hot water dispenser：保溫瓶。
Hotel account：住宿帳單，同Hotel bill。
Hotel card：旅館名片。
Hotel coupon：旅館住宿券。
Hotel diary：旅館日誌，記載到達旅客所有的詳細資料，以便做最好的服務。
Hotel directory：旅館指南書。
Hotel information：提供旅館內各種設備的情報。
Hotel passport：旅館護照。
Hotel register：旅館登記，當旅客遷入旅館時，櫃檯須請旅客登記個人資料，其資料依法需具備且眞實。如外國旅客須出示護照；本國旅客須出示身分證等。
House count：今日已賣房間數。
House phone：館內電話。
Housekeeping department：房務部門，旅館中負責管理客房及清理客房與公共區域等事務。
Hydrotherapy pool：治療用水池。

I

Ice bucket：冰桶。
Ice cube：冰塊。

Ice pick：冰鑽、冰鋤。

Ice tongs：冰桶夾。

IDD card（International Direct Dial Card）：國際直撥說明卡。

IDD（International direct dialing）：國際長途電話直撥，同ISD。

Imprinter：刷卡機，旅客到達旅館辦理遷入登記手續時，如使用信用卡付帳時，需預先做過卡動作，以確定信用卡之有效期與額度等。

Incidental charge：私人雜費，同Personal account，例如：團體旅行時，私人所使用的費用，如電話費等等。

Incoming call：來話，有外線進來的電話。

Individual：個別客。

Information directory desk：查號台。

Information 詢問處。

Innovation：設備全部更新。

Inside room：內向房間，無窗户而面向中庭、天井的房間。

Inspected：稽查，主管或領班詳細檢查其房間狀況。

Interleading rooms：連通房，同Communication rooms。

International tourist hotel：國際觀光旅館。

Invoice number：統一編號。

IOU：簽帳單。

Iron board：熨板。

Iron：熨斗。

ISD：國際長途電話直撥，同IDD。

J

Jaccuzzi：按摩浴缸。

Jacket：外套，同Coat。

Jasmine tea：茉莉花茶、香片。

Jean：牛仔褲。

Jogging suit：運動套裝。

Junior suite：小型套房，同Semi suite。

K

Kettle：煮水器。

Key box：鑰匙盒。

Key card：鑰匙卡，旅客遷入登記程序完成時，則可給予鑰匙卡，有些旅館仍使用傳統鑰匙。

Key tag：鑰匙牌。

King size bed：加大型雙人床，尺寸爲200cm×193cm。

Kirin beer：麒麟啤酒。

Kitchen cabinet：櫥櫃。

Kurssal：附有溫泉的旅館。

L

L & F（Lost & Found）：失物招領。

L/C（Late charge）：延遲帳，亦即住客退房後帳單才送至櫃檯。同After depature（A/D）。

Lamp shades：燈罩。

Lanai：屋內有庭院的房間，夏威夷涼台，爲休閒旅館最普遍的設計。

Land operator：安排地上觀光事宜的旅行社。

Latch：門閂。

Late charge：延遲帳，客人已退房，但部分帳單才出現。

Late check out：延遲退房。

Laundry bag：洗衣袋。

Laundry chute：洗衣投送管。

Laundry list：洗衣單，同Laundry form。

Laundry service：洗衣服務。

Lay-over passenger：滯留客。

LB（Light baggage）：簡便的行李。

Les clefs d'or：金鑰匙協會。

Let room，DND：打掃過的續住房，但客人掛請勿打擾，無法檢查。

Let room，Guest back：打掃過的續住房，但檢查時客人回來過。

Let room，Guest in room：打掃過的續住房，但檢查時客人在房內。

Let room：經檢查過，乾淨的續住房。

Letter paper：信紙。

Lift（英）：電梯，Elevator（美）。

Light control：電燈開關控制。

Light starch：輕漿。

Limited service hotel：簡單型旅館。

LIMO（Limousine service）：禮車、小型巴士、機場與旅館間的定期班車。

Linen cart：布巾車、備品車。

Linen room：布巾室。
Linen：布巾。
Liquors：烈酒。
Lobby assistant manager：大廳副理。
Lobby：大廳。
Lock-out：自動上鎖，被關在門外。
Lodge：獨立小屋。
Loft：頂樓房間，同Penhouse。
Long distance call：長途電話。
Lost and found：失物招領。
Lost property book：遺失物登記本，房務員需將旅館內所有遺失之物品，確實登記於遺失物登記本上。
Lounge：接客廳。
Low season：淡季，旅館生意最冷清的時候，此時房價最便宜。
Luggage book：行李登記本，服務中心需處理旅客之行李，如手提行李件數、寄件者、時間等問題。
Luggage rack：行李架，同Baggage rack。
Luggage storage： 行李保管間
Luggage（英）：行李，同Baggage（美）。
Luggage tag：行李單。

M

M/C（Morning call）：晨間喚醒電話，同wake up call。
Magazine：雜誌。
Maid：客房女清潔員、房務員，同Room attendant。
Maid cart：手推車。
Maid truck： 女清潔員用車。
Mail advice note：包裹提領通知單，當旅客有包裹或信件等待領取時，可利用包裹提領通知單通知旅客提領。
Mail forwarding address：轉信地址。
Mail forwarding address card：郵件轉寄卡。
Make bed：鋪床。
Make up room：清掃房間。
Male hanger：男用衣架。
Management block：調節性預留（保留）。
Management contract：委託經營合約。

Map：地圖。
Massage service：按摩服務。
Masseur：男按摩師。
Masseuse：女按摩師。
Master key：通用鑰匙，同Pass key可開全館門鎖的鑰匙。
Master switch：省電裝置電源總開關。
Matches：火柴。
Mattress：床墊，又稱彈簧床墊，有軟、硬、適中之別。
Measuring tape：捲尺。
Medical clinic：醫療服務。
Memo pad：便條紙，同Memo note、note pad。
Message lamp：留言燈，同Message light。
Message slip：留言單。
Meter ruler：尺。
Mezzanine：中層樓。
Microwave oven：微波爐。
Mineral water：礦泉水。
Mini bar：私人小酒櫃、房內小型酒吧，同Wet bar、Honor bar。
Mirror：鏡子。
Miscellaneous exchange order：服務兌換券。
Modified American plan：修正美式早餐，房價包含早餐及午餐或晚餐，通常為晚餐。同demi-pension和half board。
Money change：外幣兌換，同Foreign exchange、Foreign currency。
Money order：匯票。
Morning gown：晨衣。
Motel：汽車旅館，同Motor court、motor hotel。
Mouthwash：漱口水。
MSG：留言，Message。
Murphy：隱匿床、雙人床兼沙發用，同Hideaway bed、Hide-a-bed隱藏在牆壁內的床。

N

N/A（New arrival）：新遷入客人的房間。
N/S（No show）：未出現者，已有訂房但並沒有在特定的當天到。
Nail brush：指甲刷。

Nail cutter（clipper）：指甲刀。
Nail groomer：指甲銼刀
NB（No baggage）：沒有行李的客人。
Needle：針。
Net income：淨收入。
News letter：告知信、通知函。
Night audit：夜間稽核員。
Night gown：睡衣。
Night latch：鈎環。
Night light：夜燈。
Night manager：夜間經理。
Night table：床頭几。
NNS（No night service）：不需夜床服務。
No call：不接電話，外線來電找房客，但客人指定不接電話。
No starch：不漿。
Non stop check out：快捷退房服務，同Express check out，即不必前往櫃檯付帳。
Non-affiliate reservation system：非聯合訂房系統。
Non-profit-making business：非營利事業，其主要營業之目的並非賺錢，如福利機構之餐飲等。
Non-slip bathtub mat：止滑浴墊，同Rubber mat。
Non-smoking floor：非吸煙樓層。
NRG（None registered guest）：未登記的客人。
NSR（No service request）：客人交代今日不需清潔的續住房。
Nuts：堅果。

O

OCC（Occupied）：續住客。
Occupancy：住房率。
Occupancy graph：住房統計圖。
Occupied room：續住房。
Off season rate：淡季特別價格。
On change：整理中。
On change room：房客遷出後，房間尚未整理完畢，另一客人又遷入。
On hanger：請掛於衣架上，爲洗衣單上的用語，依客人的喜好選擇所送回衣物的放置方法，例如襯衫、西褲等。

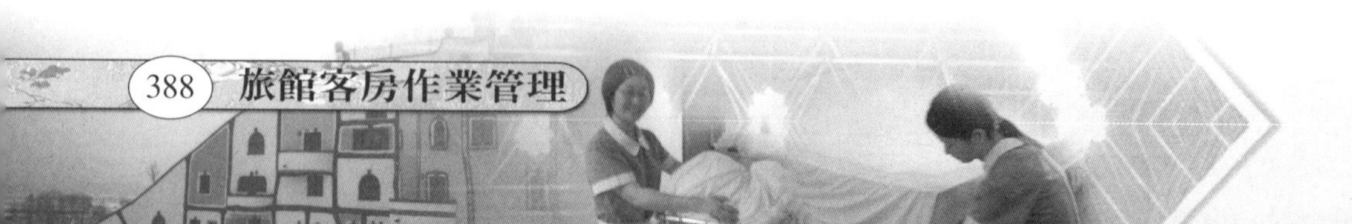

On season rate：旺季房價。
On the way：機場回報給旅館客人現已在回旅館的路上了。
On waiting：候補。
One way viewer：貓眼、窺視孔，同Peep hole。
On spot confirmation：當場即可確認訂房。
Oolong tea：烏龍茶。
OOO（Out of order）：故障房，房間無法出租，如房間整修或保養等。
Open bed：夜床服務，同Turndown service爲房客作開夜床，使房客隨時掀開床罩，立即可上床。
Open：營業中，尚有房間可出租。
Openers：開瓶刀、開瓶器，同Can opener、Waiter's friend、Corkscrew（螺旋形的開瓶器）。
Operator：總機，同Central。
Orange juice：柳橙汁。
OS（Out of service）：停賣施作工程的房間。
Outlet：餐飲營業廳。
Outside room：外向房間，面對外面，可看到館外景色的房間。
Outstanding balance：未付的差額。
Oval basket：橢圓形備品盤。
Overall：連身工作衣。
Overbooking：超額訂房，接受訂房的數目大於實際旅館的房間數。因旅客有可能取消訂房、缺席沒來或提早離開等因素，而旅館又希望住房率能達百分之百，故有超額訂房的情況。
Overcoat：長大衣。
Overseas call：越洋電話。

P

P/U（Pick up）：接機。
Pack luggage：待走房，行李已打包好。
Package rate：包辦旅遊的價格。
Page：旅館內廣播尋人。
Page boy：傳信員、行李員，同Porter、Bell man。
Paid in advance：預先付房租。
Pajamas：睡衣。

Pamphlet：小冊子、簡介，同Brochure。

Parador：西班牙的國營旅館，由地方觀光局將古老並具有中古世紀歷史意義的修道院或豪宅改建而成的旅館。

Parcel notice：包裹通知單。

Pass key：通用鑰匙，同Master key。

Passport：護照。

Paste：漿糊。

Patio：西班牙式內院。

PAX：人數，Persons。

Pay by：從～付帳，例如：602 Pay by 601，即601替602付帳。

Payee：領款人，支票之受款人。

Pay-per-view：付費電視（每看一次就計費一次），同Pay TV。

PBX（Private branch exchange）：總機，連接外線之電話設備。

PCS（Pieces）：張數。

Peep hole：貓眼、窺視孔，同One way viewer。

Pellet curtain：裝飾窗簾。

Pencil：鉛筆。

Pending mail：待領信件。

Pension：供膳食的公寓，屬歐洲的家庭式旅館，房間很老舊，大多沒有電梯，且房間內沒有衛浴設備，無法使用刷卡付帳，造成許多的不便。

Penthouse：閣樓。

Per-person rate：按人數計算房租。

Perrier：沛綠雅，法國進口有泡礦泉水。

Person to person call：指定電話，指定某人來接聽，並且等到此人親自接聽時，才開始計費，若被指名的人不在，就不收任何費用，這種費用較叫號電話爲高。

Personal effects：隨身物品。

Phone book：電話指南。

Pillow：枕頭。

Pillow case：枕頭套。

Pin cushion：針墊。

Pipe：水管

PKG（Package tour）：套裝旅遊。

Pneumatic tube：氣送管。

Pocari：寶礦力，運動飲料。

Pock-smoke escaping mask：防煙面罩。

Portable shower：活動淋浴蓮蓬。

Porter：行李員，同Bell hop。

Porter's desk：服務櫃檯，主要有門衛、行李員等替旅客開車門、停車或送行李等工作，同Concierge。

Post card：明信片。

Posting：登帳、入帳。

Pot：茶壺。

Potato chips：洋芋片。

Poterage：行李搬運費。

PP（Postpone）：延期。

Preblock：預留。

Prepayment：預付金，尚未得到服務之前就先預付錢等。

Pre-registration：預先遷入登記，旅客尚未到達旅館時，就先辦遷入登記如旅行團體等。

Presidential suite：總統套房。

Pressing list：燙衣單。

Pressing service：燙衣服務。

Price list：房價表。

Private bathroom：專用浴室、私人浴室。

Profile：檔案。

Profit-making business：營利事業，主要營業目的爲賺錢，如旅館、商務餐廳等。

Program card：節目卡、節目表。

Public area：公共區域。

Pay for：替～付款，例如：601 Pay for 602，即601替602付帳。

Q

Quads：四人床

Queen size bed：雙人床，比特大號床還小一點的床，尺寸爲200cm×152cm。

R

R/S（Room service）：客房餐飲服務，不必到餐廳用餐，可以叫侍者把食物送到房間。

Rack rate：房價、定價，旅館管理視現狀訂定不同之房價。

Raincoat：雨衣。
Rate on request：議價的房租。
Rating：分級。
Rattan chair：藤椅。
Rattan table：藤桌。
Razor：刮鬍刀。
Razor blades：剃刀刀片。
Ready to sell：經檢查過，合格且可報賣的房間。
Reception clerk：櫃檯接待員，同Receptionist。
Reception office：櫃檯接待，旅館處理旅客之遷入登記及詢問房間型態之場所。
Recliner：靠背沙發。
Red wine glass：紅酒杯。
Refrigerator：電冰箱，同Fridge。
Register：登記簿、收銀機。
Registration card：登記卡。
Regular service：普通洗衣服務。
Reinstate：取消的訂房再恢復。
Relet room：房客原來住的房間，因故離去而不能回來住的。
Remote control：搖控器。
Renovation：更新設備，重新裝潢、改修過房間。
Rental car：租車。
Reservation confirm：訂房確認。
Reservation control sheet：訂房控制表。
Reservation forecast：訂房預報表。
Reservation form：訂房紀錄表，此表主要被使用於紀錄旅客之詳細資料如姓名、到達日期、住宿天數、地址、電話號碼、接機及特殊要求等。
Reservation office：訂房組，前檯中訂房組負責，代表旅館賣房間給予旅客。
Residential hotel：長住型旅館。
Resort hotel：休閒旅館。
Return guest：再度光臨的客人。
Revenue management：營收管理，同Yield management。
Revise：變更。
Rock glass：老式酒杯、威士忌杯，同Old fashion。

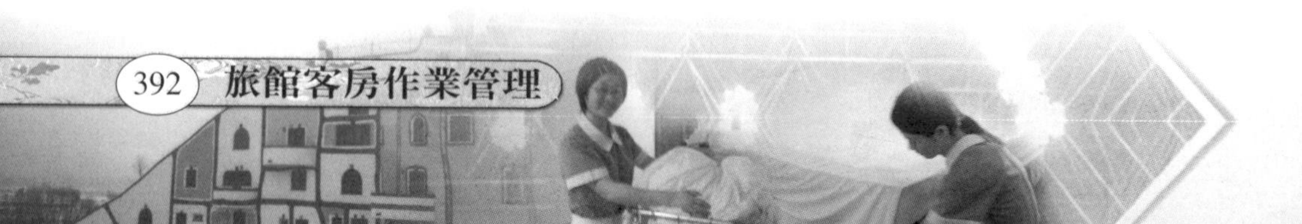

Roll top desk：有蓋寫字檯。

Rollaway bed：掛有車輪，可以折疊的床。

Roll-away：加床，同Extra bed。

Room assignment：排房。

Room block：鎖房。

Room change：換房。

Room count：本日尚未售出的房間數。

Room division：客房部。

Room maid key：清潔員服務鑰匙。

Room maid：客房女清潔員，同Room attendant、maid、Chamber maid。

Room occupancy percentage：住房率，實際賣出房間之百分比，已賣房間數／總房間數×100%。

Room rate：房價。

Room service menu：客房餐飲服務菜單。

Room state／status：房間狀況，表示房間是已出租、空房或維修中等狀況。

Room status report：房間狀況報告表。

Room to rent：房間可以賣的總數。

Room to sell：房間還可以賣的總數。

Room type tropularity report：客房接受度分析報告。

Rooming guest：安排房間、安頓客人。

Rooming house：美國的公寓式旅館。

Rooming list：住客房號名單、房號分配表。

Round bed：圓床。

Routing：旅行路線安排。

Rubber mat：防滑墊，同Non-slip bathtub mat。

Rubber ring：橡皮筋。

Rug：地毯，它是小片的地毯，具有一定的形狀，非拼接而成，鋪於室內部分地面上，例如放在浴室門口、客廳或床邊。同Carpet，但它是整片的地毯狀覆蓋物。

Ruler：尺。

Run of the house rate：旅館取最高與最低之平均價，作爲團體的價格。

S

S/C（Service charge）：服務費。

Safe deposit：保險箱，同Safety box提供旅客存放貴重物品之設備。
Safety box：保險箱，同Safety deposit box、Safe。
Safety pin：別針。
Safety rail：安全欄杆，同Grab rail。
Safety razor：安全剃刀。
Sanitary bag：衛生袋，同Sanitary napkin disposal。
Sanitary napkin：衛生棉，同Sanitary pad。
Saucer：茶碟。
Scale：體重計、磅秤。
Scarf：領巾。
Schloss hotel：德國式城堡旅館。
Scissors：剪刀。
Scotch tape：膠帶。
Seasonal resorts：季節型度假旅館。
Secretarial service：秘書服務，同Executive service。
Self-catering hotel：自助型旅館，除基本住宿設備外，也沒提供任何其他的服務。
Semi double bed：半雙人床，尺寸爲120cm×200cm。
Semi-suite：小型套房，同Junior suite。
Series booking：系列訂房。
Service order：旅行服務憑證，同Exchange order、Travel voucher。
Service station：各樓層服務台。
Sewing kit：針線包。
Shampoo：洗髮精。
Shaving cream：刮鬍膏。
Sheer curtain：紗窗簾。
Sheet cover：被套。
Sheet paper：紙墊。
Shirt：襯衫。
Shoe basket：鞋籃。
Shoe brush：鞋刷。
Shoe cleaning：擦鞋服務單。
Shoe horn：鞋拔。
Shoe mitt：擦鞋布，同Shoe cloth。
Shoe polish sponge：擦鞋盒。
Shoe polish：鞋油。

Shoe shine service：擦鞋服務。

Shoeshine bag：擦鞋袋。

Shopping bag：購物袋。

Shorts：短褲。

Shower bath：淋浴、蓮蓬浴。

Shower cap：浴帽。

Shower curtain：浴簾。

Shower diverter knob：淋浴轉換旋轉鈕。

Shower head：蓮蓬頭。

Shower room：淋浴間。

Shower set：淋浴設備。

Shuttle bus：來往市內、旅館與機場間的專用車。

Side table：邊桌。

Simultaneous translation：同步翻譯。

Single bed：單人床。

Single room surcharge：單人床追加房租。

Single use：雙人床只由一人占用。

Single：單人床，房間指適合一個人住。

Sink plug：塞子，同Stopper。

Sink：洗臉槽。

SITs（Special interest tours）：特殊興趣旅客，因特殊的興趣再度光臨，如世貿電腦展等將吸引旅客。

Sitting bath：坐用浴室。

Skipper：跑帳者，同W/O（Walk-out），客人未付款即離去，有賴帳情形。

Skirt：裙子。

SL：反扣，同Safe lock房內安全扣，爲了避免服務人員直接開門進入房內。

Sleeper：呆房。

Slides projector：幻燈機。

Slipper：拖鞋。

Slips：襯裙。

Smoke detector：煙霧偵測器。

SO（Sleep out）：外宿旅客有訂房間但卻未在旅館內過夜，如出差外地或訪問親友等因故無法回旅館過夜休息。

Soap dish：肥皂盒（碟）。

Soap holder：肥皂架。

Soap：香皂。

Socks：襪子。

Soda water：蘇打水。

Sofa bed：沙發床，同Statler bed。

Soft drinks：軟性飲料、飲料類，例：可樂、蘇打水等。

Soft pad：軟床墊，同Soft mattress。

Soiled linen bag：備品車的帆布袋。

Solarium：日光浴室。

SOP（Standard operation procedure）：標準作業程序。

Souvenir：紀念品。

Spa：溫泉浴場。

Space availability chart：訂房控制圖表。

Space block：事先保留房間。

Space sleeper：壁床。

Spare pillow：備用枕頭。

SPATTS（Special Attention Guests）：特別關照旅客，旅館必須加以特別照顧，如長期住客或董事長之親友等。

Special rate：特別房價，當貴賓遷入時，以更好型態的房間取代原來的房間，但仍然以原訂的房價收費。

Special suite：特別套房。

Spirit：酒精類，例如：啤酒、雞尾酒等。

Sponge：海綿。

Sport shirt：運動服。

Spout：出水口。

Spray adjustment：噴灑調節旋轉鈕。

Spring coat：薄外套、風衣。

Spring mattress：彈簧床。

Sprinkler：蓮蓬灑水器。

Sprite：雪碧，爲汽水的一種。

Squashing pad：菜瓜布。

Stain clothes hanger：緞帶衣架，同Silk hanger、Lady's hanger。

Stair way：階梯。

Standard lamp：立燈、落地燈，同Floor lamp（英）。

Standard room：標準套房。

Standard room rack rate：標準房價房價內不含任何餐券或折扣等。

Staple：訂書針。

Stapler：訂書機。

Station hotel：車站附近的旅館。

Station to station call：叫號電話，指定某一個人的電話號碼，而不指定某一個人接電話，只要有人開始接電話，就開始計費了。

Stationery：文具。

Stationery holder（folder）：文具夾。

Statler bed：沙發床，同Soft bed、Studio Bed、Hide-a-Bed（隱藏式床）。

Stay-on：續住，旅客訂房超過兩晚；或者快到住宿時間才要求延長住宿。

Stay-over：延期旅客、續住。旅客已到遷出時間，但希望能多停留一日或多日。

Sticker：行李標貼。

Stirrer：調酒棒，同Cocktail stick。

Stocking：尼龍絲襪。

Stopper：水塞。

Storage：倉庫，同Store room。

Studio bed：沙發床，日間當沙發，晚上當床用之兩用床，同Hide-a-bed最適合小房間使用。

Studio room：沙發床，同Hide-a-bed，日間當沙發，晚上當床用之兩用床，最適合小房間使用。

Suburban hotel：都市近郊旅館。

Suburban map：近郊地圖。

Suit（2-Piece/2-PCS）：套裝（兩件式的）。

Suite：套房。

Sun-tan lotion：防曬油。

Supplementary fees：追加費用。

Supplies：備品。

Sweater：毛衣。

Switch board：總機，同PBX（Private branch exchange）。

Switch：開關。

T

T/C（Travelers cheque）：旅行支票。

Table d'hote：定食或公司餐，固定價格之套餐。

Table lamp：立燈、檯燈。

Table pad：桌墊。

Tag：標籤、籤條。

Taiwan beer：台灣啤酒。

Tap：飲水機的口。

Tariff：房價。

Tax exemption：免稅。

Tea bag：茶包。

Tea cup：中式茶杯。

Tea towel：抹布。

Telephone credit card：電話計費卡。

Telephone secretary：電話祕書。

Telephone toll：電話費。

Television cabinet：電視櫃。

Television set：電視。

Tent card：立卡，放於桌上的立卡，醒目而不易被客人忽略，內容、形式多樣化。例如，國際直撥電話AT&T訊息等。

Terminal hotel：終站旅館。

Thermos bottle：熱水瓶。

Thermostat：恆溫器。

Ticketing：票務。

Tie：領帶。

Tile：磁磚。

Time difference：時差。

Tip：小費。

Tissues：面紙。

Tissue paper：化妝紙。

Tissue paper dispenser：面紙盒。

Toilet：廁所、洗手間（英式），同Rest room、Bathroom（美式），另有馬桶之意。

Toilet bowl：馬桶，同Toilet。

Toilet paper：衛生紙。

Toilet paper roll：圓筒衛生紙，同Toilet roll。

Toilet seat：馬桶座。

Toilet seat cover：馬桶蓋。

Toll free call：免費服務電話。

Tonic water：奎寧水。

Toothbrush：牙刷。

Toothpaste：牙膏。

Tour guide：導遊，同Conductor。

Tour package：全套旅遊。

Tours：團體旅客，團體旅客皆大多一起遷入，並且一起遷出，同GITs。

Towel rack：毛巾架。

Towel rings：毛巾環。

Tower：高層樓。

Transformer：轉換器、變壓器。

Transient hotel：短期性旅館。

Transit hotel：過境旅館。

Trash can：垃圾桶。

Travel agent：旅行社，旅行社代旅館替旅客訂房及安排活動，藉此賺取佣金。

Tray：托盤。

Triple beds：三張床的房間。

Triple room：三人房。

Trolley：行李車。

Trouser：西褲。

Trunk：車廂。

T-shirt：套衫。

Tumbler：漱口杯。

Turndown service：夜床服務，同Open bed service、Night service（NS）。

Turning away：外送。

Tuxedo：燕尾服。

TV remote control：電視遙控器。

Twin double：四人房。

Twin room：雙人房，一間房間有兩張分開的床。

U

U/G（Up grade）：升等，將房間免費從小房間升等至大房間。

U-Drive service：私車出租。

Under stay：提前離店，同Early check out。

Underpants：內褲。

Undershirt：內衣。

Uniform service：服務中心，同Concierge。

Unload luggage：卸運行李。

Unoccupied：空房，同Vacant room。

Unpack luggage：待走的房間，行李尚未打包。

Up sale：增加銷售收入，客人訂房時，旅館爲了增加收入，如果增加一點點價錢，房間就可升等，爲推銷手法之一種。

Update reservations：更新訂房資料。

Urban hotel：城市旅館，同City hotel。

V

VAC：空房，同Vacant。

Vacant：空房，同Unoccupied。

Vacuum cleaner：吸塵器。

Valet list：燙衣單。

Valet parking：泊車服務。

Valet service：洗衣、燙衣服務。

Valuables：貴重品。

Vacant and ready：可租出之空房。

Vanity dressing chair：梳妝椅。

Vanity dressing table：梳妝桌。

Vanity top：洗手台。

VCR（Vacant clean ready）：昨天未出售的空房，今日已檢查過，一切正常。

Vehicle：車輛。

Venetian blind：活動百葉窗。

Ventilator：抽風機。

Vest：背心。

VHR（Voucher）：住宿憑證。

Video cassette recorder：錄放影機。

Villa：別墅。

VIP floor：貴賓樓層，同Executive floor、Concierge floor。

VIP set-up：貴賓迎賓安排。

VIP（Very important person）：重要貴賓。

Visa：簽證。

Voltage：電壓。

Volume：音量。

VPO：預付金，旅客有時會要求旅館先代付其花錢、戲院錢等，同disbursement。

W

W/I（Walk-in）：臨時抵達旅館之旅客，沒有訂房散客，同Cash sale、Chance guest。

W/O：跑帳者，同Skipper，備品東西被客人帶走；另一個意思是旅客未付款即離去，有賴帳情形。

Waitlist：候補名單。

Wake up call：喚醒電話，同M/C（Morning call）。

Walking a guest：保證訂房或已做確認的旅客，由於客房不足，故須安排旅客至另一個旅館住宿，通常旅館會upgrade旅客的房間，而不加收其費用。

Wall outlet：壁插座，同Wall socket。

Wall-painting：壁畫，同Wall picture。

Wall-paper：壁紙。

Wardrobe：衣櫥，同Closet。

Wash clothes：抹布，同Mop。

Wash stand：洗臉架。

Wash towel： 毛巾、中毛。

Washcloth rack：面巾架。

Waste basket：垃圾桶，同Trash can。

Water tank：馬桶水箱。

Watts：瓦特。

Weekday rate：平日房價。

Weekend rate：周末房價。

Welcome drink coupon：迎賓飲料券。

Welcome letter：歡迎函。

Welcome set-up：迎賓安排。

Wet bar：私人小酒櫃、房內小型酒吧，同Mini bar、Horner bar。

Wheel chair：輪椅。

Whirlpool bath：漩渦浴缸。

Whiteboard marker：白板筆。

Wicker laundry basket：客衣用籐籃。

Window frame：窗框。

Window sill：窗台。

Wine glass：酒杯。

Writing desk：書桌。

X

Xerox machine：影印機。

Y

Yachtel：遊艇旅館。

Yellow page：工商分類電話簿，是美國的電話號碼，都是用黃紙印刷，所以又稱黃頁，刊載廣告、公司地址及電話號碼。

Yield management：營收管理，主要目的在於使旅館之房間收入最大化，同Revenue management。

Youth hostel：青年旅館，現已改名爲HI（Hostelling International），是一個國際性的住宿組織。

Yukata：日式浴袍。

Z

Z-bed：摺疊床，摺疊床輕便不占空間且容易存藏，通常白天可當沙發，晚上則可當床。

附錄三　餐旅服務丙級技術士技能檢定術科測驗參考資料

一、旅館房務部門資料

(一)餐旅服務丙級技術士技能檢定機具、設備及材料表

檢定職類	餐旅服務	級別	丙	每場檢定人數	16人
項目	名稱	規格	單位	數量	備註
旅館客房技能項檢定面積		14.1m×15m以上	式	1	
	【布巾類】				
布7	單人床床單	(1)質料：全棉。 (2)尺寸：配合各種床之尺寸（長、寬）再各加約100cm（縮水前）。 (3)加有日期、單位名稱之布邊。	條	40	用於單人床及摺疊床
布8	雙人床床單	(1)質料：白色混紡或全棉。 (2)尺寸：配合各種床之尺寸（長、寬）再各加約100cm（縮水前）。 (3)加有日期、單位名稱之布邊。	條	4	
布9	雙人床棉被	(1)質料：白色混紡或全棉。 (2)尺寸：【床(180-203)＋40】×【(198-203)＋20】cm (3)加有日期、單位名稱之布邊。	條	4	
布10	雙人床棉被	(1)質料：羽絨90％、羽毛10％。 (2)尺寸：同床面尺寸。 (3)加有日期、單位名稱之布邊。	條	4	

檢定職類	餐旅服務	級別	丙	每場檢定人數	16人
項目	名稱	規格	單位	數量	備註
旅館客房技能項檢定面積		14.1m×15m以上	式	1	
	【布巾類】				
布11	枕套	(1)質料：同床單材料。 (2)尺寸：以"KING SIZE BED"寬度之一半爲長度，寬度約爲55～65cm；長邊單邊開口（預計摺入10至15cm）。 (3)加有日期、單位名稱之布邊。	個	45	同一規格
布12	標準枕	(1)質料：套子以適合羽毛枕之不透毛材料製作，填充羽毛。 (2)尺寸：依枕套尺寸長邊比枕套長度短15公分及寬邊比枕套小5公分。 (3)填充物：50％絨毛混合50％羽毛重量1000公克。 (4)加有日期、單位名稱之布邊。	個	24	
布13	軟枕	(1)質料：套子以適合羽毛枕之不透毛材料製作，填充羽毛。 (2)尺寸：依枕套尺寸長邊及寬邊各小5公分。 (3)填充物：50％絨毛混合50％羽毛重量700公克。 (4)加有日期、單位名稱之布邊。	個	24	
布14	清潔衛生墊	(1)質料：上層爲吸水性紡品，下層爲不透水紡織品。 (2)尺寸：同床面尺寸。	條	20	大05條 小15條

檢定職類	餐旅服務	級別	丙	每場檢定人數	16人
項目	名稱	規格	單位	數量	備註
旅館客房技能項檢定面積		14.1m×15m以上	式	1	
	【布巾類】				
布14	清潔衛生墊	(3)製作：四角應縫製鬆緊帶以鉤墊。 (4)加有日期、單位名稱之布邊。	條	20	
布15	毛毯	(1)質料：全毛或混紡。 (2)尺寸：橫寬爲單人床面寬加100cm，長度爲床面長度加50cm。 (3)製作：若有接縫則應位於床邊或摺入部分。	條	8	
布16	床罩	(1)質料：一般紡織品。 (2)尺寸：兩旁及腳端下垂部分離地約10至15公分。且長度應夠於枕下㧾入約10公分。 (3)製作：可依床面車「型」亦可不車。 (4)加有日期、單位名稱之布邊。	條	6	大03條 小03條
布17	床裙	(1)質料：一般紡織品。 (2)尺寸：各邊下垂離地約5cm至10cm。 (3)製作：應依床面車「型」，下垂部分可打摺。 (4)加有日期、單位名稱之布邊。	條	6	大02條 小04條
布19	足布	(1)質料：厚毛巾材質。 (2)尺寸：約同枕寬。 (3)加有日期、單位名稱之布邊。	條	20	

(二)試題編號：890304A／鋪設一張加大雙人空房床及一張加床。

鋪設參考步驟如下：

1.床裙安置妥當（已預先鋪好，測驗過程中不取下或更換）。

2.床墊安置妥當（已預先置於床板上，測驗過程中不取下或更換）。

3.衛生清潔墊鋪設（四角之鬆緊帶應勾入床墊下）。

4.第一層床單鋪設（四周應摺入床墊下）。

5.棉被鋪設（將棉被平整套裝上棉被套，齊床頭鋪放；頭端由邊向下翻摺至枕頭邊，每摺寬約爲20公分至25公分）。

6.標準枕鋪設（靠床頭板放置，套上枕套，開口端在枕頭一邊向內摺入；單人床及摺疊床爲一個，雙人床爲兩個並排）。

7.軟枕鋪設（靠床頭板，套上枕套，開口端在枕頭一邊向內摺入；平行放置於標準枕上；單人床及摺疊床爲一個，雙人床爲兩個）。

8.（頭端蓋至枕頭後緣接觸床頭板，枕頭前方應於接觸床面處摺入約五公分；床尾左右兩角落，應適當摺疊使其美觀）。

9.繼續鋪設另一張加床（步驟同於夜床）。

(三)試題編號：890304B／依序鋪設一張單人空房床轉夜床，並利用收拾起之床單鋪設另一張單人空房床（即完成一間雙人房／Twin Beds Room）。

鋪設參考步驟如下：

1.床裙安置妥當（已預先鋪好，測驗過程中不取下或更換）。

2.床墊安置妥當（已預先置於床板上，測驗過程中不取下或更換）。

3.衛生清潔墊鋪設（四角之鬆緊帶應勾入床墊下）。

4.第一層床單鋪設（四周應摺入床墊下）。

5.第二層床單鋪設（床頭鋪放，待毛毯及第三層床單鋪完後一齊包覆之，並將左右兩邊及床尾摺入床墊下）。

6.毛毯鋪設（含第二層與第三層之床單依「5」所敘述之方式摺入床墊下；頭端由邊向下翻摺至枕頭邊，每摺寬約爲20公分至25公分)。

7.第三層床單鋪設（含毛毯及「5」，依「5」所敘述之方式摺入床墊下）。

8.標準枕鋪設(靠床頭板放置一個標準枕，套上枕套，開口端在枕頭一邊向內摺入背離中央)。

9.軟枕鋪設（靠床頭板放置一個軟枕，套上枕套，開口端在枕頭一邊向內摺入背離中央；行放置於標準枕上）。

10.床罩鋪設（頭端蓋至枕頭後緣接觸床頭板，枕頭前方應於接觸床面處摺入約五公分；床尾左右兩角落，應適當摺疊以達美觀、整齊效果）。

11.床罩取下（自行設計床罩收善摺疊步驟，有條不紊整理後，暫時置妥於工作車上備用）。

12.依圖示整理夜床床面，並於床腰不摺入之側的地面處、靠床邊，放置足布一塊，其上放置拖鞋一雙並考慮穿鞋之方便性。

13.繼續鋪設另一張單人空房床（步驟01～10），完成本題題意（一間雙人房／Twin Beds Room）。

(四)術科測驗評審表（旅館客房技能項）

八位檢定編號：________________

檢定日期：__________　　檢定起訖時間：__________

項目	應檢者崗位編號 應檢者姓名 試題組別編號 監評內容	扣分標準(次)	1	2	3	4	5	6	7	8
職業道德衛生與安全	1.冒名頂替者。	241								
	2.有作弊事端者。	241								
	3.故意毀壞測驗場所機具、物料者。	241								
	4.擅離試場或自行變換檢定崗位，不聽勸告者。	241								
	5.未考慮工作安全，釀成災害者。	241								
	6.未遵守測驗場規定，經勸導無效者。	241								
	7.有吸煙、嚼檳榔、嚼口香糖等情形者。	241								
	8.有打架、滋事等情形者。	241								
	9.有辱罵監評人員之情形者。	241								
	10.留長指甲超出指肉或未保持指甲之清潔與衛生者。	241								
	11.未摘除手上之裝飾物品者（如手鍊、戒指、佛珠等	241								

項目	應檢者崗位編號 應檢者姓名 試題組別編號 監評內容	扣分標準（次）	1	2	3	4	5	6	7	8
	等）。									
	12.與人相互交談者。	241								
	13.未按題序恣意跳題操作者。	100								
	註一：凡違反1～12項者，一律扣241分，以不及格論處。 註二：凡違反13項者，一律不予計分並扣該題100分。									

監評委員簽章：

		應檢者崗位編號		1	2	3	4	5	6	7	8
旅館客房技能項	第四題：工作車準備	1.備品準備款式或數量不足。	4								
		2.備品準備超過足夠完成測試量。	4								
		3.備品準備過程中掉落地上。	4								
		4.布置後的工作車未達整齊、美觀和便利取用的功效。	4								
		5.布置工作車，未能周詳考慮到下一站使用備品之先後秩序。	4								
		6.違反安全、衛生及其他相關事項者：（請以文字簡述事項）	2								
	扣分小計（最多扣50分）										
	第五題：床鋪整理	1.選擇錯誤尺寸備品使用。	6								
		2.鋪放清潔墊未將四角鬆緊帶扣入床墊下方。	6								
		3.鋪放第一層床單，未將正面朝上。	6								
		4.鋪放第一層床單，未將四周拉緊摺入床墊下。	6								

應檢者崗位編號				1	2	3	4	5	6	7	8
旅館客房技能項	第五題：床鋪整理	5.鋪放第二層床單，未將反面朝上。	6								
		6.第二層床單鋪放位置，未能考量包覆毛毯舒適、美觀之功能。	6								
		7.鋪放毛毯，未將標誌露出。	6								
		8.毛毯鋪放位置，未能配合第二、三層床單，達到平整及美觀之整體成效。	6								
		9.鋪放第三層床單，未將正面朝上。	6								
		10.第三層床單的鋪放，未將左右兩邊及床尾垂量及毛毯，一齊摺入床墊下。	6								
		11.完成鋪放第三層床單後、床面整體未達平整、美觀之功能。	6								
		12.裝入枕頭套內之枕形，四周稜角莫辨、鬆軟無狀。	6								
		13.枕頭放置位置，未靠床頭板。	6								
		14.單人床上，未放置一個標準枕。	6								
		15.單人床上，未放置一個軟枕。	6								
		16.雙人床上，未放置兩套並排（一列式）的標準枕和軟枕。	6								
		17.雙人床上，軟枕未平行放置於標準枕上。	6								
		18.鋪設床單，頭端未能蓋至枕頭後緣接觸床頭板者。	6								

應檢者崗位編號				1	2	3	4	5	6	7	8
旅館客房技能項	第五題：床鋪整理	19.鋪設床單，枕頭前方（約同作襟處），接觸床面處及上小枕間未摺入約五公分。	6								
		20.鋪設床單，床尾左右兩角落，未修飾使整齊、美觀或安全發生顧慮。	6								
		21.鋪設「夜床」：床罩由床面取下前，未能設計秩序摺疊，使其易於收存並便利「空房床」使用。	6								
		22.鋪設「夜床」：於床單、毛毯的鋪設「就寢功能」，未考慮其美觀及實用性。	6								
		23.鋪設「夜床」：床腰地面處，未貼切放置足布一塊。	6								
		24.鋪設「夜床」：足布上未設想周到，放置拖鞋一雙。	6								
		25.置放拖鞋及足布未考慮其服務旅客使用方便性。	6								
		26.違反安全、衛生及其他相關事項者：（請以文字簡述事項）	6								
		27.在時效內未完成作業要求	2								
	扣分小計（最多扣200分）		40								

應檢者崗位編號				1	2	3	4	5	6	7	8
旅館客房技能項	第六題：備品復歸	1.未能將換下之布巾與垃圾分類存放。	10								
		2.未將摺疊好可續用之備品依原定位處放妥。	4								
		3.未以正確姿勢將工作車推回原定位。	4								
		4.在時效內未完成本題，致使換場無法進行。	50								
		5.違反安全、衛生及其他相關事項者：（請以文字簡述事項）	2								
	扣分小計（最多扣50分）										
第（四＋五＋六）題小計扣分總合計											

說明：

1.本評審表適用於第四、五、六題八個崗位應檢者評分作業進行；監評委員應在開始評分前，確認正確之應檢者崗位編號、應檢者姓名、試題組別編號，缺考者欄內打「×」。

2.凡違反監評內容者，請在該項方格內以「正」字記錄違反次數，並於各項小計扣分欄內填記扣分分數。

3.每一位應檢人員應檢六題，四位監評委員之平均扣分總計超過240分（未含）者爲不及格。

二、房務鋪床程序

A題型：鋪設一張加大雙人空房床及一張加床

1.架設加床

2.啓動房務工作車

3.選取足額備品於房務工作車上：

(1)拖鞋1雙

(2)足布1條

(3)床罩（雙人）1條

(4)棉被1條

(5)棉被套1條

(6)毛毯（單人）1條

(7)軟枕3個

(8)標準枕3個

(9)枕頭套6個

(10)床單（雙人）1條、（單人）3條

(11)清潔衛生墊（雙、單人）各1條

4.鋪設衛生清潔墊（雙人床）

5.鋪設第一層床單（或先準備枕套及枕頭）

6.準備棉被套

7.鋪設棉被

8.準備枕套

9.裝置枕頭

10.鋪設標準枕

11.鋪設軟枕

12.鋪設床罩

13.鋪設衛生清潔墊（加床）

14.鋪設第一層床單（或先準備枕頭套及枕頭）

15.鋪設第二層床單

16.鋪設毛毯

17.鋪設第三層床單

18.準備枕套

19.裝置枕頭

20.鋪設標準枕

21.鋪設軟枕

22.整理夜床面

23.放置足布

24.足布上放置拖鞋

B題型：依序鋪設一張單人空房床轉夜床，並利用收拾起之床單鋪設另一張單人空房床。

（即完成一間雙人房／Twin Beds Room）

1.啓動房務工作車

(1)拖鞋1雙

(2)足布1條

(3)床單（單人）1條

(4)毛毯（單人）2條

(5)軟枕2個

(6)標準枕2個

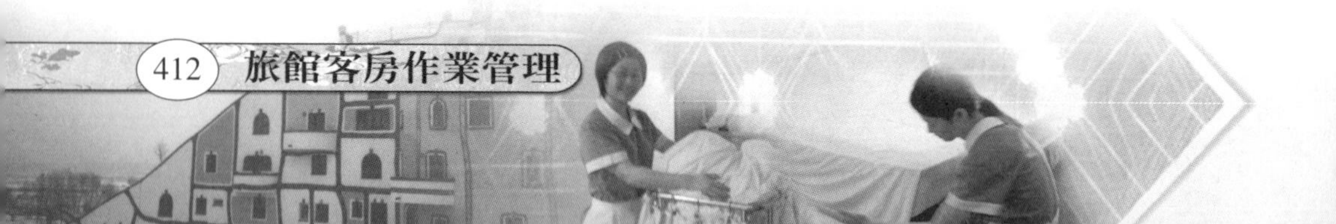

(7)枕頭套4個

(8)床單（單人）6條

(9)清潔衛生墊（單人）2條

2.鋪設衛生清潔墊

3.鋪設第一層床單（或先準備枕套及枕頭）

4.鋪設第二層床單

5.鋪設毛毯

6.鋪設第三層床單

7.準備枕套

8.裝置枕頭

9.鋪設標準枕

10.鋪設軟枕

11.鋪設床罩

12.規律取下床罩放妥待用

13.整理夜床面

14.放置足布

15.足布上放置拖鞋

16.繼續鋪設另一張單人空房床（重覆2～11）

三、是非選擇題

(一)是非題

1.（○）所謂單人房是指無獨立客廳，且只有一張床的房間。

2.（○）單人房內有時候也可設置雙人床。

3.（○）設置雙人床且室內空間較大的單人房，也可稱爲“Double Room”。

4.（○）雙人房通常設置兩張分開且並列之床。

5.（×）雙人房通常需要有獨立客廳。

6.（×）“Triple Room”是專指設置三張分開且並列之單人床。

7.（○）一般家庭房是統稱有兩張單人床以上的房間。

8.（×）旅館內的套房通常都是一樣大小的房間。

9.（○）旅館內最大的套房大多稱之爲總統套房。

10.（○）連通房內連通門應有兩扇，且由兩邊房間控制開關。

11.（×）“Jiong Rooms”即是連通房的英文稱呼。

12.（○）旅館客房的一切設計都應以服務旅客之「功能」爲前題。

13.（○）“Outside Room”是指有窗户、面向旅館外之房間。

14.（○）“Indide Room”面向旅館中間接（中庭）或無窗户之房間。

15. (◯) 一般客房設計容納之最多旅客數，是房內陳設之床所能容納人數加一（等於加床）。
16. (×) 單人房是指絕對只能容納一個客人睡覺的房間。
17. (×) “Single Bed”即是單人房的英文稱呼。
18. (×) 所謂“Twin Room”即是指可容納一張雙人床的房間。
19. (×) 旅館內的總統套房通常不只一間。
20. (×) “Double-Double”即是連通房英文的稱呼。
21. (×) 旅館客房的一切設計都應以「豪華」爲主要前提。
22. (◯) 國內常見之雙人床尺寸約是180×220（公分）。
23. (◯) 無特殊標示之灑水頭之動作，溫度約爲攝氏70度。
24. (×) 所謂“Twin Room”意義上相同於“Double Room”。
25. (◯) 連接房（Adjoining Room）與連接房之間不必有門相通。
26. (◯) 通常位於樓層之角落，有一面以上的牆透光之空間，大多利用爲「邊間房」。
27. (◯)「邊間房」的缺點爲噪音可能較館內其他房間爲高。
28. (×) 依據中華民國法令，風景遊樂區內得申請設立民宿旅館。
29. (×) 商務旅館客房需求應以雙人房爲主。
30. (◯) 觀光旅館的主要設定客源爲觀光客。
31. (◯) 觀光旅館的客房需求應以雙人床房間爲主。
32. (×) 會議旅館的主要設定客源爲商務旅客。
33. (×) 國際觀光旅館的客房通道淨寬度，雙面客房者至少1.3公尺。
34. (◯) 國際觀光旅館的客房淨面積，政府規定單人房每間最低標準是13平方公尺。
35. (×) 國際觀光旅館的營業最下樓層至客房樓層，設置客用升降機，150間以下1座。
36. (×) 政府爲鼓勵觀光旅館提升設備及管理水準，準備將梅花等級評鑑調整爲鑽石等級評鑑。
37. (×) 一般客房容納之最多旅客數是依旅客需求不同而不等。
38. (◯) 房客的姓名與房號，都是屬於房客的隱私，值機員不應任意外報。
39. (×) 房客交代外出十分鐘後馬上返回旅館，時間很短暫，值機員不應任意外報。
40. (×) 外線尋找來旅館用餐的客人，值機員不必詢問在那一個餐廳吃飯，任選一處轉接即可。
41. (×) 通常各旅館的電話服務收費標準都和電信局的收費標準一樣。

42. (○) 通常各旅館的電話收費標準皆比照電信局收費標準，再外加服務費。
43. (×) 叫號電話收費比叫人電話的收費昂貴。
44. (○) 旅客在旅館的餐廳內，要求總機代撥經過國際電信局人工轉接之長途電話，需先詢問清楚是旅館住客或外來用餐的客人，以確定電話費的付帳方式。
45. (×) 外線只告知房客姓名時，值機員可以主動告知其房號。
46. (○) 房客要求代查外縣市的電話號碼，可透過長途查號台105號幫忙查詢。
47. (×) 有電腦語音留言系統者，就不再接受外線要求用人工方式留言，以節省時間。
48. (○) 大多數旅館將電梯緊急通話系統規劃在總機房，主因是值機員多半具有外語能力且是全天候值勤。
49. (○) 電梯緊急通話系統發生故障時，值機員需主動和困在電梯裡的客人保持聯繫，安撫客人緊張不安的情緒。
50. (○) 房客來電通知總機表示隔壁房間有燒焦味傳出時，需請當班主管及工程部及安全室前往查看究竟，避免釀出災難。
51. (○) 我國國際觀光旅館應附設餐廳、咖啡廳、酒吧等餐飲基本設施。
52. (○) 我國一般觀光旅館得附設酒吧、商店街、室內遊樂設施、其他有關設備。
53. (○) 我國國際觀光旅館主管機關是交通部觀光局。
54. (×) 汽車旅館即是汽車旅行者的旅館，最早流行在歐洲大陸。
55. (○) 汽車旅館的英文名稱爲Motel。
56. (○) 國際通行之旅館分類中，依旅客旅行方式可分爲散客旅館及團體旅館。
57. (×) 團體旅館之設計，服務對象只能接受旅行團。
58. (×) 國際通行之旅館分類中，依服務型態分類只有全服務型（Full Service Hotel）旅館種類。
59. (○) 政府爲鼓勵觀光旅館提升設備及管理水準，設有梅花等級區分評鑑。
60. (○) 觀光旅館不得將其客房之全部或一部分出租他人經營。
61. (○) 旅館中掌理行李轉運、代客停車、疏導交通，堪稱客務部服務的連接站是指服務中心。
62. (○) Check Out是指旅客從旅館遷出。
63. (×) 不明人士打探住客活動，基於其可能亦是潛在客源，所以服務人員據實報告。

64.（○）為旅客安全設想，借住於房間者不論男女皆應至櫃台登記。

65.（○）旅遊相關事業（Commissionable Sources）可由旅館訂房作業直接獲取價差及佣金之利潤。

66.（○）團體（GIT）訂房方式，通常房租由旅行社付，訂房時可能尚未招得團員，故通常以團號代替旅客姓名。

67.（×）旅行社為旅客完成訂房手續，旅客沒有預付訂金，旅行社亦不作擔保，旅客住宿後旅館亦不需佣金予旅行社。

68.（○）一般公司行號訂房，可以透過本地旅館代理商或分公司。

69.（○）一般個人訂房，可以直接透過國際訂房公司或旅行社。

70.（○）政府機關可以直接向旅館訂房，只是無法收取傭金。

71.（○）訂房單是訂房者與旅館間之租房合約。

72.（×）基本上旅館不收支票，必要時，其處理方式國內外都只需要客人背書即可。

73.（○）以信用卡訂房者需通知（最好是書面）種類、卡號、持卡人姓名及截止日期（Expire Date）。

74.（○）收受訂房之考慮要點：少數特殊或唯一之房間，不宜長期租予固定對象。

75.（○）折扣就是在交易中，因成本降低，而將此一部份回饋顧客的行為。

76.（○）在交易中用以酬謝中間商者，且僅能由旅遊相關業收受者，稱為佣金。

77.（×）最佳銷售的住房率，是指個別天數之客滿比高平均住房率更重要。

78.（○）客用鑰匙（Guest Key）通常由旅客持用，可於門扇未反鎖時開啓自己住用之房間。

79.（×）使用機械鎖系統之旅館，緊急鑰匙（Emergency Key)通常一把由總經理持用，另一把連同反鎖鑰匙置於房務部辦公室內。

80.（○）鑰匙盒（Key Box）在使用機械鎖之中小型旅館中常兼留言盒功能。

81.（○）鑰匙盒（KEY Box）在使用電腦鎖之旅館功能已簡化為留言盒。

82.（○）電腦鑰匙系統每個鎖即為一微處理機（Micro Processor）。

83.（○）掌理旅客遷入登記、提供住宿期間一切通訊服務事宜是接待組之職責。

84.（×）提供旅客住宿期間一切通訊及秘書性事務的服務是服務中心之職責。

85.（×）散客登記卡（Registration Card）不可作爲流動户口之申報書。

86.（○）櫃檯接待人員辦理團體遷入登記手續時，預排之房間有任何變動皆應立即告知領隊。

87.（×）對臨時抵達，且要求住宿多日卻無行李的旅客，只要客人預付足夠的現金，櫃檯接待員即可安心接受住宿。

88.（×）櫃檯接待人員辦理團體遷入登記手續時，不必與領隊確認其團員個別消費是否准予掛號。

89.（×）旅館中掌理行李轉運，物品、書信、書報及留言轉送至客房工作的是接待組。

90.（○）凡放置於大廳內之行李，服務中心都應主動代爲保管。

91.（○）火災發生時應避免利用電梯逃生。

92.（×）旅客進出旅館時，若是行李帶太多的話，服務中心應主動借給客人推車使用，旅客不需服務就可離開。

93.（×）住房的客人訂了一個生日蛋糕，送貨員送來旅館時，服務中心可讓送貨員自行上樓收錢。

94.（○）在夜間若有外客來旅館找朋友，但是房客恰好外出不在時，服務中心可拒絕讓外客自行上樓找客人。

95.（○）"Mini Bar" 是指旅館房間裡的冰箱飲料。

96.（○）國內常見之King Bed Size尺寸約是220×220（公分）。

97.（×）服務中心的員工可利用前門進出旅館，因爲這是他們上班的地點，自家人不會管制。

98.（×）訂房組是客務部服務的中心點，也是所有準備工作的呈現者。

99.（○）無論旺季、淡季或當時客滿與否，檯接待人員必須先查看訂房狀況方可接受臨時抵達之旅客。

100.（×）負責旅館客房營運資料的分析、歸檔，租售計劃之執行是財務部之職責。

101.（○）總機在平時爲旅館之通信中樞。

102.（○）總機在緊急狀況時，是旅館之通信指揮中心。

103.（○）客房機械門鎖設計特性，外向門把皆裝有反鎖指示（Double Lock Indicator）於門反鎖時示意。

104.（×）罹患世界衛生組織規定之法定傳染病的旅客，從業人員應繼續服務之不打擾。

105.（×）清潔、擦拭玻璃器最好使用菜瓜布。

106.（○）客房內床頭櫃控制板上之空調速度開關是在控制室內空調之風量。

107.（×）衛生床墊（Sanitation Mattress）之主要功能爲防止床罩被污染。

108.（○）Queen Size Bed面積一般不大於同一旅館中之King Size Bed。

109.（×）客房衣櫥內之常置備品是茶杯。

110.（×）軟枕頭與標準枕相較通常塡充物較多。

111.（×）Out of Order的略稱是“OOO”，意思是驅逐惡客。

112.（×）房務部簡稱F&B Department。

113.（○）房務部於旅客結帳時，應主動注意其有無送洗衣物未取。

114.（○）服務人員洗滌浴室、地板、馬桶、浴缸應穿戴手套。

115.（○）房客鑰匙不是房務工作車上之備品。

116.（×）清潔房間時，房務工作車應放在客人房間內最恰當。

117.（○）客房中床鋪下加裝滾輪之用意在方便拉動清理。

118.（○）旅館員工的制服管理，一般是屬於客房部門的工作。

119.（×）Do Not Disturb的略稱“DND”，意思是整理房間。

120.（○）服務不良，將給客人留下不好的印象，而遭致無可彌補之損失。

121.（○）服務是一種親切熱忱的態度。

122.（○）從事餐旅業應尊重自己所扮演的角色。

123.（○）工作中不因情緒失控，而影響對客人之服務態度。

124.（○）能積極適時爲顧客提供所需之服務，就是最好的服務態度。

125.（×）服務態度不包括執行主管交代的任務。

126.（○）所謂服務，就是一種以親切熱忱的態度爲客人著想。

127.（○）盡可能記住顧客的愛好與憎惡。

128.（×）服務時，可以聽聽客人的對話，以增廣見聞。

129.（○）服務不良，會影響公司的聲譽。

130.（○）服務是隨時設身處地的爲客人著想。

131.（○）餐旅業是典型的服務業，從業人員應發揮服務理念之最高宗旨，在使旅客有「賓至如歸」的感受。

132.（○）餐旅從業人員應徹底瞭解公司的目標、要求及規定，例如年度業績目標，工作上對員工的期待、服務的作業標準、員工可使用之設施、提供之福利及相關規定，始能做好內部溝通及份內的工作。

133. (╳) 餐旅從業人員應按照所公布或規定的工作時間上下班，被指派工作時，如尚無顧客上門，可擅自離開工作崗位。

134. (○) 公司如設有員工專用進出口時，除有特別指示外，員工只能從該進出口出入。

135. (╳) 爲拓展公司業績，應儘量與顧客認識交往，如被邀請共餐，可坦然大方接受並表示謝意。

136. (╳) 上班執行服務工作時爲舒解壓力，雖不能抽煙，但可嚼口香糖。

137. (○) 公司的電話是專程爲顧客及生意服務的，除非有緊急事件發生，應避免打私人電話。

138. (╳) 服務人員可任意介入顧客間的談話。

139. (○) 良好的餐旅服務作業是靠同事間的分工合作、同心協力，絕非只靠一個人的努力。

140. (○) 旅館之商品（房間）只能在當天賣出，無法儲存到第二天以後再賣。

141. (○) 餐旅從業人員提供服務時之行爲表現，即代表著公司所賣的商品。

142. (○) 雇主與勞工約定雙方權利義務關係的契約，就是「勞動契約」。

(二)選擇題

1. (④) 屬客房部掌管客務及洗衣外的一切活動之部門是：①客務部②客房餐飲③調度室④房務部。

2. (③) 清潔旅館一切衣物、布巾類裝備之部門是：①客務部②客房部③洗衣房④總務部。

3. (③) 旅館內旅客可能接觸之區域或泛指營業區及公共區域的是：①後檯②廚房③前檯④房間。

4. (④) 泛指旅館內旅客不進入之區域或服務準備區域是：①廚房②前檯③房間④後檯。

5. (③) 依據中華民國法令，何種旅館經申請核准後得設立於住宅區？①旅社②五鑽級旅館③觀光旅館④過境旅館。

6. (①) 依中華民國法令，院轄市之國際觀光旅館申設夜總會，其客房數不得少於：①300間②200間③150間④500間。

7. (①) 依據中華民國法令，設立觀光旅館應於何時向主管機關提出申請？①建築開始前②建築開始後③建築完成後開業前④隨時均可。

8.（④）依據中華民國法令，國際觀光旅館的營業最下樓層至客房樓層，設置客用升降機，以下何者有誤：①150間以下2座②251至3.75間4座③501至625間6座④901間以上每增100間增設一座。

9.（④）觀光旅館發現旅客有下列何種狀況不須報請該管機關處理？①自殺企圖②施用煙毒③發燒、嘔吐、腹瀉併發症④盲腸炎。

10.（②）我國國際觀光旅館主管機關是交通部：①觀光署②觀光局③觀光處④觀光所。

11.（③）我國一般旅館主管機關在院轄市政府是：①觀光局②觀光處③建設局④省市觀光主管機關。

12.（④）一般須經核准而設在風景特定區，爲旅客僅提供旅遊住宿、及簡單餐飲服務之旅館是：①國際觀光旅館②一般觀光旅館③觀光旅館④國民旅舍。

13.（②）規劃設施偏重於服務個別及單獨旅客之旅館分類爲：①商務旅館②散客旅館③會議旅館④賓館。

14.（③）規劃及設施偏重於能滿足大量而同時之旅客需求之旅館爲：①國民旅舍②散客旅館③團體旅館④商務旅館。

15.（④）位置接近商業區且交通方便之旅館較適於爲：①國民旅舍②會議旅館③過境旅館④商務旅館。

16.（④）旅館內需加強秘書性服務之旅館爲：①國民旅舍②休閒旅館③團體旅館④商務旅館。

17.（①）位置接近購物區且方便大型車輛出入及停放之旅館最適合爲：①觀光客旅館②會議旅館③國民旅舍④機場旅館。

18.（③）位置接近風景名勝區且方便大型車輛出入及停放之旅館爲：①過境旅館②會議旅館③休閒旅館④商務旅館。

19.（④）需具備完整會議設施之旅館爲：①觀光客旅館②民宿③休閒旅館④會議旅館。

20.（②）需位於當地國際機場或國內轉機點之旅館爲：①觀光客旅館②過境旅館③休閒旅館④商務旅館。

21.（②）旅館連鎖經營之連線業務可藉電腦完成之事爲：①打掃②訂房③鋪床④洗衣。

22.（④）汽車旅館的發祥地在：①英國②法國③加拿大④美國。

23.（①）台灣第一家中國宮殿式、發揚中華傳統文化的旅館是：①台北圓山大飯店②台北希爾頓大飯店③中泰賓館④彰化民俗村。

24.（③）下列何種房間之間的共用牆壁應有門相通？①雙人房②三人

房③連通房④角落房。

25.（④）一般旅館客房所能容納之最多旅客數應爲：①三人②一家③二人④原設床鋪所能容納人數加一。

26.（③）「Suite Room」是指：①單人房②雙人房③套房④三人房。

27.（②）Connecting Room是指：①房間向內②兩間客房之共用牆面有門互通③兩間客房中間無門互通④客房有沙發床。

28.（④）出納員之工作不包含：①兌換貨幣②保管貴重物品③結帳④定期至生鮮市場詢價。

29.（①）旅館裡專司替客人開車門或雇計程車，並指揮交通秩序的是：①門衛②櫃台③客房服務員④清潔領班。

30.（③）協助維護旅館大廳之清潔是誰之職掌？①洗衣房②財務部③服務中心④餐務組。

31.（④）在旅館大廳代爲尋人（Paging Service）之工作屬誰較適合？①門衛②大廳副理③詢問員④服務中心。

32.（①）旅館行李輸運及寄存是何人之工作？①行李員②誰接單誰做③房務員④門衛。

33.（②）旅館旅客信函、包裹之轉送與寄存屬何單位之職掌？①接待組②服務中心③門衛④總務室。

34.（③）掌理旅館旅客物品、書信、書報及留言的轉送至客房，是何單位之責任？①總務室②調度室③服務中心④房務員。

35.（④）凡放置於大廳內之行李，那一單位應主動代爲保管：①門衛②接待組③安全室④服務中心。

36.（①）旅客進出旅館自動門時或上下台階時，那個單位應主動前往親切的招呼與服務？①服務中心②安全室③門衛④接待組。

37.（④）在夜間時，那一單位需協助夜間主管執行訪客登記工作？①採購組②總機房③訂房組④服務中心。

38.（③）旅館機場代表在組織上不屬於：①櫃台②客房部③餐飲部④接待組。

39.（④）下列何者非櫃台接待員之職務：①出售、調配客房②保管鑰匙③處理郵物④負責當保姆。

40.（④）下列何單位是客務部服務的中心點，也是所有準備工作的呈現者：①訂房組②總機組③機場代表④接待組。

41.（④）旅客無錢付帳時應：①留置其身分證至付清②留置其衣物至付清③留置旅客至付清④提出告訴請警方調解。

42.（④）旅客遺失客房門鑰匙時應立即：①交付備份鑰匙②要求賠償③將其列入黑名單④更換門鎖或爲其換房。

43.（①）緊急廣播系統啓動時若地區音響開關未開啓，則該區聽到廣播之效果是：①仍然可以②不能③不一定能④需稍後才能。

44.（④）房客與旅館間之住房租賃合約即是：①訂房卡②訂房收據③團體名單④旅客住宿登記卡。

45.（①）旅館內可作爲流動户口之申報書的是：①旅客住宿登記卡②訂房收據③團體簽認單④訂房卡。

46.（④）對臨時抵達且無身分證明登記或登記地址爲臨近旅館的旅客，住房期間，總機部門應注意其：①房間狀況②消費狀況③訪客狀況④通信狀況。

47.（②）對臨時抵達且要求住宿多日而無行李的旅客，住房期間，大廳單位應注意其：①房間狀況②訪客及活動狀況③通信狀況④消費狀況。

48.（①）由旅館訂房作業可以直接獲取差價利潤者是：①國際訂房公司②政府機關③一般公司行號④個人。

49.（④）旅客完成訂房手續，預付「一定房租」，通常是指幾日房租？①全租②半租③二日租④一日租。

50.（②）何者爲訂房者與旅館間之租房合約：①Registration Card②Registration Card③Guest History Card④Voucher。

51.（②）一般公司行號訂房後預付款或訂金之付款方式是：①透過本地代理商或分公司②轉公司帳③員工掛帳④由訂房公司付現。

52.（③）由訂房交易一方開給另一方以確認所述訂房交易成立之文件是：①Registration Mail②Contract③Confirmation④Coupon。

53.（④）何者指具一定價值可於旅館內換取一定產品或服務之確認函：①Registration Card②Registration Card③Guest History Card④Voucher。

54.（①）意指聯券（或類似支票）型態之旅遊券是：①Coupon②Voucher③Confirmation④Depost。

55.（③）以信用卡訂房者，持卡人何項資料通常不必通知旅館？①姓名②卡號③出生年月日④截止日期。

56.（②）訂房者預付訂金以保證訂房按約使用者謂之：①Cancellation Reservation②Guarantee Reservation③Advance Reservation④Confirmation。

57.（③）在交易中因成本降低而將此一部分回饋顧客，稱爲：①佣金②利潤③折扣④紅利。

58.（④）在訂房交易中用以酬謝中間商者，且僅能由旅遊相關行業收受者，稱爲：①折扣②訂金③利潤④佣金。

59. (②) 在訂房交易中用以酬謝中間商的佣金，除另有約定外通常爲：①5%②10%③15%④20%。

60. (②) 何者不是訂房交易中的最佳銷售：①最高收入之銷售②個別天數之客滿③高平均之住房率④高平均之房價。

61. (③) 確認訂房記錄時，下列何項資料較不具重要性：①訂房者姓名②付款方式③出生年月日④房價。

62. (③) 一般無擔保之訂房，除另有約定外可保留至到達當日何時：①下午三點②下午四點③晚間六點④晚間九點。

63. (④) 以下何者是國內查號台碼：①100②112③116④104。

64. (③) 國際電信局（國際台）的代號是：①110②108③100④105。

65. (④) 外線已告知房號，值機員仍需核對何項資料之後才能將外線接入房間？①性別②年齡③住址④姓名。

66. (③) 房客外出後，來電交代用餐地點，值機員需知會何單位：①服務中心②訂房組③櫃檯接待④門衛。

67. (④) 原則上總機不轉接的電話是：①國際電話②國內長途電話③市內電話④一般員工私人電話。

68. (③) 晨間喚醒是：①Collect Call②Overseas Call③Morning Call④Long Distance Call。

69. (①) 下列何者收費最貴：①叫人電話②長途電話③對方付費電話④直撥電話。

70. (③) 旅館管制公共地區和客房之電視及音響系統屬何單位之職掌：①安全室②調度室③總機室④總務室。

71. (①) 凡住宿之房客可憑何物到旅館各營業單位簽帳消費：①房間鑰匙②訂房單③登記單④結帳發票。

72. (④) 櫃檯出納員在收取客人所支付的旅行支票時，下列何者非必要注意事項：①核對身分證②核對護照③其親自簽名④須經主管簽認。

73. (①) 在我國兌換外幣時，應填寫：①水單②稅單③簽帳單④飲料單。

74. (④) 旅客應多利用旅館的何種設施寄存貴重財物：①警衛室②床底下③書桌④保險箱。

75. (②) 通常由旅客持用，可於門扇未反鎖時開啓自己住房之鑰匙，稱爲：①主鑰匙②客用鑰匙③反鎖鑰匙④緊急鑰匙。

76. (③) 由房務部樓長或樓層清潔員持用，可於門扇未反鎖時開啓責任區內之每一扇門之鑰匙稱爲：①緊急鑰匙②客用鑰匙③樓層主鑰匙④反鎖鑰匙。

77.（④）何者是樓層主鑰匙英文稱呼：①Emergeny Key②Guest Key③Double Key④Service Key。

78.（①）通常一把由總經理持用，另一把連同反鎖鑰匙置於前檯保險箱內的是何種鑰匙：①緊急鑰匙②主鑰匙③客用鑰匙④樓層主鑰匙。

79.（④）通常僅授權人員可於緊急狀況取用且必須留使用記錄的是何種鑰匙：①客用鑰匙②主鑰匙③樓層主鑰匙④緊急鑰匙。

80.（②）最常用爲表示歡迎即將住入旅館之旅客或對已住入旅客致意的酒類是：①葡萄酒②香檳③威士忌④白蘭地。

81.（③）房內，歡迎函、歡迎卡一般由誰具名：①值班經理②客務部經理③總經理④副總經理。

82.（④）下列那個服務單位不設在旅館的公共區域：①旅遊服務台②郵電服務台③禮品店④洗衣房。

83.（②）管理住客之洗衣、客房床單、床罩等物品的是：①櫃檯接待②房務員③清潔員④行李員。

84.（②）客房餐飲服務（Room Service）之同樣產品，價格可能貴於同旅館內之餐廳，是因爲：①同樣材料不同部門採購之成本不同②服務需費較多人力③所使用之餐具較佳④服務生程度較高。

85.（③）下列何者不是客房內免費供應品：①肥皂②咖啡包③煙灰缸④明信片。

86.（①）“Walkin Closet”是指：①人可入內更衣之衣櫃②爲未訂房旅客設置之衣櫃③嵌入牆壁之衣櫃④小衣櫃。

87.（③）“Please Make Up the Room”是指：①請勿打擾②沒有住進③整理房間④調換房間。

88.（②）旅客遺忘物品的處理，以下何者適當：①交給警察局②記錄詳實並交給領班送相關人員處理③私人代爲保管④丟掉。

89.（③）使用毛毯而鋪用三張床單時，由床面算起第二張床單之主要作用爲：①保溫②美觀③衛生、防止過敏④配色。

90.（④）房務管理做夜床服務應於何時執行較適當：①14～15PM②22～23PM③12PM以後均可④18～19PM。

91.（④）「吸地毯」應是清理房間工作的第幾步驟：①第一②第二③第三④最後。

92.（③）工作人員進入客房注意事項，以下動作何者不當：①留意警示牌②敲門③直接開門進入④報單位名稱。

93.（②）下列何項服務不屬於房務部：①洗衣服務②接訂房③清潔客房④失物招領服務。

94.（②）平常棉質棉質床單之耐洗次數應至少超過：①250次②200次③150次④100次。

95.（④）通常棉質臉巾、浴巾之耐洗次數應至少超過：①50次②100次③125次④150次。

96.（③）平常一張床應至少備有：①一套②二套③三套至五套④不用備存的布巾，以備使用。

97.（①）客房中最重要之設備爲：①床②布巾③地毯④浴室。

98.（③）直流電之英文縮寫標示爲：①AC②CD③DC④PC。

99.（③）房客持續掛示請勿打擾牌至中午以後時，客房清潔員應：①房門未反鎖時可嘗試進入②房門反鎖時可敲門嘗試進入③報知房務部值班主管聯絡旅客④立即報請使用緊急鑰匙開啓房門。

100.（④）地毯黏附口香糖，使用冰塊或乾冰冷卻後仍未完全剝除時應：①用剪刀剪除②以穩潔擦拭③防止被人踐踏，待其自然剝落④使用含脂肪族碳氫化合物（NAPHTHA）清潔劑清除。

101.（①）樓層服務鑰匙可開啓：①責任區內上鎖之客房門②責任區內反鎖之客房門③責任區內之電梯門④責任區內太平梯門。

102.（②）清除較細灰塵時，吸塵器之毛刷應：①調高或遠離地面②調低或更接近地面③不變④加快前進速度。

103.（①）客房地毯吸塵時應：①由內向外吸②由左向右吸③由右向左吸④由外向內吸。

104.（④）下列何種鑰匙可於客房門反鎖時由外打開房門：①樓層主鑰匙（Floor Master）②反鎖鑰匙（Double Lock Key）③備份鑰匙（Spare Key）④緊急鑰匙（Emergency Key）。

105.（②）水洗不適用於下列何種紡織品：①床單②毛毯③衛生墊④桌布。

106.（④）旅館浴室中最大的毛巾可能是：①足布②餐巾③小方巾④浴巾。

107.（①）下列何者不是浴室布巾備品：①枕巾②浴巾③小方巾④面巾。

108.（②）下列何者可與吸塵器共用電源：①個人電腦②電扇③音響④電視機。

109.（③）Transformer是：①調溫器②調光器③變壓器④轉換插頭。

110.（④）Adaptor是：①調溫器②調光器③變壓器④轉換插頭。

111.（①）AC（Alternating Current）是指：①交流電②直流電③水流量④新鮮風流量。

112.（④）下列何者不爲客房衣櫥內之常置備品：①衣架②洗衣袋③鞋拔④茶杯。

113.（①）消防偵煙器之基本功能爲：①反應區域內煙霧過濃②偵測有毒瓦斯外洩③氧氣含量下降④區域內有燃燒狀況。

114.（①）下列何者不爲火警偵測器材：①乾濕溫度計②偵煙器③定溫式偵測器④差動式偵測器。

資料來源：作者整理，九十二年餐旅服務丙級技術士技能檢定術科測驗參考資料。

附錄四　客務部／房務部照片集錦

房務部人員

房部務部經理

（作者攝於華國飯店）

房務部副理

（作者攝於華國飯店）

房務部白天班主任

（作者攝於華國飯店）

房務部樓層領班

（作者攝於華國飯店）

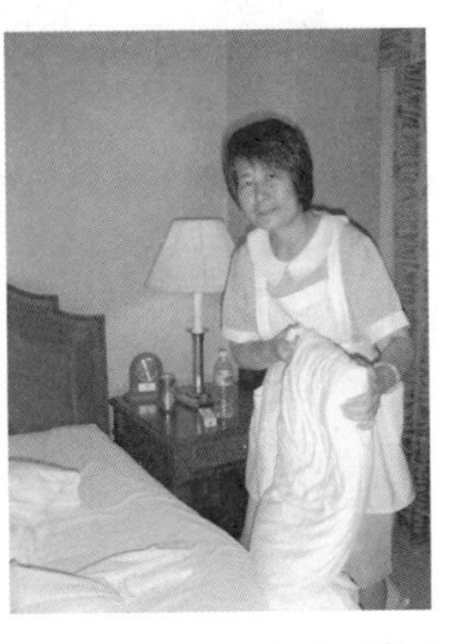

房務員

（作者攝於華國飯店）

客房設施與備品

手電筒與防煙面罩

（作者攝於華國飯店）

文具夾與針線包

（作者攝於華國飯店）

行李架

（作者攝於老爺酒店）

衣櫥

（作者攝於華國飯店）

西裝架

（作者攝於老爺酒店）

吸塵器

（作者攝於微風飯店）

床頭櫃

（作者攝於老爺酒店）

電視櫃

（作者攝於華國飯店）

沙發型長椅

（作者攝於老爺酒店）

貴妃椅

（作者攝於微風飯店）

和式浴衣

（作者攝於華泰飯店）

迎賓水果

（作者攝於老爺酒店）

保險箱

（作者攝於華泰飯店）

報紙置放袋

（作者攝於老爺酒店）

衛浴設備

按摩浴缸

（作者攝於微風飯店）

洗臉台與放大鏡

（作者攝於華泰飯店）

馬桶、衛生袋、室內電話

（作者攝於老爺酒店）

淋浴間

（作者攝於老爺酒店）

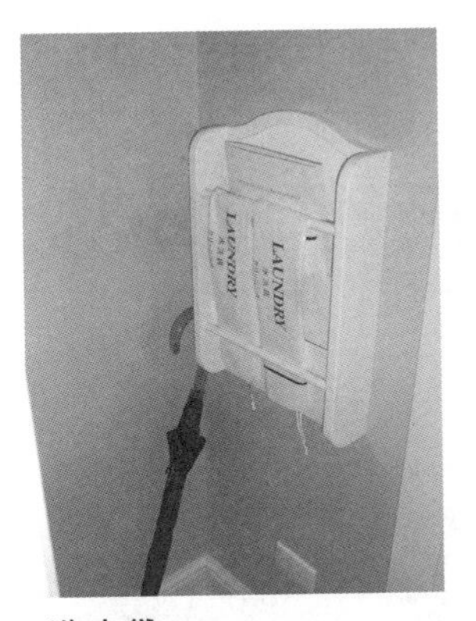

洗衣袋

（作者攝於華國飯店）

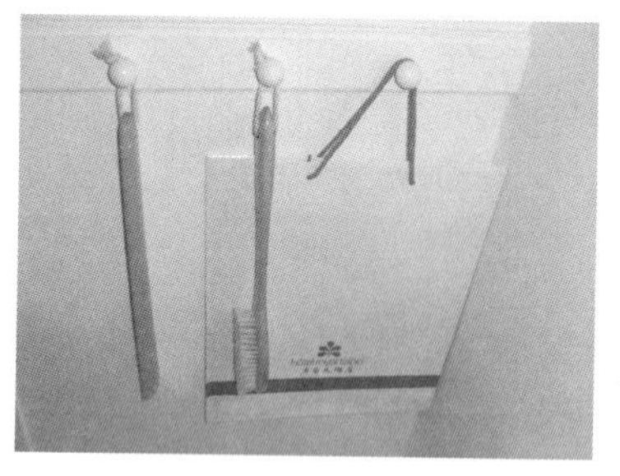

鞋拔與購物袋

（作者攝於老爺酒店）

其他

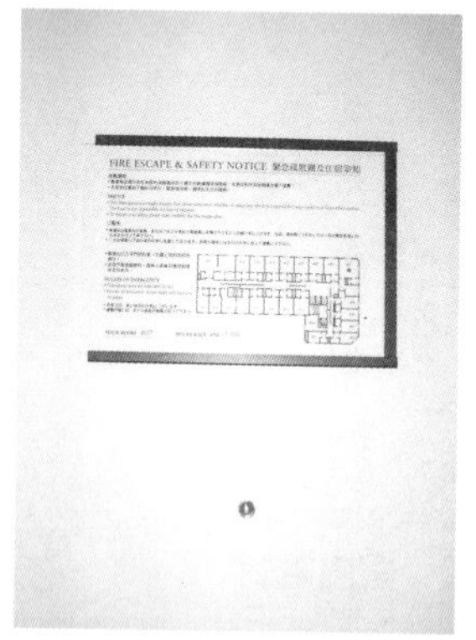

逃生圖與貓眼

（作者攝於老爺酒店）

布品室

（作者攝於華國飯店）

飲料補給車

（作者攝於華國飯店）

請勿打擾與清潔打掃燈

（作者攝於華泰飯店）

夜床服務

（作者攝於華國飯店）

客務部人員

夜間經理

（作者攝於兄弟飯店）

門衛

（作者攝於華泰飯店）

商務中心人員

（作者攝於華國飯店）

貴賓樓層櫃檯人員

（作者攝於環亞假日飯店）

訂房員

（作者攝於華國飯店）

總機人員

（作者攝於華國飯店）

客務部設備

打字機

（作者攝於華國飯店）

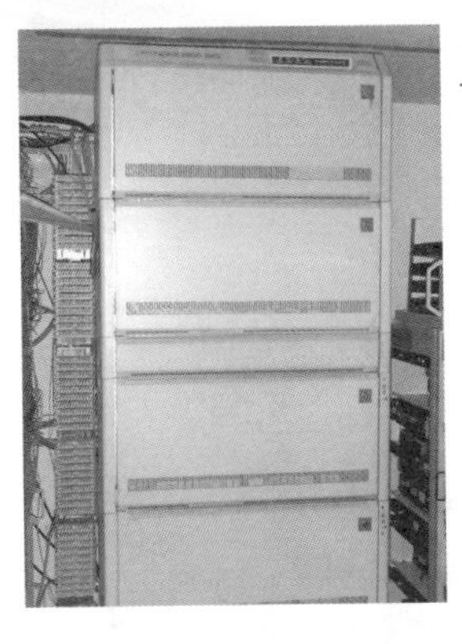

交換機

交換機台

刷卡機

（作者攝於環亞假日飯店）

客人名單板

客人名單架

訂房卡架

音樂播放系統

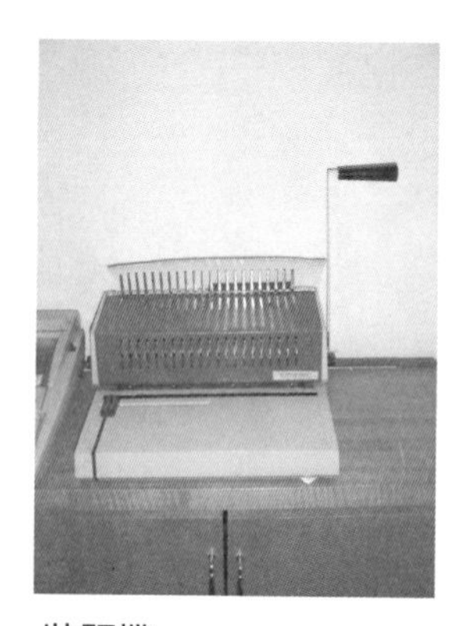

裝訂機

電梯監控盤

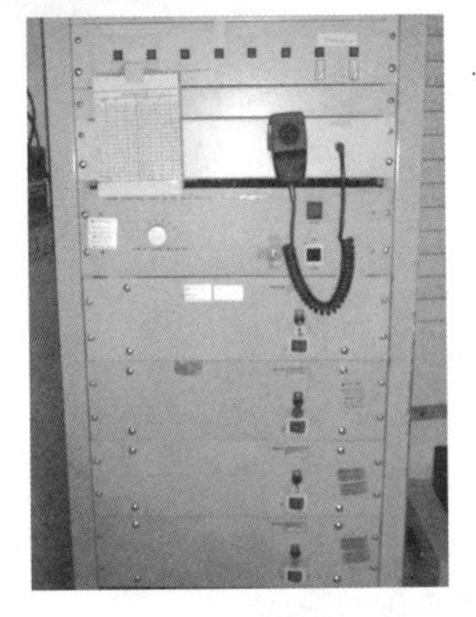

總機廣播系統

鑰匙箱

（作者攝於兄弟飯店）

高爾夫球放置處

（作者攝於老爺酒店）

其他

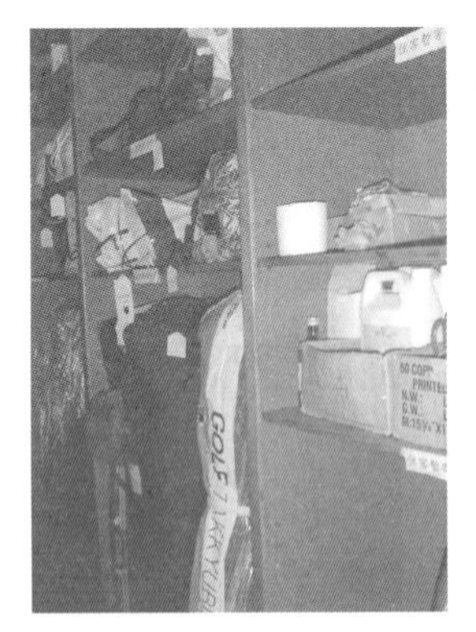

行李保管間

（作者攝於華泰飯店）

商務中心一隅

（作者攝於華國飯店）

禮車

服務中心櫃檯

（作者攝於華國飯店）

機場接待櫃檯

旅館客房作業管理

著　　者 ✐ 郭春敏
出 版 者 ✐ 揚智文化事業股份有限公司
發 行 人 ✐ 葉忠賢
總 編 輯 ✐ 林新倫
執行編輯 ✐ 曾慧青
登 記 證 ✐ 局版北市業字第 1117 號
地　　址 ✐ 台北市新生南路三段 88 號 5 樓之 6
電　　話 ✐ (02) 23660309
傳　　真 ✐ (02) 23660310
郵政劃撥 ✐ 19735365　戶名：葉忠賢
印　　刷 ✐ 鼎易印刷事業股份有限公司
初版二刷 ✐ 2007 年 2 月
ISBN ✐ 957-818-685-1
定　　價 ✐ 新台幣 550 元
E - mail ✉ service@ycrc.com.tw
網　　址 http://www.ycrc.com.tw

國家圖書館出版品預行編目資料

旅館客房作業管理 ／ 郭春敏 著. -- 初版. --
臺北市：揚智文化， 2005[民 94]
面； 公分
參考書目：面
ISBN 957-818-685-1（平裝）

1. 旅館業 – 管理

489.2 93019472